自动化专业本科系列教材

Jisuanji Kongzhi Jishu

计算机控制技术

（第二版）

主　编　何小阳

副主编　喻桂兰　艾矫燕

U0190538

重庆大学出版社

内 容 简 介

本书系统地介绍了计算机监控系统的基本原理与应用技术,包括数据通信技术、过程输入输出通道、控制算法的计算机实现、基于个人计算机(或工控机)的计算机监控系统构成、计算机监控系统常用软件技术、计算机监控系统的开发以及计算机监控系统应用举例等。全书系统性强、内容新颖、重点突出。特别是有关无线通信在计算机监控技术中的应用监控组态软件以及相关的软件技术、基于个人计算机(或工控机)的计算机监控系统构成等内容在目前国内的同类教材中还鲜有介绍。

本书适合作为高等学校本科自动化、电气工程及其自动化、测控、机电一体化、过程装备及控制等专业的教材,也可以作为从事计算机控制系统运行、维护和开发的各类技术人员的参考书。

图书在版编目(CIP)数据

计算机控制技术/何小阳主编 . —重庆:重庆大学出版社,2011.3(2024.7 重印)
自动化专业本科系列教材
ISBN 978-7-5624-5906-4

Ⅰ.①计… Ⅱ.①何… Ⅲ.①计算机监控—高等学校—教材 Ⅳ.①TP273

中国版本图书馆 CIP 数据核字(2011)第 023220 号

计算机控制技术
(第二版)

主 编 何小阳
副主编 喻桂兰 艾娇燕
责任编辑:曾显跃 版式设计:曾显跃
责任校对:秦巴达 责任印制:张 策

*

重庆大学出版社出版发行
出版人:陈晓阳
社址:重庆市沙坪坝区大学城西路 21 号
邮编:401331
电话:(023) 88617190 88617185(中小学)
传真:(023) 88617186 88617166
网址:http://www.cqup.com.cn
邮箱:fxk@ cqup.com.cn(营销中心)
全国新华书店经销
POD:重庆市圣立印刷有限公司

*

开本:787mm×1092mm 1/16 印张:16 字数:399 千
2016 年 1 月第 2 版 2024 年 7 月第 11 次印刷
印数:9 001—9 300
ISBN 978-7-5624-5906-4 定价:45.00 元

前　言

计算机控制技术开始于 1956 年,当时美国的托马森·拉莫·伍德里奇(Thomoson. Ramo. Woodridge,TRW)航空制造公司与德克萨斯石油公司签订了一份合同,开始进行计算机控制的可行性研究,耗费了两家公司的工程师们 30 人·年。1959 年 3 月 12 号,用于控制聚合反应装置的计算机控制系统开发成功。系统控制 26 个流量点,72 个温度点,3 个压力点以及 3 个成分点,使用的计算机是 RW-300。该计算机控制系统可以使反应釜的压力降低;对 5 个反应釜的进料分布进行优化;通过对催化反应的测量,控制热水流量并确定最优的物料循环。

计算机控制的发展可以大致分为几个阶段:1956 年,起步阶段;1962 年,以大型计算机为主的直接数字控制(DDC);1965 年,可编程逻辑控制(PLC);1967 年,小型机控制;1972 年,微型机控制;1990 年,分布式控制。

近十余年来,计算机控制技术的发展体现在:单片机及嵌入式技术使得计算机控制得以低成本和小型化;软件技术的发展使得组态软件的使用十分普遍,有效地降低了计算机控制系统开发和使用的难度;网络技术与无线通信技术的普遍使用也使得计算机控制技术如虎添翼。

近几年来,我国在计算机监控技术的应用水平上有了很大的进步,有些行业或企业在这方面甚至还处于世界先进水平;但是,许多核心技术还掌握在外国人的手中,我国的开发水平还很低。因此,每一位从事计算机控制工作的中国人都任重而道远。

计算机控制目前的难点在于:标准的统一,复杂控制过程的模型及控制算法的建立;一些复杂被控参量的检测等。

"计算机控制技术"是一门实践性很强的课程,其内容仅仅靠看书是很难完全理解的,读者在读书之余可以多作实验,同时还可以经常上网查阅最新的信息。总之,只要勤实践、勤思考、勤查阅,就一定能够学好计算机监控技术。

本书由何小阳担任主编,喻桂兰、艾娇燕担任副主编。其中,第3章和第4章由喻桂兰编写,第2章的部分内容由艾娇燕编写,其余的由何小阳编写。对本书作出贡献的还有:韦巍、周惠君、文欣荣、蒋红宁、袁华聪、黄歧利、郑宇、何伟强、韩宇星、杨继军、孔繁镍等,在此一并表示感谢。

　　由于种种原因,这本教材一定还存在不少的问题,作者是怀着忐忑不安的心情将其献出,但愿能真正起到抛砖引玉的作用,还希望读者们在使用后,多提宝贵的意见,以便下次出版时能够写得更好。

何小阳

E-mail:xyhe@ gxu. edu. cn

2015 年 12 月

目录

1

第 **1** 章

绪　论

计算机监控技术是一门综合性的技术。它是计算机技术(包括软件技术、接口技术、通信技术、网络技术、显示技术)、自动控制技术、自动检测和传感技术的综合应用。除此之外,计算机监控系统的开发者还必须熟悉被监控对象的有关知识。

所谓计算机监控,就是利用传感装置将被监控对象中的物理参量(如温度、压力、流量、液位、速度)转换为电量(如电压、电流),再将这些代表实际物理参量的电量送入输入装置中转换为计算机可识别的数字量,并且在计算机的显示装置中以数字、图形或曲线的方式显示出来,从而使得操作人员能够直观而迅速地了解被监控对象的变化过程。除此之外,计算机还可以将采集到的数据存储起来,随时进行分析、统计和显示并制作各种报表。如果还需要对被监控的对象进行控制,则由计算机中的应用软件根据采集到的物理参量的大小和变化情况以及按照工艺所要求该物理量的设定值进行判断;然后在输出装置中输出相应的电信号,并且推动执行装置(如调节阀、电动机)动作从而完成相应的控制任务。

计算机监控技术所带来的经济效益是毋庸置疑的。通过应用计算机监控技术,可以稳定和优化生产工艺,提高产品质量,降低能源和原材料消耗,降低生产成本。更为重要的是通过应用计算机监控技术还可以降低劳动者的生产强度,并且提高管理水平,从而带来极大的社会效益。正因为如此,计算机监控技术得到了迅速的发展。计算机监控技术已经广泛地应用于工业、农业、交通、环保、军事、楼宇、医疗等领域。相信在不久的将来计算机监控技术还会进入家庭,成为一种与每个人密切相关的技术。

本书主要介绍计算机监控系统的组成原理和应用技术,包括数据通信基础、输入输出通道、控制算法的计算机实现、相关软件技术、计算机监控系统设计方法和几种典型的计算机监控系统及其应用等内容。

1.1　计算机监控系统的组成

计算机监控系统的组成可以有多种划分方法。最简单地可以分为硬件和软件两个部分。一般地,一个计算机监控系统可以由以下几个部分组成:计算机(含可视化的人机界面)、输入输出装置或模块(简称 I/O 接口)、检测、变送机构、执行机构。图 1.1 给出了一个计算机监控系统的组成原理简图。

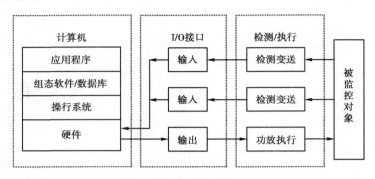

图 1.1　计算机监控系统组成原理

　　读者在这里可能已经注意到,在计算机部分特别强调了可视化的人机界面。这也是计算机监控系统区别于一般计算机控制系统之所在。在计算机控制技术应用的早期,并非没有人机界面,但计算机的主要作用是实现控制算法。由于技术和其他因素所限,那时候的人机界面只不过是几个按键、指示灯和数码管。随着计算机显示技术和软件技术的发展,特别是个人计算机的广泛应用,人机界面变得越来越丰富,其作用显得越来越重要。

　　下面从软件和硬件的角度来介绍计算机监控系统的组成。硬件主要由计算机、输入输出装置、检测变送装置和执行机构 4 大部分组成。更进一步的划分如图 1.2 所示:

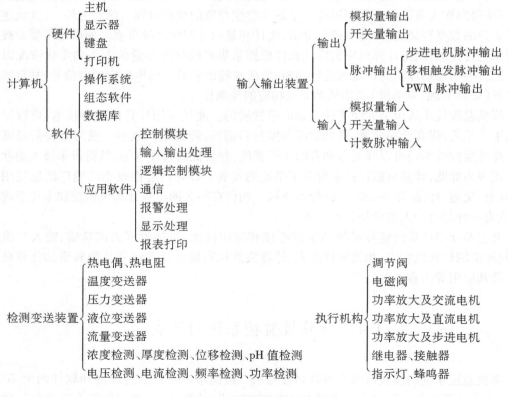

图 1.2　计算机监控系统构成

软件主要分为系统软件、开发软件和应用软件 3 大部分。系统软件一般为一个操作系统,对于比较简单的计算机监控系统,则为一个监控程序。开发软件包括高级语言、组态软件和数据库等。应用软件往往可以有输入输出处理模块、控制算法模块、逻辑控制模块、通信模块、报警处理模块、数据处理模块或数据库、显示模块、打印模块等。

下面以一个计算机温度监控系统来简要地说明计算机监控系统的组成原理和工作原理。图 1.3 所示为计算机监控系统的组成。

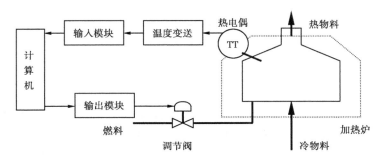

图 1.3 计算机温度监控系统

根据工艺要求,该系统要求加热炉的炉温控制在给定的范围内或者按照一定的时间曲线变化。由于存在着各种干扰,使用计算机进行控制,并在显示器上用数字或图形实时地显示温度值。假设加热炉使用的燃料为重油,并使用调节阀(一种能在一定的范围内连续地调节燃料流量的装置)作为执行机构。使用热电偶来测量加热炉炉内的温度。热电偶实际上是一种热敏元件,其两端电势的大小与其感受的温度成比例。把热电偶的检测信号(电势信号)送入温度变送器将其转换为电流信号(4 ~ 20 mA),再将该电流信号送入输入装置。输入装置可以是一个模块也可以是一块板卡,它将检测得到的信号转换为计算机可以识别的数字信号。计算机中的软件根据该数字信号按照一定的控制算法(例如 PID 算法)进行计算。计算出来的结果通过输出模块转换为可以推动调节阀动作的电流信号(4 ~ 20 mA)。通过改变调节阀的阀门开度即可以改变燃料流量的大小,从而达到控制加热炉炉温的目的。与此同时,计算机中的软件还可以将与炉温相对应的数字信号以数值或图形的形式在计算机的显示器屏幕上显示出来。操作人员可以利用计算机的键盘和鼠标输入炉温的设定值,由此实现计算机监控的目的。

1.2 计算机监控系统的分类

由于计算机监控系统应用上和构成上的差异,其种类繁多。在此,按照计算机监控系统构成的不同分别介绍不同类型的计算机监控系统。

1.2.1 基于个人计算机的计算机监控系统

个人计算机是目前世界上数量最多、应用最广泛的机型,因而将个人计算机应用于计算机监控也是很自然的事情。特别是个人计算机结构简单,操作简便,技术开放,并且拥有极为丰富的应用软件资源,从而深得人们的青睐。因此,基于个人计算机的计算机监控系统(简称

PCs）在中小型应用中占有比较大的比例。

基于个人计算机的计算机监控系统的基本特点是，输入输出装置制作为板卡的形式，并将板卡直接与个人计算机的系统总线相连，即直接插在计算机主机的扩展槽上，如图1.4所示。这些输入输出板卡往往按照某种标准由第三方批量生产，开发者或用户可以直接在市场上购买。早期使用比较多的是STD总线。近年来占主导地位的是ISA总线和PCI总线，且PCI总线有取代ISA总线的趋势。

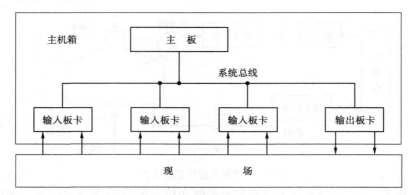

图1.4　基于个人计算机的计算机监控系统

构成基于个人计算机的计算机监控系统的计算机可以用普通的商用机，也可以用DIY的计算机，还可以使用专门用于工业控制的计算机（简称工控机）。由第三方开发的输入输出板卡可以在市场上购买，也可以由开发者自行制作。在市场上购买的输入输出板卡，便宜的不过数百元人民币，贵的也就是数千元。一块板卡的点数（指测控信号的数量）少的有几点，多的可达16点、24点甚至更多。

PCs的操作系统早期都采用DOS操作系统，20世纪90年代中期后，Windows和Windows NT操作系统开始流行。应用软件可以由开发者利用C、VC++、VB、Delphi等语言自行开发。也可以在市场上购买组态软件进行组态后生成。

早期的PCs的最大问题就是其性能不够可靠。20世纪90年代中期后，随着计算机软硬件技术的发展，PCs的可靠性已越来越高，特别是工控机，其机箱、电源、主板等都进行了强化，可靠性直逼PLC。

总之，由于PCs价格低廉、组成灵活、标准化程度高、结构开放、配件供应来源广泛、应用软件丰富等特点，使其在中小型特别是小型计算机监控系统中占有相当大的比例。PCs是一种很有应用前景的计算机监控系统。

1.2.2　基于可编程序逻辑控制器的计算机监控系统

可编程序逻辑控制器（Programmable Logic Controller，简称PLC）最初是专门为工业控制而设计的计算机。PLC的主要优点如下：

1）可靠性特别高、抗干扰能力强，能适应各种恶劣的工业环境

PLC采用了光电耦合隔离及各种滤波方法，有效地防止了干扰信号的进入。内部采用电磁屏蔽，防止辐射干扰。电源使用开关电源，防止了从电源引入干扰。具有良好的自诊断功能。对使用的元器件进行了严格的筛选和老化且设计时就留有充分的余地，充分地保证了元

器件的可靠性。正因为如此,目前市场上主流的 PLC 其平均无故障时间都达到数万小时以上。

2)采用模块化结构,系统组成灵活方便

PLC 一般由主模块(包含 CPU 的模块)、电源、各种输入输出模块构成,并可根据需要配备通信模块或远程 I/O 模块。模块间的连接可通过机架底座或电缆来连接,因而十分方便。开发者或用户可以根据需要来组合,对于将来的扩充也十分方便。

3)主要采用梯形逻辑图,编程简单,易学、易懂

国际电工委员会制定的工业控制编程语言标准(IEC1131—3)将 PLC 的编程语言规定为以下五种:梯形逻辑图语言(LD)、指令表语言(IL)、功能模块图语言(FBD)、顺序功能流程图语言(SFC)及结构化文本语言(ST)。目前市场上的 PLC 都以梯形逻辑图作为主要编程语言,而梯形逻辑图与继电器控制原理图十分相似,因此,工程人员很容易接受和掌握。

4)安装简便、调试方便、维护工作量小

PLC 一般不需要专用的机房就可以在各种工业环境下运行,使用时只需将现场的各种设备与 PLC 的输入输出装置的接线端相连即可。如果是在现场,可以使用手持编程器直接对 PLC 进行编程调试。如果是在实验室也可以使用个人计算机与 PLC 相连接后进行编程调试。而且,PLC 的输入输出的接线端均有发光二极管指示,调试起来十分方便。

尽管 PLC 具有上述的一些优点,但 PLC 主要是为现场控制而设计的,其人机界面主要是:开关、按钮、指示灯等。为此,20 世纪 90 年代后,许多的 PLC 都配备有计算机通信接口,通过总线将一台或多台 PLC 相连接,将 PLC 的高控制性能与个人计算机的友好人机界面相结合,这种类型的计算机监控系统称为 PLCs。PLCs 的组成原理如图 1.5 所示。

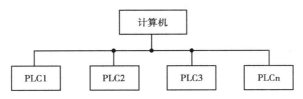

图 1.5 PLCs 的组成原理

计算机作为上位机可以提供良好的人机界面,进行全系统的监控和管理;而 PLC 作为下位机,执行可靠有效的分散控制。计算机与 PLC,PLC 与 PLC 之间通过通信网络实现信息的传送和交换。所有的现场控制都是由 PLC 完成的,上位机只是作为程序编制、参数设定和修改、数据采集所用。因此,即使是上位机出了故障,也不会影响生产过程的正常进行,这就大大地提高了系统的可靠性。

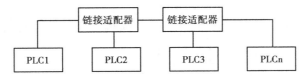

图 1.6 PLC 链接系统组成原理

如果仅仅是作为控制所用,可以将多台 PLC 进行同位连接构成一个 PLC 链接系统,如图 1.6 所示。PLC 也可以与远程 I/O 单元、远程终端或链接单元等进行下位连接构成 PLC 链接系统,如图 1.7 所示。同一个 PLC 链接系统中的 PLC 可以相互交换数据。

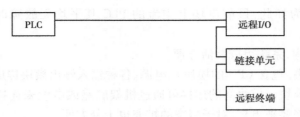

图 1.7　PLC 链接系统组成原理

值得指出的是:由于 PLC 开发的时间相对比较早(20 世纪 60 年代末),各 PLC 的生产厂家的技术都是相互封闭的,因此很难将不同厂家的 PLC 连接(集成)在一起。现在 PLC 的生产厂家也注意到了 PLC 的开放性问题,具有以太网接口的 PLC 以及以 Windows CE(一种由 MicroSoft开发的嵌入式操作系统)为操作系统的 PLC 已经面市。

1.2.3　集散控制系统

随着现代产业的迅速发展,生产装置或被监控系统规模的不断扩大,生产技术及工艺过程愈趋复杂,从而对实现过程自动化的监控系统提出了更高的要求,即监控系统必须满足:

①人机界面好,便于集中操作、监视现代化的大型系统。

②为了安全可靠的需要,应将系统的监控功能分散以化解系统出现故障的风险。

③在高度安全可靠的前提下,按预定的工艺流程指标来控制被监控对象。除了完成一般单参数、单回路的监视和控制外,还能实现对非线性、多变量、大滞后、分布参数等复杂系统的控制。

④能采集并记录各类重要的数据供操作人员监控系统时使用。还能整理和打印报表或上传报表供管理层使用。

⑤系统构成方便灵活,易于扩展,维护简单。组成系统的设备不但要求模块化,而且模块化的种类还应尽可能地少。

⑥能与常规模拟仪表兼容。

出于以上考虑,20 世纪 70 年代中期,Honeywell 公司推出了第一套集散控制系统(简称DCS),使计算机监控技术开始了一次新的飞跃。集散控制系统本质上是一种基于计算机网络的分层计算机监控系统,其基本结构如图 1.8 所示。

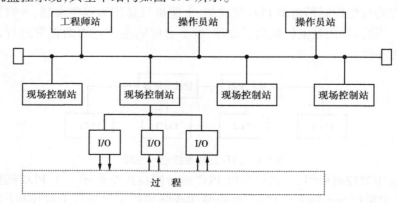

图 1.8　集散控制系统结构

在 DCS 中工程师站主要是用于对系统进行离线和在线系统组态(即系统配置)、控制组态、显示组态和报警组态。运行过程中工程师站还有以下一些功能:

(1)系统和网络管理

系统和网络管理包括故障诊断、数据的采集、其他各种类型的站的重装、报文广播和处理、统一时基以及其他网络管理功能。

(2)文件请求管理

由于工程师站往往是一台存储容量比较大的个人计算机或工作站,因此,可以用来管理其他所有与其大容量有关的文件请求。同时,还可以支持本站中的任务存取其他站中的文件。

(3)数据库管理

作为 DCS 由于其数据比较多,往往会配备有数据库文件,用于对系统中的数据进行存储以及各种操作。

(4)控制功能

工程师站的功能往往会比现场控制站的功能要强。因此,当 DCS 存在高级控制应用时,可以将工程师站作为服务器,现场控制站作为客户机。服务器为客户机进行高级计算服务。

操作员站主要作为操作人员与系统的人机界面。因此,操作员站往往会配备大屏幕显示器。组态后的系统的各类显示画面均在操作员站中进行显示。经过工程师站授权也可以在操作员站进行部分简单的组态,例如,修改某个回路的 PID 参数。

现场控制站主要用于对现场信号进行检测以及对相应的回路进行控制。一般现场控制站与它所挂接的各类组件本身就构成了一个小型的实时测控网络。

由于集散控制系统将各种控制分散至各个现场控制站,而且,即使是上层的工程师站或操作员站出现了故障,下面的现场控制站仍然能保持正常工作,从而大大地提高了监控系统的安全性和可靠性。另外,开发者可以根据被监控对象规模选择各种类型的站的数目,因此,集散控制系统的构成有很大的灵活性。

集散控制系统最初都是针对规模比较大的某种具体应用而开发的,特别是大型工业。例如,Honeywell 的系统主要是针对石油、化工等行业;Foxboro、美国西屋的系统主要是针对电厂、化工等行业;日本恒河的系统主要是针对冶金行业等。20 世纪 90 年代中期以前,DCS 的价格相当的昂贵,随着国产 DCS 的崛起以及行业竞争的加剧,现在 DCS 的价格开始有所下降,并逐渐应用于环保、楼宇以及其他一些小行业或小应用。

DCS 与 PLCs 虽然"出身"不尽相同(PLC 最初是为离散控制而设计的,而且逻辑控制功能相对比模拟量控制功能强;DCS 最初则是为流程工业设计的,其目的是取代常规仪表),实际上,两者并无本质的区别。PLCs 的结构借用了 DCS 的思想。许多 PLCs 的开发者都将自己的监控系统称为 DCS。而同时许多 DCS 的现场控制站也采用 PLC,或者可以兼容 PLC,或者可以将 PLC 下挂在现场控制站下面。随着时间的推移,两者的差距将越来越小。

同样是由于历史的原因,DCS 的开放性往往都不是十分好。这或多或少影响了 DCS 的推广。现在不少的 DCS 厂商都注意到并开始着手解决这个问题。Foxboro 和西门子等公司的 DCS 等使用 Unix 或 Windows 作为操作系统,并且成功地将这两个平台集成。工业以太网也成为了上层通信网络的首选。

1.2.4 现场总线技术

20 世纪 80 年代中期以后,随着人们对系统开放性意义认识的加深,要求计算机监控系统具有开放性的呼声也越来越强烈。同时,人们也意识到传统的计算机监控技术还存在其他的问题,例如,DCS 仍然未能摆脱常规模拟仪表一对一进行信号传输的模式。一般来说从现场到控制室都有比较长的距离,将所有现场的信号都通过电缆传送到控制室,一是要使用大量的电缆,成本高,二是信号在传送的过程中会受到电磁干扰、环境温度、粉尘、有害气体等影响,降低信号传送的可靠性。

按照 IEC 和现场总线基金会 FF 的定义:现场总线是连接智能现场设备和各类自动化系统的数字式、双向传输、多分支结构的通信网络。现场总线的本质含义表现在以下几个方面:

(1)现场通信网络

用于过程及制造自动化的现场设备或现场办公仪表互连的通信网络。

(2)现场设备互连

现场设备或现场仪表是指传感器、变送器和各种执行器等。这些设备通过一对一传输介质互连,传输介质可以使用双绞线、同轴电缆、光纤、电源线、无线等。

(3)互操作性

由于现场设备或现场仪表的种类繁多,没有任何一家制造商可以提供一个工厂所需的全部设备,所以互相连接不同制造商的产品是不可避免的。用户或开发者并不希望为选用不同制造商的产品而在硬件和软件上付出太多的代价,而是希望将属于不同制造商的同时其性能价格比最高的产品集成在一起,并实现"即接即用"。所谓"互操作性"不仅仅是指属于不同制造商的产品之间能够相互传送数据,更为重要的是这些设备能够"理解"所接收数据的含义,并做出正确的响应。当然,用户还希望能对不同的设备进行统一组态。只有这样才能真正将现场设备集成。

(4)功能分散

在现场总线技术中,应将 DCS 中的现场控制站的各种功能彻底分散到各个智能单元。这里应该指出的是,目前在我国真正将 DCS 中的现场控制站放在现场的是少而又少,出于各种考虑,现场控制站往往都是放在控制室内。通过采用现场总线技术,一个流量变送器不仅具有流量信号的变换、补偿和累加等功能,而且还有 PID 控制或其他高级控制的功能。也就是说,现场总线技术真正将信号的采集、处理、控制、驱动等功能放在了现场,真正实现了分散控制。

(5)通信线供电

对于现场总线,本身就要求连接线尽可能的少,因此,最好采用通信线供电方式,即允许现场仪表直接从通信线上获取能量。

(6)开放性

开放性是与互操作性有关的,但开放性的概念更为广泛。即要求现场总线为开放式互联网络,它不但可与同层的网络互联,还可以与其他层的网络互联,并且实现数据库共享。

一个按现场总线技术构造的计算机监控系统如图 1.9 所示。

现场总线的思想提出来后得到了广大制造商的响应,世界上掀起了一股现场总线的热潮。但是,事情的发展并不是与人们所预想的一致,现场总线并未能完全走标准化的道路。由于技术和利益的原因(其中主要是利益的原因),目前世界上存在着多种现场总线标准。

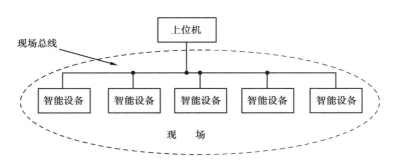

图 1.9　按现场总线技术构成的计算机监控系统

1.2.5　几种常用的现场总线

下面介绍几种比较有影响和流行的现场总线技术。

（1）CAN

CAN 最初由德国 Bosch 公司为汽车的监测和控制而设计的,现在已经应用在航空、电力、机械等行业,并已经成为 ISO 11898 标准。其特点是:CANBUS 接口芯片支持 8 位、16 位、32 位 CPU。可以做成 ISA 或 PCI 插卡直接插在个人计算机上,也可以将其置于温度、压力或流量变送器中构成智能变送器。CAN 可以是对等结构,即多主工作方式,网络上的任意一个节点随时可以主动地向网络上其他节点发送信息。CAN 网络上的节点可以分为不同的优先级,以满足不同的实时要求。采用非破坏性总线仲裁技术,当两个节点同时要在网络上发送数据时,优先级别低的节点主动地停止数据发送,从而有效地避免了死机。可以点对点、点对多点或广播式发送或接收数据。通信距离最远为 10 km(5 kbit/s)。通信速率最高为 1 Mbit/s(40 m)。节点数最多可达 110 个。采用短帧结构,每一帧的有效字节数为 8 个。CAN 节点在错误严重的情况下,具有自动关闭的功能,切断与总线的联系。通信介质采用价廉、易连接的双绞线。

（2）PROFIBUS

过程现场总线 PROFIBUS 是德国标准。1991 年在 DINI9245 中公布了此标准。PROFIBUS 有几种改进型,分别用于不同的场合。其中,PROFIBUS—PA 用于过程自动化,通过总线供电,提供本质安全,可用于危险防爆区域。PROFIBUS—FMS 用于一般自动化。PROFIBUS—DP 用于加工自动化。PROFIBUS 的协议是开放的,可以由第三方来生产 PROFIBUS 的产品。为了保证产品质量,在德国建立有 FZI 信息研究中心,对制造商和用户开放,对其产品进行一致性检测和实验性检测。

（3）FF

现场总线基金会 FF(Foundation Field Bus)是唯一不附属于任何企业的非商业性的国际标准化组织。其宗旨是制定单一的国际现场总线标准。FF 标准具有以下特点:根据 ISO/OSI 的模型共设有物理层、数据链路层和应用层。除此之外,还增加了用户层。其中,物理层分为两种:H1 为低速总线,主要用于过程自动化。波特率为 31.25 kbit/s,最大传输距离为 1 900 m,提供总线供电和本质安全型;H2 为高速总线,主要用于制造自动化,波特率为 1 Mbit/s(750 m)或 2.5 Mbit/s(500 m)。传输介质为双绞线、同轴电缆、光纤和无线。

（4）LONWORKS

LONWORKS 现场总线技术是近几年异军突起的一种现场总线技术标准,由美国 Echelon

公司开发,简称 LON。LON 真正做到了开放性、互操作性、多通信介质、多数据传输速率、多网络结构、多网络拓扑。LON 的一个突出特点是提供了一整套从硬件到软件的完整技术。其核心技术 Neuron 芯片,固化了 LONTalk 通信协议,而该通信协议完全支持 OSI 的 IOS 七层协议。另外,Neuron 芯片中有三个 CPU 可分别用于信号输入输出、控制和通信。除此之外,还有 LONWORKS 收发器、路由器、控制模块、网络接口、网间接口等产品。LonManager 软件工具可以用来解决系统安装和维护的需要。LonBuilder 和 NodeBuilder 用于开发基于 Neuron 芯片的应用。

1.3 计算机监控技术发展的展望

随着社会需求的增加以及其他相关技术的发展,计算机监控技术的应用将会越来越广泛。可以确信无疑的是计算机监控技术具有以下几个特点:

(1)体系结构的扁平化和监控管理一体化

由于微处理器技术的发展,现场信号的处理和控制越来越多地会在底层完成,从而使得计算机监控系统在体系结构上变得扁平。另外,计算机监控系统与生产调度层、管理层的集成不再是十分困难的事情,底层的各类数据可以向上传送,在管理层可以及时地看到现场的各类数据,了解现场的各种情况,生产调度层和管理层的指令也可以很容易地向下传送,因而提高了管理的效率。

(2)微型化

嵌入式系统也是计算机监控技术的一个发展方向。所谓嵌入式系统,是指计算机监控系统是与被监控对象一体的,即计算机监控系统是嵌入在被监控对象之中的。微处理芯片技术、液晶显示技术、大容量电子存储器件技术的发展为嵌入式系统的开发提供了可靠的保证。另外,家庭、家电中以及一些特殊场合(如人体)的应用也对计算机监控技术的微型化提出了要求。

(3)大型化及网络化

与计算机监控技术微型化相反的一个方向是大型化。大型化的特点:一个是监控系统监控的参量非常的多,可以达到数万个甚至数十万个;另一个是监控的地域非常的宽广,面积可达数十平方千米,距离可达上万千米。由于大型化的需求以及计算机网络技术的日渐成熟,基于计算机网络的计算机监控系统越来越多。

(4)多媒体技术

多媒体技术正在迅速地从家庭、办公室向计算机监控技术应用的各个领域扩散。通过应用多媒体技术,不仅使得操作人员能够获取丰富的现场信号,同时,还使得原本枯燥乏味的工作变得有趣起来。随着气味合成技术的日渐成熟,在不久的将来,操作人员就能够坐在操作室里"嗅"到现场的气味(如果有必要的话)。

(5)无线化

无线技术的应用主要有两类:一类是无线传感器网络的应用,传感器网络的应用前景十分广阔,在军事、工农业、环境监测、医疗护理、抢险救灾、危险区域远程控制以及智能家居等领域都有潜在的使用价值;第二类是利用 GPRS(General Packet Radio Service,通用分组无线业务)

或 CDMA 技术传输数据,使得在地域上分布比较广阔的系统(例如,城市集中供热与供水系统、电力系统、水文观测系统、气象观测系统)的子系统之间可以方便地通信。

(6) 全球化

坐在办公室里能够轻松地遥控或监测上万千米以外的现场,已经不是什么梦想。因特网技术已经越来越多地应用在计算机监控技术上。当一个人出门在外时,通过他手中的便携式计算机,经过因特网甚至直接利用移动电话,监控家中的电冰箱、微波炉或热水器也是指日可待的事情。

(7) 民用化

计算机监控技术的最初使用领域主要集中在工业和军事两个领域,近年来开始向民用领域扩展,应用范围包括:农业,公用设施(环保、交通、供热等),商业,医疗以及家庭。特别是家庭自动化领域,将是计算机监控技术应用的广阔空间。

习 题

1.1 计算机监控系统主要包括哪几个部分? 简述各部分的作用。

1.2 一个计算机监控系统常需要检测被监控对象的物理参量,而在检测这些参量的过程中就会有干扰出现,可以用什么方法消除这些干扰?

1.3 有哪几种常见的计算机监控系统? 它们各有什么特点?

1.4 通过查阅文献找出检测液位、压力、温度等参量的方法。

1.5 举例说明有哪些物理量很难检测。

1.6 控制一个炉子的温度可以采用通断控制也可以采用连续控制,试问这两种控制方式各有什么特点?

1.7 通过查阅文献了解计算机监控技术的最新进展。

1.8 你认为计算机监控技术将来还会在哪些领域有用武之地? 会如何应用?

第 **2** 章
数据通信技术基础

数据通信是完成数据编码、传输、转换、存储、处理的过程,是计算机技术与通信技术相结合的产物。随着计算机监控技术大规模、远距离应用的增多,数据通信技术在计算机监控技术中所占的位置越来越重要。本章将简要地介绍数据通信技术的基本内容。

2.1 数据通信概述

2.1.1 几个基本概念

• 数据:数据指实体属性的值。客观世界是由各种实体构成的。所谓实体,可以指各种实体(例如,具体的每一个人、每一辆车、每一个行政单位等都是实体),每一个实体都具有一定的属性。例如,某人的姓名、出生日期、性别、身高、婚姻状况、职业等都是描述其属性的,而这些属性的值就称为描述该人特征的数据。因此,张海、1980 年 2 月 12 日出生、女、1.70 米、未婚、教师等就构成了描述特征的数据。当对数据进行解释时就获得了信息,又称数据是信息的值。狭义的数据表现形式为数字、文字、字符等。广义的数据表现形式则还包括声音、图形、图像等。如果不作特殊声明,本章所指的数据是狭义的。

• 信号:信号就是指包含了数据的物理量。数据的传输总是通过信号的传输来实现的。

• 模拟信号:模拟信号通常是指在时间和幅值上连续变化的信号(如压力、温度、流量、液位、速度等)。

• 数字信号:数字信号通常是指在时间和幅值上离散的信号(如 00、01、10、11 就是一组数字信号的取值)。

• 信号传输:信号传输是指将包含了信息的信号转换为适合于远距离传输的信号,并通过一定的传输信道将信号从信号源传输至信号宿的过程。常用来传输数据的信号有电信号(电压、电流、电磁波)、光信号(可见光、激光)、声波等。图 2.1 所示为信号传输的一个基本模型。

这里,信号源是指包含了待传输信息信号,并将其转换为适合传输的信号的装置。信号宿则是指信号的接收者。对于传输信道,简单者可以仅有传输介质,复杂者则包含了各种信号转换设备。

图 2.1　信号传输的基本模型

根据信号在信号源、信号宿以及传输信道中的形态,可以有以下几种方式:

①信号在信号源、信号宿和传输信道中均为模拟信号(例如,现有的普通电话)。

②信号在信号源、信号宿中为模拟信号,而在传输信道中为数字信号(例如,IP 电话)。

③信号在信号源、信号宿中为数字信号,而在传输信道中为模拟信号(例如,利用 Modem 通过电话线远距离传输数据)。

④信号在信号源、信号宿和传输信道中均为数字信号(例如,两台个人计算机通过 RS232 口直接相连接、进行局域网的数据传输等)。

在上述情形中,第①种称为模拟通信;第④种称为数字通信;第②种和第③种则称为数据通信。

● 数据编码:在进行数据通信之前,很重要的一点就是如何将数据表示为相应的二进制代码。这种工作称为数据编码,数据的代码也称为传输代码。完成了数据编码后,还要考虑使用什么样的电平信号(或相位信号、频率信号和光信号等)来表示相应的二进制代码。

● 码元:信号的一个最小单位(例如,一个脉冲)称为一个码元。

● 二元信号:即传输信号只有两种可区分的码元,分别表示 0 和 1。例如,用 +5 V 来表示 1,用 0 V 来表示 0,称这种信号为二元码。二元数据信号受噪声影响最小,且易用现代数字技术来处理,目前在实际中用得最多的是二元码。

● 多元信号:即传输信号有多于两种可区分的码元,称这种信号为多元码。例如,一个四元码,就有 4 种电平(4 种码元):+3 V、+1 V、−1 V、−3 V,分别表示 00、01、10、11。虽然多元码每个码元所包含的信息量比二元码的多(下面解释),但是,所用的技术相对说来比较复杂,且容易被噪声干扰。

● 比特:待传输的数据最终都要表示为只包含 0 和 1 的二进制代码。每一位的 0 或 1 就称为包含一个比特的信息。显然,二元数据信号的一个码元,包含一个比特的信息量。多元码的每个码元所包含的信息量比二元码多,比如,四元码的每个码元就有 $\log_2 4 = 2$ 比特信息量。若用 −3 V 来表示 00,用 −1 V 来表示 01,用 +1 V 来表示 10,用 +3 V 来表示 11。这样,当拟传输的数据的值为 9(假设对应编码为 1001B)时,如果使用二元数据信号来传输,则需要 4 个码元:1、0、0、1。而如果使用四元码来传输,则只需要两个码元:+1 V(10),−1 V(01)。因此,四元码的每个码元所包含的信息量是二元码每个码元的两倍。如果采用 m 元码,则其每个码元所包含的信息量计算公式为 $\log_2 m$。

● 并行传输:指表示数据的二进制代码在并行的信道上传输的方式。并行传输时,一次可以传一个字符,收发双方不存在同步的问题,而且速度快、控制方式简单。但是,并行传输需要多个物理信道,如图 2.2 所示。例如,当拟传输的字符为 8 位时,信号源与信号宿之间至少需要 9 条传输导线。所以,并行传输只适合于短距离、要求传输速度快的场合使用。

● 串行传输:指表示数据的二进制代码在一条物理信道上以位为单位按时间顺序逐位传输的方式。串行传输时,发送端逐位发送,接受端逐位接受,同时,还要对所接受的字符进行确认,所以收发双方要采取同步措施。串行传输相对并行传输而言,传输速度慢,但只需要一条物理信道,线路投资小,易于实现,特别适合远距离传输,如图2.3所示。串行传输是目前数据传输的主要方式。

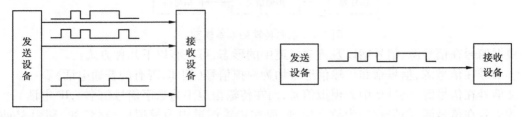

图2.2　并行传输　　　　　　　　　　　图2.3　串行传输

● 单工方式:指数据传输信号(不包括"握手"信号)在信道中只能沿一个方向传送,不能沿相反方向传送的工作方式。例如,计算机向显示器传送数据就采用单工方式。

● 半双工方式:指通信的双方均具有发送与接收数据的能力,信道也具有双向传输数据的性能,但是,在同一时刻,信号只能沿某一个方向传送。即任何一方都不能同时既发送又接收数据。

● 全双工方式:指信号在信道中能沿两个方向同时传送,即任何一方在同一时刻既能发送信号又能接收信号。全双工方式需要两条物理信道。

● 多路复用技术:在数据通信系统中,其传输信道的资源往往是有限的,特别是远距离传输时更是如此,可用的物理信道却往往有限。为了能利用有限的信道"同时"传输多路信号,就必须使用多路复用技术。多路复用技术有多种:如频分多路复用(FDM)、时分多路复用(TDM)、码分多路复用(CDM)和波分多路复用(WDM)。

● 频分多路复用:这种技术将待传输的多路信号分别调制在不同频带的载波频率上,只要保证这些不同频带的载波频率不相互重叠,就可以在一条物理传输信道上传输这些信号,并且在接收方将传输的信号分别提取出来。显然,在采用该技术时,要求传输信道的带宽大于各路载波频带的总和。

● 时分多路复用:这种技术将传输的工作时间分为多个时间片,各路信号分别在不同的时间片中发送,然后在接收方再将传输的信号进行合成。大型计算机的多台终端就是采用这种方法与主机通信的。

● 码分多路复用:这种技术是将多路信号同时进行编码,使得各路信号的编码互为正交,当编码信号通过信道后,再将各路信号还原回来。

● 波分多路复用:这种技术在光纤通信系统中使用。其基本原理是在发送端将不同波长的光信号组合起来(复用),并耦合到光缆线路的同一条光纤中进行传输。然后,在接收端又将组合波长的光信号分解(解复用),将恢复出来的信号送入不同的终端。

2.1.2　数据通信系统

数据通信系统是指以计算机为中心,通过数据传输信道将分布在各处的数据终端设备连接起来,以实现数据通信为目的的系统。实际的数据通信系统是千差万别的。例如,可以是两台计算机点对点近距离地传输数据,也可以是分布在各地的数百台甚至更多的计算机相互间传输数据。传输信道可以是简单的两条导线,也可以是由传输介质、数据中继、交换、存储、管理设备构成的通信网络。为了讨论方便,在此将数据通信系统抽象为如图2.4所示的模型。

图 2.4　数据通信系统的模型

输入、输出设备是各类数据终端,它可以是计算机、纸带输出机、磁带机、打印机、传真机、带键盘的 CRT 字符显示器、语音应答系统以及各类 D/A 和 A/D 转换器等。

发送器的主要任务是将需要传输的数据信号转换成适合于信道传送的信号,而接收器主要完成与发送器相反的变化,把传输来的信号流恢复成发送端数据流,它一般为调制解调器(Modem)、波型变换器、基带放大器等。

传输信道是为收发两地的数据流提供传输的信道,传输信道由两部分构成:一部分是传输介质,另一部分是其他数据处理设备。传输介质分为有线介质和无线介质两种。有线的介质有双绞线、同轴电缆和光纤等;无线介质则为空气,传输手段为微波、红外线、激光等。由光纤、同轴电缆、双绞线电缆等有线传输介质构成有线线路,而由微波接力或卫星中继等方式通过大气层传输数据则构成无线线路。有线信道具有性能稳定,受外界干扰少,维护方便,保密性强等优点,但其敷设工程量大,一次性资金投入也较大;而无线信道利用无线电磁波在空中传输信号,无须敷设有形介质,所以一次性资金投入相对少些,通信建立较灵活,但受气候环境影响较大,保密性较差。数据处理设备有用于信号放大的中继器,也有用于数据(包)交换的网桥、网关和交换机等,还有智能性很高的路由器。当然,用于微波传输的设备以及卫星和卫星地面站等设备也可以视为传输信道中的数据处理设备。

2.1.3　数据通信系统的质量指标

数据通信系统的性能可以用数据传输速率、可靠性、有效性等指标来衡量,下面分别予以介绍。

(1)传输速率

1)符号(码元)传输速率

每秒钟系统通过传输信道的码元(可以理解为信号脉冲)的数目称为系统的符号(码元)传输速率。单位是波特(Baud),常用符号"B"表示(注意:不能用小写),简称波特率。符号传输速率常用 R_B 来表示。

2)信息(比特)传输速率

信息传输速率的定义为:每秒钟内系统通过传输信道的信息量,单位是比特/秒(bit/s),简称比特率。信息传输速率常用 R_b 来表示。

这里需要强调的是,由于"波特率"和"比特率"这两个词的读音相近,数值也常常相同,所以经常会被人们混淆。首先,这两个量的物理意义是不同的,前者描述单位时间内系统所传输的码元脉冲数的多少,而后者描述系统在单位时间内所传输的信息量的大小;第二,两者在数值上也不一定是相同的。假设系统采用 m 元数据信号,则码元传输速率 R_B 与比特传输速率 R_b 之间的关系为:

$$R_b = R_B \log_2 m$$

式中,$m \geq 2$,为码元的元数。

显然,如果采用 2 元数据信号,$m = 2$,则 $R_b = R_B$;如果采用 8 元数据信号,$m = 8$,则 $R_b = 3R_B$。

(2) 可靠性质量指标

由于传输信道干扰信号的存在,信号本身在传输过程中由于信道的不理想而产生畸变,以及数据传输系统的组件质量问题等原因,所传输的数据不一定能准确可靠地从信号源传输到信号宿。为此,可以用以下指标来衡量数据传输系统的工作质量:

1)码元差错率(码元误码率)

码元差错率是指系统传输中发生差错的码元数与传输的码元总数之比,这个指标实际上是一个统计值。

2)比特差错率

比特差错率是指由于系统传输而发生的差错的信息量与系统所传输的信息总量之比,这个指标也是一个统计值。

一般情况下,人们更习惯于用比特差错率。对于不同类型的数据传输系统,其比特差错率的要求是不一样的。例如:对于电报、电传,系统允许的比特差错率为 $10^{-4} \sim 10^{-5}$;对于计算机数据通信,则要求系统的比特差错率小于 $10^{-8} \sim 10^{-9}$。

3)可靠性

系统可靠性指标可以用系统正常工作时间与系统工作总时间来衡量。可靠性的观察统计时间可以比较长,一般以月、季度或年为单位。

(3) 有效性质量指标

在保证数据传输系统快速、可靠地传输数据的同时,还应要求系统有比较高的有效性,以提高系统的效率。数据通信系统可以从功率和频带两个方面来衡量系统的有效性。

1)功率利用率

功率利用率是指在一定的差错(误码)指标下,数据传输系统传输每比特信息所需要的最小信号平均功率。功率利用率可以用最小归一化信噪比 E_b/n_0 来表示。这里 E_b 为每比特信号的能量,n_0 为噪声功率谱密度。

2)频带利用率

对于数据传输系统而言,传输频带是一种宝贵的资源,在一定的频带范围内,传输的比特率高,说明系统对资源的利用率就高。因此,频带利用率反映了数据通信系统对频带资源的利用水平和有效性,用 η 来表示频带利用率:

$$\eta = \frac{比特传输率}{系统频带宽度}$$

2.2 传输代码

整个数据通信的编码可以分为以下三个层次:首先是确定选择怎样的二进制代码来表示待传输的数据;然后考虑使用传输信号的码元为几个,可以选择二元数据信号、四元数据信号或八元数据信号;完成以上工作之后就是选择码元波形(参见 2.4 节传输方式),也就是说选择怎样的电平或电平变化来分别表示"0"和"1"。本小节主要介绍选择怎样的二进制代码来表示待传输的数据。这些代表数据信息的二进制代码就是传输代码。目前常用的数据传输代码有以下几种。

2.2.1　国际 2 号码

国际 2 号码也称博多(Baudot)码。自 1932 年被国际电信联盟(International Telecommunication Union,ITU)批准以来,已广泛地用于电报通信,现仍是起止式电传电报通信中的标准码。博多码采用 5 位二进制来编码,故仅可以组成 $2^5 = 32$ 种传输代码。如果要表示 26 个英文字母和 10 个阿拉伯数字以及其他符号,博多码是不够的。所以,定义了上码"11111"和下码"11011"。当接收方收到上码"11111"时,则将后面的 5 位二进制代码解释为字母。反之,当收到下码"11011"时,则将后面的 5 位二进制代码解释为数字或其他字符。通过增设上码和下码,可使代码增至 58 种组合。

2.2.2　国际 5 号码

国际 5 号码也称 ASCII 码。原是美国信息交换标准代码(American Standard Code for Information Interchange,ASCII),后为国际标准化组织(International Standard Organization,ISO)以及国际电报电话咨询委员会(Consultative Committee International Telegraph and Telephone,CCITT)采纳并发展成为一种国际通用的标准代码,现已成为计算机普遍采用的代码,也是数据通信中用得最普遍的传输代码。ASCII 码采用 7 位二进制来编码,可以有 128 种代码组合,为了提高传输的可靠性,在编码的第 7 位后面(即第 8 位)加上了一位奇偶校验位。

ASCII 码分为两大类代码:一类为图形字符,这类字符用来表示信息的内容,可被打印或显示出来;另一类就是控制字符,它们只产生控制作用,而不能被打印或显示出来。

图形字符共有 94 个:它包括 26 个大写英文字母 A ~ Z 和 26 个英文小写字母 a ~ z,以及 10 个阿拉伯数字 0 ~ 9,还有 32 个其他图形字符(如括号、标点符号等)。

控制字符共有 34 个:它包括传输控制符 11 个,设备控制符 4 个,格式控制符 6 个,信息分隔符 4 个,其他功能符 9 个。

2.2.3　国标码与区位码

1980 年,为了使每一个汉字有一个全国统一的代码,我国颁布了第一个汉字编码的标准:《信息交换用汉字编码字符集》(GB 2312—80)基本集。这个字符集是我国中文信息处理技术的发展基础,也是目前国内所有汉字系统的统一标准。

国标码是一个 4 位十六进制数,区位码是一个 4 位的十进制数,每个国标码或区位码都对应着一个唯一的汉字或符号。国标码分布如图 2.5 所示。

位 区	0　1　2　…　92　93
0 ~ 14	非汉字图形符号
15 ~ 54	一级汉字库
55 ~ 86	二级汉字库
87 ~ 93	不使用

图 2.5　国标码分布

国标码划分为 94 个区,每个区最多包含 94 个汉字,每个汉字用两个字节来表示,高字节为汉字所在区的区码,低字节为汉字所在位的位码。

国标码与 ASCII 码的区别在于:编码时,国标码每个字节的最高位均为"1"。当接收到的数据最高位是"1"时,则按国标码来处理;若最高位是"0",则按 ASCII 码处理。这里要注意的是,利用区位码输入汉字或符号时,输入该汉字或符号所用的代码并不是其在机内的真正代码。例如,对于"克"字,其输入时所用的代码为"3143",对应的国标码为"3F4B",而机内编码为"BFCB"。

2.3   传输介质

传输介质是数据通信的物理通路,双绞线电缆、同轴电缆、光导纤维属于有线介质,微波等属于无线介质。

2.3.1   双绞线电缆

双绞线电缆(简称双绞线)是将一对或一对以上的双绞线封装在一个绝缘外套中而形成的一种传输介质。导线一般是铜质的,也有用铜包着钢的,这样可使导线具有一定强度。双绞线以其价格低廉而广泛地应用于计算机监控的底层现场连线,同时,也是目前局域网中最常用到的一种布线材料。为了降低信号的受干扰程度(使电磁辐射和外部电磁干扰减到最小),电缆中的每一对双绞线一般是由两根绝缘铜导线相互缠绕而成,每根导线加绝缘层并用色标来标记,双绞线也因此而得名。双绞线按其电气特性而进行分级或分类,一般分为非屏蔽双绞线(UTP)和屏蔽双绞线(STP)两大类,局域网中非屏蔽双绞线分为 3 类、4 类、5 类和超 5 类四种,屏蔽双绞线分为 3 类和 5 类两种。目前局域网中常用到的双绞线一般都是非屏蔽的 5 类 4 对(即 8 根导线)的电缆线。这些双绞电缆线的传输速率都能达到 100 Mbit/s。随着传输介质的发展,近年来在局域网中又出现了超 5 类双绞线。超 5 类双绞线属非屏蔽双绞线。与普通 5 类双绞线比较,超 5 类双绞线在传送信号时衰减更小,抗干扰能力更强,在 100 Mbit/s 网络中,用户设备的受干扰程度只有普通 5 类线的 1/4,所以,被认为是"为将来网络应用提供的解决方案",但目前在共享式以太网中应用较少。

(1)非屏蔽双绞线

非屏蔽双绞线由多对双绞线与一个塑料外套构成,如图 2.6 所示。美国电子工业协会(EIA)把双绞线定义为五种不同的质量等级。一般的计算机网络常采用第 3 类双绞线。由于第 5 类双绞线利用增加缠绕密度,使用高质量绝缘材料等手段,极大地改善了传输品质,一般用于速度较高的网络。

安装时,用户设备通过 RJ-45(4 对线)或 RJ-11(2 对线)的电话线连接器端口与非屏蔽双绞线相连。

(2)屏蔽双绞线

在非屏蔽双绞线的导线与外塑料套管之间增加一层铝箔,就构成屏蔽双绞线,如图 2.7 所示。因此,屏蔽双绞线的价格比非屏蔽双绞线贵,介于同轴粗缆与光缆之间。它的安装也比非屏蔽双绞线难些,必须配有支持屏蔽功能的连接器和相应的安装技术。屏蔽双绞线的传输率在 100 m 内可达 500 Mbit/s,但使用的传输率普遍是 16 Mbit/s,通常不超过 155 Mbit/s,其最大使用距离被限制在几百米内。

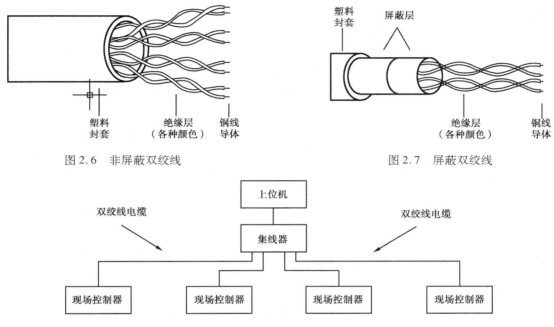

图 2.6 非屏蔽双绞线 　　　　　　　　　　　　图 2.7 屏蔽双绞线

图 2.8 双绞线的使用(一)

双绞线一般用于星形网的布线连接,两端安装有 RJ-45 头(水晶头),连接工作站或现场控制器的网卡和集线器,最大网线长度为 100 m,如果要加大网络的范围,在两段双绞线之间可安装中继器,但最多可安装 4 个中继器,也就是最多连接 5 个网段,这时,最长距离可达 500 m。双绞线的另一种使用方法是利用其链接多个现场控制或检测单元。双绞线的两种典型使用方法如图 2.8 和图 2.9 所示。

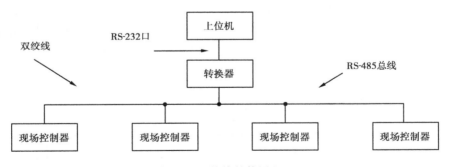

图 2.9 双绞线的使用(二)

2.3.2 同轴电缆

同轴电缆是计算机监控系统主干传输线路或局域网中使用得非常广泛的一种传输介质。其最里层(中心)是一根单芯铜导线或一股铜导线;第二层是泡沫塑料,起绝缘作用;第三层是网状的导体或导电铝箔,用以屏蔽电磁干扰和辐射,最外层是绝缘塑料套,如图 2.10 所示。

常用的同轴电缆有:

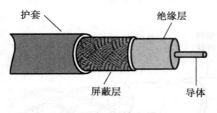

护套　绝缘层

屏蔽层　导体

图 2.10　同轴电缆

① RG-8 或 RG-11(50 Ω)；
② RG-58(50 Ω)；
③ RG-59(59 Ω)；
④ RG-62(93 Ω)。

50 Ω 电缆仅用于数字信号传输,称为基带。它使用曼彻斯特编码形式,数据传输率一般为 10 Mbit/s。计算机网络常使用 RG-8 以太网粗缆和 RG-58 以太网细缆。

75 Ω 电缆既可用于数字信号的传输,也可用于模拟信号的传输,它是共享天线电视 CATV 系统中使用的标准,传输模拟信号的频率可达 300 ~ 400 MHz。

使用频分多路复用(FDM)技术时,75 Ω 电缆的频谱划分为若干个信道,可传输多路模拟信号,所以,也称这种电缆为宽带电缆。

利用调制解调技术(幅移键控法 ASK、频移键控法 FSK、相移键控法 PSK),75 Ω 电缆也可传输数字信号,调制解调器的速率决定了传输带宽。50 Mbit/s 以上的传输率可用 6 MHz 的电视信道来实现,4 800 bit/s 的传输率则需要约 20 kHz 的带宽。还可使用频分多路复用技术来实现高速数字信号或模拟信号的传输。

同轴电缆适用于点到点连接或多点连接的方式。50 Ω 电缆(基带)每段可支持几百台设备,在大系统中,由中继器每一段连接起来。75 Ω 电缆(宽带)一般能支持数千台设备,但当传输频率高达 50 Mbit/s 后,仅能支持 20 ~ 30 台设备。典型的基带传输距离在几公里内,宽带传输可达几十公里,高速的数字信号或模拟信号传输被限制在 1 km 以内。

当频率较高时,同轴电缆的抗干扰性优于双绞线。同轴电缆的安装费用介于双绞线与光导纤维之间。

同轴电缆通过连接器与设备相连。若为细缆,则将电缆切断,两头装上 BNC 头,然后接到 T 形连接器两端;若为粗缆,则采用一种类似于夹板的装置——Tap 进行安装,利用 Tap 上的引导针来穿透电缆的绝缘层,直接与电缆相连。

一般粗缆用于干线,细缆用于连接设备,粗缆与细缆通过 Tap 相连。为保持同轴电缆正确的电气特性,电缆必须接地,且两头须有终端器来削弱信号反射作用。

同轴电缆的一种使用方法如图 2.11 所示。

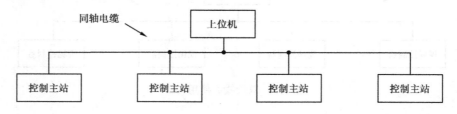

同轴电缆　上位机　控制主站　控制主站　控制主站　控制主站

图 2.11　同轴电缆的使用

2.3.3　光导纤维

(1)光纤结构

光导纤维又简称为光纤。它是一种能够传导光信号的极细而柔软的传输介质,越来越广泛地应用于数据通信领域,同时,也在计算机监控系统的主干传输网络中使用。另外,在一些特殊场合,如电力系统等有强电磁干扰或飞行器等,对重量比较敏感的场合也使用光纤作为传输介质。光导纤维由纤芯和包层两部分构成,如图2.12所示,纤芯和包层是两种光学性能不同的物质。其中,纤芯为光的通路,包层由多层反射玻璃纤维构成,其作用是将光线反射到纤芯上。在光导纤维的外面包上一个塑料保护套,就成为实际使用的光缆。

图 2.12　光纤的结构

石英和塑料是制造光导纤维的原料,主要有以下几种方法:

①采用超纯二氧化硅(SiO_2)制成的光导纤维,传输损耗最小,但制造难度大,成本高,在实际中一般不用。

②采用多成分玻璃纤维制成的光导纤维,性能价格比最优,是目前用得最广泛的一种光导纤维。

③采用塑料纤维制成的光导纤维,成本最低,但传输损耗最大,仅能用于短距离的通信。

(2)传输原理

纤芯和包层是两种光学性能不同的介质,纤芯的折射率比包层的高。由物理学可知:

在两种折射率不同的界面上,当光从折射率高的界面射入折射率低的界面时,只要入射角度大于一个临界值,就会发生全反射现象,能量将不受损失,因此,包层起到了防止光线在传播过程中衰减的作用。目前生产的光导纤维可以传输频率在 $10^4 \sim 10^{15}$ Hz 范围内的光波。这一范围覆盖了可见光谱和部分红外光谱。

(3)传输过程

光纤传输原理如图2.13所示。

图 2.13　光纤传输原理

1)发送端

在发送端,先将电信号转换为光信号后才能通过光纤来传输。光源采用两种不同类型的发光管:一种是发光二极管 LED(Light—Emitting Diode),另一种是注入型激光二极管 ILD(Injection Laser Diode)。

发光二极管是一种固态器件,电流通过时即发出可见光,光在石英玻璃介质内不断地反射着向前传播,定向性较差,但价格便宜。多模光纤(Multimode fiber)即采用这种光源。

注入型激光二极管也是一种固态器件,它是根据激光原理来工作的。激励量子电子效应产生一个窄带的超辐射光束——激光,由于激光的定向性好,所以,光沿着光纤传播,减少了折射,也减少了损耗,因此,激光二极管的效率更高,传播距离更长,而且能保持很高的数据传输率。但激光二极管价格昂贵,单模光纤(Single mode fiber)一般采用这种光源。

2)接收端

在接收端,由光检波器把接收到的光信号还原为电信号。光检波器是一个光电二极管,目前使用的是两种固态器件:PIN 检波器和 APD 检波器。PIN 光电二极管是在二极管的 P 层和 N 层之间增加一小段纯硅。APD 雪崩光电二极管的外部特性和 PIN 类似,但使用了一个较强的电磁场。这两种器件基本上是光电计数器,PIN 价格较便宜,但不如 APD 灵敏。

光纤的类型由模、生产原料(玻璃或塑料)以及芯的外层尺寸所决定,芯的尺寸及纯度决定了光的传输量。

常用的光纤有:

①8.3 μm 芯/125 μm 外层,单模;

②62.5 μm 芯/125 μm 外层,多模;

③50 μm 芯/125 μm 外层,多模;

④100 μm 芯/140 μm 外层,多模。

当前,最常用的是 62.5/125 的多模光纤,其次是 8.3/125 的单模光纤。

光纤具有单向传输性,因此,要实行双向通信,光纤必须是成对地使用,一根用于输出,另一根用于输入。

光载波调制属于移幅键控法 ASK 的一种,也称亮度调制(Intensity modulation)。典型的做法是:在给定频率下,以光的出现和消失来表示两个二进制数。发光二极管和注入型激光二极管都用这种方式调制,PIN 检波器和 APD 检波器直接响应亮度调制。

光缆有两种结构:紧型结构和松型结构。在紧型结构中,光纤被外层塑料壳直接紧套着;在松型结构中,光纤与保护套之间隔着一层液体胶或其他材料。光缆可以由单外壳光纤构成,也可以由多股光纤捆扎在一起置于光缆的中心构成。

连接光缆时,须磨光电缆端头,通过电烧烤或化学环氯工艺与光学接口连接,这样才能保证光通路不被阻塞,光缆与光学接口的连接不能拉得太紧,也不能形成直角。

(4)光纤特性

①宽频带,可传输 $10^4 \sim 10^{15}$ Hz 的光波。

②低延迟,传输速率能达到光速的 70%。

③数据传输率高,抗干扰能力强,不受电磁干扰和噪声的影响。因此,可以实现高数据速率的远距离传输,而且室外布线不必采取防雷措施。

④保密性好,不易被窃取。

⑤传输距离远,在无转发器的情况下可传输 6 ~ 8 km。

光纤芯子和孔径越大,从光源接收到的光就越多,则性能越好。100 μm/140 μm 光纤比 62.5 μm/125 μm 光纤多接收光 4 dB,比 50 μm/125 μm 光纤多接收光 8.5 dB。波长是 0.8 μm 的光纤衰减为 6 dB/km,频宽为 150 MHz·km;波长是 1.3 μm 的光纤衰减为 4 dB/km,频宽为 500 MHz·km。光纤的传输距离受波长的影响,为了有效地增大传输距离,一般采用 1.55 μm 波长的光纤,同时,利用掺饵光纤放大器作为接收机的前置放大器或在线路中作为中继器,使传输距离达到几十千米,甚至上百千米。

对一般的铜电缆介质,随着频率的增高,衰减也增大,而光纤在 300 MHz 以内基本不衰减。

2.3.4 无线传输介质

无线传输介质是指微波、红外线、激光等,数据的传输通过大气进行,而无须敷设有形介质(双绞线、同轴电缆、光缆等)。

无线通信已经广泛地应用于电话领域,蜂窝式无线电话网就是一例。微波通信的载波频率为 2～40 GHz,一个带宽为 2 MHz 的频段,可容纳 500 条话音线路,如果用来传输数字信号,传输速率可达若干 Mbit/s。

微波传输是沿直线传播的,而地球表面是球面;同时,微波在空气中传播时,其能量有可能被气体分子谐振,也有可能被大气中的雨或雾所吸收。另外,微波传播还会受大气折射的影响。所以,微波在地面上的传播距离有限,其传播距离与天线的高度有关,天线越高,传输距离越远。当超过一定距离后,就需要用中继站来接力。红外线传输和激光传输与微波传输一样,都是沿直线传播的,都需要发送方和接收方之间有一条视线(line—of—sight)通路,有时称这三者为视线介质。这三种技术对环境气候(如雨、雾及雷电)较敏感,相比之下,微波对一般雨、雾的敏感程度要低些。

2.3.5　电力线

采用电力线作为传输介质可以大大地降低成本。特别是近年来在智能小区、智能楼宇中普遍采用了远程抄表技术,如果能够采用电力线作为传输介质直接将传输电能的交流电网作为传输网络,就能大大降低成本和缩短工时。利用 2.4.2 节所介绍的频带传输技术就可以实现电力线作为传输介质的数据传输。由于交流电网的干扰比较多,载波的频率一般选择在 100～300 kHz。同时,也是由于交流电网的干扰比较多,在要求大数据量、高可靠性的应用场合一般不使用这种传输介质。另外,在采用电力线作为传输介质时,一般都将传输距离限制在同一个电力变压器的供电范围内,而且发送和接受设备最好均连接在同一相电源线上。

2.3.6　传输介质的选择

传输介质的选择取决于许多方面的因素:
①网络拓扑结构;
②通信的容量;
③可靠性要求;
④架设的环境;
⑤所能承受的价格。
双绞线价格便宜,对低通信容量的局域网来说,双绞线的性能价格比是最好的。楼宇内的网络线就可以使用双绞线,与同轴电缆比,双绞线的带宽受到限制。

同轴电缆的价格介于双绞线与光缆之间,当通信容量较大且需要连接较多设备时,选择同轴电缆较为合适。

光纤与双绞线和同轴电缆相比,其优点有:频带宽、速度高、体积小、重量轻、衰减小、能电磁隔离、误码率低。因此,对于高质量、高速度或者是要求长距离传输的数据通信网,光纤是非常合适的传输介质。随着技术的发展和成本的降低,光纤在局域网中将得到更加广泛的应用。

2.4　传输方式

数据传输方式主要有基带传输、数字信号频带传输和模拟信号数字传输三种。
基带传输是指原始信号(可以是模拟的,也可以是数字的)不经调制,直接在信道上传输。

本节主要讨论数字信号的基带传输。

数字信号频带传输是指数字信号经过振幅键控法(ASK)、频移键控法(FSK)、相移键控法(PSK)等方式的调制,使数字信号在模拟信道上传输。

模拟信号数字传输是指模拟信号经过脉冲编码调制(PCM)或增量调制(ΔM),使模拟信号能在数字信道上传输。

2.4.1　基带传输

(1)基带传输系统

原始信号固有的频率称为基本频带,简称基带。数据终端输出的数据信号不经调制直接发送到信道上进行传输,就称为数字基带传输。基带传输只能传送较短的距离,传输介质一般为双绞线、同轴电缆、光纤等有形介质。数字基带传输原理如图2.14所示。

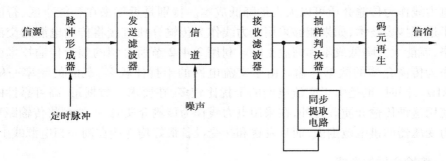

图2.14　数字基带传输原理

- 脉冲形成器:其作用是将数字基带信号变换成适合于信道传输的码型。
- 发送滤波器:滤去矩形脉冲的高频成分,以减小波形失真,而且将矩形脉冲变换成适合于信道传输的波形。
- 接收滤波器:滤除信道产生噪声,以减小噪声干扰对传输信号的影响。
- 抽样判决器:对传输来的信号进行码元是"0"还是"1"的抽样判决。
- 码元再生:将接收到的信号还原回数字基带信号。

(2)数字基带信号常用码型

为了获得良好的传输特性,需要将信源的基带信号变换成适合于信道的传输码。传输码的波形有矩形、三角形、高斯形等,下面仅介绍几种基本的、常用的矩形波。在讨论数字基带信号常用码型之前,下面先介绍衡量码型质量的几项指标:

- 信号频谱:信号中包含的高频信号越少,则对信号通过传输信道越有利。另外,信号中也最好没有直流分量。如果存在直流分量,一是白白地消耗了能量,二是这些直流分量无法通过可能在传输信道中设有的耦合变压器,从而造成信号畸变。
- 信号的同步能力:如果信号中包含了同步信号(或信息),则可以避免附加设立同步控制装置。
- 信号误码检测能力:如果信号本身就具有差错检测能力,无疑对降低误码率是有好处的。
- 信号的抗干扰能力:例如,信号的传输能量越大,其信噪比也会越大,相应的抗干扰能力也就越强。

● 成本与复杂性:这是两个有联系的指标,如果信号实现的线路过于复杂,其对应的成本无疑也会提高。所以,应该尽量避免使用过于复杂的信号产生机制。

1)单极性不归零码

单极性不归零码用一个宽度等于码元宽度的正脉冲(或负脉冲)表示"1",用不发脉冲表示"0",码元之间没有间隔,没有回零时刻,故称为不归零码。又由于只有正电平(或负电平),所以称为单极性。单极性不归零码的波形如图 2.15 所示。

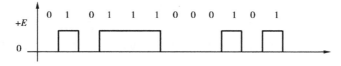

图 2.15　单极性不归零码

单极性不归零码的特点是:

①发送能量大,对提高接收端的信噪比有利。

②占用信道频带较窄。

③存在直流分量,使信号失真、畸变,无法使用交流耦合的线路和设备。

④不能直接提取位同步信号。

⑤判决电平为"1"码电平的一半,当信号随着信道特性变化时,难以保持最佳判决门限,使抗噪性能变差。

单极性不归零码由于有上述特点,所以,极少在数字基带传输应用,它只适合在极短的距离内传输。

2)双极性不归零码

这种码也是用一个宽度等于码元宽度的正脉冲(或负脉冲)代表"1",而用一个宽度等于码元宽度的负脉冲(或正脉冲)代表"0"。各码元之间同样没有间隔,也没有回零时刻。双极性不归零码的波形如图 2.16 所示。

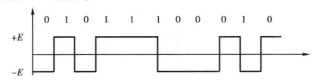

图 2.16　双极性不归零码

双极性不归零码除了具备单极性不归零码的①、②、③三个特点外,还有以下特点:

①当"1"码元和"0"码元各占一半时,没有直流分量,但"1"和"0"出现频率相差较大时,仍有直流分量。

②判决门限为零,容易设置且稳定,故抗干扰能力强。

③可在电缆等无接地线上传输。

随着 100 Mbit/s 高速网络技术的发展,双极性不归零码的优点(尤其是占据频带较窄的特点)日益得到人们的青睐,成为主流编码技术。在使用时,为了解决同步信号和直流分量问题,要对双极性不归零码先进行一次预编码,再实现物理传送。

3)单极性归零码

用一个宽度小于码元宽度的正脉冲(或负脉冲)来表示"1",用不发脉冲来表示"0"。因脉冲宽度小于码元宽度,所以,在码元未终止前,脉冲便回零,故称单极性归零码。单极性归零码的波形如图 2.17 所示。

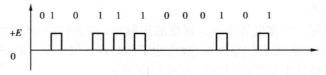

图 2.17　单极性归零码

该码虽然有单极性码的缺点,但主要优点是可以直接提取同步信号。这意味着那些适合信道传输但不能直接提取同步信号的码型,可以先变成单极性归零码,再提取同步信号。

4)双极性归零码

用一个宽度小于码元宽度的正脉冲(或负脉冲)表示"1",而用宽度小于码元宽度的负脉冲(或正脉冲)表示"0",各码元之间有零电平区间隔,因此,接收端可以根据波形的回零电平来判断 1 比特信息是否已接收完。双极性归零码的波形如图 2.18 所示。

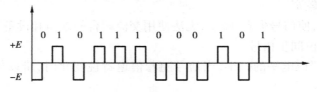

图 2.18　双极性归零码

5)差分码

差分码以相邻码元电平有变化表示"1"(或表示"0"),无变化表示"0"(或表示"1")。即以相邻码元电平的相对极性来表示信息符号,它是一种相对码,电平变化既可以是上升沿也可以是下降。该码的特点是:即使接收端收到的码元极性与发送端完全相反,也能正确地进行判决。差分码的波形如图 2.19 所示。

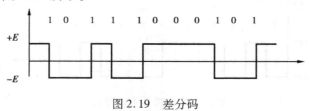

图 2.19　差分码

6)双相码

双相码也称为曼彻斯特码(或称为分相码),用两个极性相反的脉冲来表示信息符号,如"1"用正脉冲与负脉冲表示(即下降沿起作用),"0"用负脉冲与正脉冲表示(即上升沿起作用)。双相码的波形如图 2.20 所示。

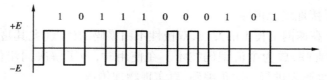

图 2.20　双相码

该码的优点是:无直流分量,容易提取定时信号,编码简单。以太网就采用双相码作为线路传输码。

双相码当极性反转会引起译码错误,为解决此问题,引入差分码概念,将绝对电平波形改为相对电平波形,即以相对电平变化来表示信息符号,这种码型称为差分曼彻斯特码,数据通信的令牌网即采用这种码型。

2.4.2　数字信号频带传输

前面介绍的基带传输方式相对而言比较简单,因而广泛地应用于短距离的数据传输,如局域网。但是,如果要进行长距离的传输或是在语音信道、无线信道传输,则存在不少问题。这是因为数字基带信号往往含有比较丰富的低频成分,而长距离信道、语音信道和无线信道都是具有带通特性的信道。因此,必须用数字信号去调制某一频率比较高的正弦或脉冲载波信号,使得调制后的信号能够顺利地通过传输信道。接收方收到载波信号后,再将其还原为数字基带信号。这种用基带数字信号调制高频载波信号,将基带数字信号变换为频带数字信号的过程称为数字调制。在接收方将数字频带信号还原为数字基带信号的过程则称为数字解调。

一般地说,数字调制技术分为两种类型:一种是利用模拟的方法去实现数字调制,即将数字信号视为特殊的模拟信号来处理;另一种是利用数字信号的离散和有限取值的特点,将数字信号的取值去键控载波信号的参量,从而达到调制的目的。由于大多数的数字数据通信系统都采用正弦波信号作为载波,而作为正弦波信号,只有三个关键参量:振幅值、频率、相位。因此,正弦波数字调制就有三种基本的方法:幅移键控(ASK)、频移键控(FSK)和相移键控(PSK)。这三种方法又可以分别细分为二进制数字调制和多进制数字调制。有些文献又将频带传输分为窄带传输(只传输一路信号)和宽带传输(同时传输多路信号)。

(1)幅移键控(ASK)

幅移键控就是用基带信号来控制载波的幅值作离散变化。例如,当数字信号为"1"时,输出载波为 $A \sin \omega t$,这里 A 为载波信号的幅值;而数字信号为"0"时,输出载波幅值为 0。ASK 的基带信号与载波信号的对比如图 2.21 所示。分析表明,ASK 载波信号的频带宽度为基带信号码元频率的两倍,其频谱的中心就是位于载波频率处。由于 ASK 方式容易受到增益变化的影响,因此一般用于传输速率不是特别高的信号,在音频线路上通常只能达到 1 200 bit/s。

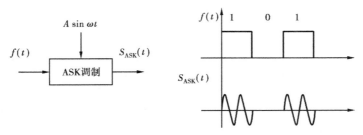

图 2.21　ASK 数字信号的载波调制

(2)频移键控(FSK)

频移键控就是用数字基带信号来控制载波的频率作离散变化。当数字信号为"1"时,输出载波频率为 f_1,而数字信号为"0"时,输出载波频率为 f_2。FSK 的基带信号与载波信号的对比图如图 2.22 所示。

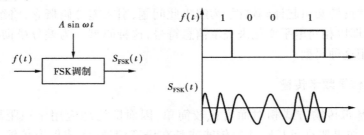

图 2.22　FSK 数字信号的载波调制

(3)相移键控(PSK)

相移键控就是用数字基带信号来控制载波信号的相位作离散变化。PSK 分为绝对调相和相对调相两种。绝对调相是用载波信号的相位初值来表示数字信号,而相对调相是利用相邻码元的载波相位的相对变化来表示数字信号。例如,若数据为"1"时,其载波相位相对于前一个码元相位移动 π;若数据为"0"时,其载波相位相对于前一个码元相位移动 0°(即相位不变)。相对相移键控又称为差分相移键控(DPSK)。实际上,使用得最多的是 DPSK。

1)绝对调相

调相波的相位变化以载波的 0 度为参考基准。图 2.23 所示为二相绝对调相波形。数字信号为"1"时,载波相位为 0 度;数字信号为"0"时,载波相位为 π。图中 $f(t)$ 为基带数字信号,$S_{PSK}(t)$ 为载波信号。

2)相对调相

相位变化的参考基准为前一个相邻码元的相位。与绝对调相不同,相对调相的相位要由码元本身数值和前一码元决定。

图 2.24 所示为二相相对调相波形。数字信号为"1"时,载波相位相对前一码元移动 π;数字信号为"0"时,载波相位相对前一码元移动 0 度。$f(t)$ 为基带数字信号,$S_{PSK}(t)$ 为载波信号。

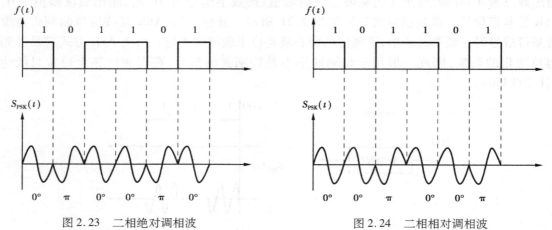

图 2.23　二相绝对调相波　　　　　　　图 2.24　二相相对调相波

为了提高传输效率,通常使用多相的 PSK,使用得最多的有四相 PSK 和八相 PSK。表 2.1 和表 2.2 分别给出了四相 PSK 编码表和八相 PSK 编码表。

表 2.1　四相 PSK 编码表

双比特码元		相对相移
0	1	180°
0	1	270°
0	0	0°
1	0	90°

表 2.2　八相 PSK 编码表

三比特码元			相对相移
0	0	1	0°
0	0	0	45°
0	1	0	90°
0	1	1	135°
1	1	1	180°
1	1	0	225°
1	0	0	270°
1	0	1	315°

2.4.3　模拟信号数字传输

模拟信号的数字传输技术主要应用于语音数字传输和图像数字传输。其主要过程在发送方包括信号采样、量化、编码等几个部分；而在接收方则对信号进行译码及 D/A 变换。由于语音信号和图像的实时传输要求，对采样、量化后信号进行编码的技术比较复杂，常用的有脉冲编码调制(PCM)和增量调制(DM)。由于在计算机监控技术中，对模拟信号的采集与传输并不如对语音信号和图像信号这么高(并不要求采集信号的"全部"波形)，因此，以上技术目前还很少采用。虽然，在电力系统的计算机监控中也要求对电流、电压信号进行交流采样，但是，采样的目的主要是为了获得频率、有功、无功、功率因数、电流峰值、电压峰值等。现在的做法都是利用 RTU 或 FTU 现场进行交流采样，并且计算以上参量，然后再向上传输。基于以上原因，在此不再详细叙述模拟信号的数字传输技术。

2.5　串行通信

在本章的 2.1 节已简要地介绍了串行通信的基本概念，在本节里将更深入地介绍串行通信技术。

2.5.1　串行通信概述

串行通信在计算机监控技术中的应用是非常广泛的。利用 RS-232 串行通信接口可实现两台个人计算机的点对点的通信；将 RS-232 口转换为 RS-422 或 RS-485 接口，可实现一台个人计算机与多台现场设备之间的通信；通过 RS-232 口与其他外设(如打印机、逻辑分析仪等)连接；通过 RS-232 口连接调制解调器远距离地与其他计算机通信。另外，计算机局域网、现场总线等都是使用串行通信技术。

作为串行通信，由于只使用一条物理信道，数据只能一位一位地传送，这是一个基本的特点。同样是因为只使用一条物理信道，因此，该物理信道既是数据传输线，也是联络控制信号的传输线，这又是串行通信的另外一个特点。另外，为了识别在传输信道的信息流中哪一部分是数据信号，哪一部分是联络控制信号，为此，必须有一系列的通信约定即通信协议。

在串行通信中有同步通信与异步通信两种方式，下面简要地进行介绍。

（1）异步通信

异步通信是一种不规则的数据传输方式，发送方与接收方并不需要事先约定好通信的时间，实现同步方式也比较简单。异步通信一般以字符为单位进行传输。假设所传输的是标准的 ASCII 字符，共有 7 位数据位，第 8 位为奇偶校验位（有关奇偶校验的概念见 2.6 节），则每当要传输数据时，先在数据位的前面加上一个起始位。当异步数据线路从空闲的标志状态（逻辑 1 电压）变为逻辑 0 电压，并在持续了一个位周期后，表示起始位的到来，它唤醒接收设备准备接受数据。传输完一个字符后，在数据位后加上 1 位、1.5 位或 2 位的停止位（逻辑 1 电压）。异步通信格式如图 2.25 所示。

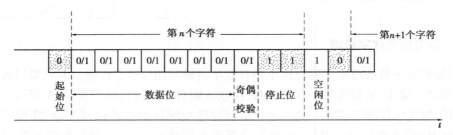

图 2.25　异步传输格式

异步通信的通信速率相对比较慢，但控制方式简单。

（2）同步通信

在同步通信中，数据是以数据块（通常称为一帧）为单位进行传输，在一个数据块内字符与字符之间无空闲等待。通过对发送方和接收方精确的同步控制，接收方可以连续地接收字符，从而提高了通信效率。但是，同步通信对发送方和接收方之间的时间同步要求比较高。假设一个待传输的数据块包含 200 比特的信息，如果接收方的时钟比发送方的时钟慢了 1%。这样，当接收自以为在接收第 100 位比特时，实际收到的已经是第 101 位比特了。为此，发送方和接收方必须采取某种方式同步。一种可能是在发送方和接收方之间建立一条专用的时间链路，另一种方法则是将同步信息嵌入到数据比特之中，例如，采用曼彻斯特码。

对于两种传送方式，可以作这样一个比喻。假设甲向乙家传送物品，由于传送物品的量不是很大，他们之间并无一种约定，只是甲到乙的门口后，先发出信号，此时，乙再开门迎接甲，这就是异步传送方式；而丙也向丁家传送物品，由于传送的量很大，也很频繁，他们之间在对了手表之后（同步），作了约定，由丙定时向丁家传送物品，这样，当丙到达丁家后无须再发出信号，丁会按时来开门，这就是同步传送方式。

2.5.2　同步串行通信协议

为了保证通信的正确进行，通信双方事先要作一个约定，这个约定就是通信协议。

同步传输协议分为面向字符的和面向比特的两种：

（1）面向字符的同步通信协议

这里以 IBM 公司的二进制同步通信协议为例。该协议规定了 10 个特殊字符作为数据块的开头和结束标志以及整个传输过程的控制信息，这 10 个特殊字符也称为通信控制字。通信控制字的二进制代码和含义见表 2.3。

面向字符同步协议的帧格式如图 2.26 所示。在每个数据块的前后都加上若干个特定字符。这里，SYN（synchronous）为同步控制字符，每一帧的前面都有 SYN，加一个为单同步，加两个为双同步。SYN 起联络握手作用，传送数据时，接收端不断地进行检测，一旦出现同步字符，就知道是一帧的开始。SOH（Start Of Header）是序始字符，它表示标题的开始，标题中包括源地址、目的地址和路由等信息。STX（Start Of Text）是文始字符，它标志着传输的正文（数据块）的开始。数据块的后面可以接组终字符 ETB（End of Transmission Block）或文终字符 ETX（End of Text）。当数据块比较大时，可以将其分为若干个组，每个组为一帧，分别发送。每个组后加 ETB，最后一个组的后面加 ETX。每帧的最后为校验码，它对从 SOH 开始直到 ETX 的所有代码进行校验。

表 2.3　通信控制字符

名　称	ASCII
序始（SOH）	0000001
文始（STX）	0000010
组终（ETB）	0010111
文终（ETX）	0000011
同步（SYN）	0010110
送毕（EOT）	0000100
询问（ENQ）	0000101
确认（ACK）	0000110
否认（NAK）	0010101
转义（DLE）	0010000

SYN	SOH	标题	STX	数据块	ETB/ETX	块校验

图 2.26　面向字符同步协议的帧格式

面向字符的同步通信协议不是特别的完善，一般只适用于半双工方式，目前只是应用于一些小型的工业控制网络中。

（2）面向比特的同步通信协议

由于面向字符同步通信协议有着许多缺点，在其之后又发展了面向比特的同步通信协议。在面向比特的同步通信协议中，比较有代表性的是 IBM 的同步数据链路控制流程 SDLC（Synchronous Data Link Control）、ISO 的高级数据链路控制流程 HDLC（High level Data Link Control）以及美国国家安全标准协会的先进数据通信规程 ADCCP（Advanced Data Communications Control Procedure）。下面简要介绍 HDLC：

HDLC 的帧格式如图 2.27 所示。

F	A	C	I	FCS	F
8 位	8 位	8 位	不定位	16 位	8 位

图 2.27　HDLC 帧格式

在 HDLC 中，F 的编码为 01111110。F 的作用：一是作为一帧的开始和结束的分界符，也称为标识符；二是可直接利用其进行帧同步。在 F 后面的第一个字节 A 是站地址，一般为 8 位，必要时可以扩展到 24 位。跟在地址 A 后面的是控制字符 C，共有 8 个位，用于表示帧的类型、帧的编号以及命令和响应的类别与功能。在结束标识符前面的 FCS 是两个字节的循环校验码，用于对帧进行循环冗余校验；校验范围为除了 F 以外的所有字段。I 为待发送的信息，一般不超过 256 个字节。标识符 F 由发送站的硬件产生，当 I 或 C 中出现 01111110 时，可以采用"0"位插入/删除技术来解决。即发送端在发送所有信息（除了标志符）时，只要遇到连续5 个 1，就自动插入一个"0"；当接收端接收数据时（除了标志符）如果连续接收到 5 个"1"，就自动将其后的一个"0"删除。

HDLC 支持如图 2.28 所示的三种链路结构。

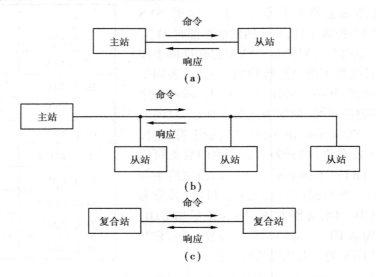

图 2.28　HDLC 所支持的链路结构

在图 2.28 中主站、从站、复合站的含义分别如下:主站负责控制数据链路的运行(如初始化、流控制、差错恢复),它主动发起通信;发出命令帧,接收响应帧。从站不能主动发起通信,它在主站的控制下工作。从站接收命令帧,发出响应帧。复合站兼有主站与从站的功能。对HDLC 更详细的分析参看文献[9]、[19]。

2.5.3　串行通信接口标准

所谓标准接口,就是指明确定义了几何尺寸、信号功能、信号电平等的接口。有了标准接口,可以使不同类型、不同生产厂家的数据终端设备和数据通信设备之间方便地进行通信。在此主要介绍异步通信接口,包括 RS-232、RS-449/423/422/485 和 20 mA 电流环。

(1) RS-232 串行通信接口

RS-232 通信接口又称为 EIA RS-232C,它的正规名称是:数据终端设备(DTE)与数据通信设备(DCE)在进行串行二进制数据交换时的接口。RS-232 标准(协议)是美国 EIA 与 BELL等公司于 1969 年制订并公布的。其初衷是为远程通信连接数据终端设备 DTE 和数据通信设备 DCE 而制订的。RS 是英文 Recommended Standard 的首字母缩写。但是,RS-232 目前已经发展为计算机的一个标准接口,广泛地用于计算机与各种标准外设的连接。

RS-232 的机械特性规定了该接口的引脚(信号线)数目、引脚的排列位置与次序、连接器的几何尺寸等。早期的计算机多采用 25 针的连接器(DB-25),现在更多的是 9 针连接器(DB-9)。DB-25 与 DB-9 的外形与尺寸分别如图 2.29 和图 2.30 所示。

RS-232 的电气特性规定了该接口的电气参数和电气连接方式。其具体规定如下:

①数据电平: -3 V ～ -15 V　对应于逻辑 1。

　　　　　　 $+3$ V ～ $+15$ V　对应于逻辑 0。

②控制电平: -3 V ～ -15 V　对应于 OFF(逻辑 1)。

　　　　　　 $+3$ V ～ $+15$ V　对应于 ON(逻辑 0)。

③噪声容限: $+3$ V 或 -3 V。

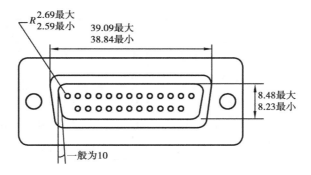

图 2.29　DB-25 外形尺寸

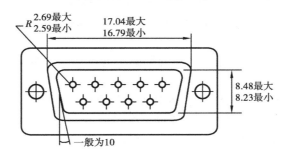

图 2.30　DB-9 外形尺寸

④电容负荷:≤2 000 pF。

⑤最大波特率:≤20 kB。

⑥连接方式:采用不平衡的单端连接方式,其发送端与接收端是共地的,如图 2.31 所示。

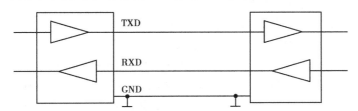

图 2.31　RS-232 电气连接方式

⑦最大传输距离:≤15 m(实际使用证明该距离是可以超过的)。

RS-232 的功能特性规定了各信号线的作用,具体见表 2.4。

表 2.4　RS-232 信号线功能表

引脚号(9 针)	引脚号(25 针)	信号功能	名称	信号方向
3	2	发送数据	TXD	DTE→DCE(DTE 发送数据)
2	3	接收数据	RXD	DTE←DCE(DTE 接收数据)
7	4	请求发送	RTS	DTE→DCE(DTE 请求发送)
8	5	允许发送	CTS	DTE←DCE(DCE 切换到发送)

续表

引脚号（9 针）	引脚号（25 针）	信号功能	名　称	信号方向
6	6	数据设备准备好	DSR	DTE←DCE（DCE 就绪，可用）
5	7	信号地	GND	信号公共地
1	8	载波检测	DCD	DTE←DCE（DCE 正接收信号）
4	20	数据终端准备好	DTR	DTE→DCE（DTE 就绪，可用）
9	22	振铃指示	RI	DTE←DCE（DCE 与线路接通，出现振铃）

由于目前使用得最多的是 DB-9 连接器，下面简要地介绍 DB-9 中各信号线的作用。从功能来看，全部信号线分为三类，即数据线（TXD、RXD）、地线（GND）和联络控制线（DSR、DTR、RI、DCD、RTS、CTS）。

- TXD（Transmitted Data）：作用是将串行数据发送到 DCE。在不发送数据时，TXD 保持逻辑"1"。
- RXD（Received Data）：作用是接收 DCE 发送的串行数据。
- GND（Ground）：作用是为其他信号线提供参考电位。
- DSR（Data Set Ready）：当该信号有效时，表示 DCE 已经与通信的信道接通，可以使用。
- DTR（Data Terminal Ready）：当该信号有效时，表示 DTE 准备发送数据至 DCE，可以使用。
- RI（Ringing）：当 Modem（DCE）收到交换台送来的振铃呼叫信号时，该信号被置为有效，通知 DTE 对方已经被呼叫。
- DCD（Data Carrier Detection）：用来表示 DTE 已经接收到满足要求的载波信号，已经接通通信链路，告知 DTE 准备接收数据。
- RTS（Request To Send）：该信号用来表示 DTE 请求向 DCE 发送信号。当 DTE 欲发送数据时，将该信号置为有效，向 DCE 提出发送请求。
- CTS（Clear To Send）：该信号是 DCE 对 RTS 的响应信号。当 DCE 已经准备好接收 DTE 发送的数据并且向前发送时，将该信号置为有效，通知 DTE 可以通过 TXD 发送数据。

RS-232 所规定的电平范围和逻辑含义可以简称为 RS-232 电平或 EIA 电平。由于 EIA 电平与一般 DTE 设备内部所使用的 TTL 电平（0～5 V）是不一致的，所以，为了得到 RS-232 接口标准，必须使用一定的器件进行转换。常常使用转换器件 MC1488、75188 等将 TTL 电平转换为 EIA 电平，而使用 MC1489、75189 等芯片将 EIA 电平转换为 TTL 电平。由于上述器件要求 ±15 V 的工作电压，使用不是很方便。现在已经有了新型的芯片如 MAX232 或 ICL232，这类芯片的工作电压只需 +5 V 电源，其内部有增压与转换电路，可直接进行 TTL 电平与 EIA 电平的双向转换，使用起来十分方便。限于篇幅关系，具体的使用方法这里就不详细介绍，感兴趣的读者可以参看文献[8]、[26]。

由于 RS-232 的电气连接方式采用不平衡的单端的方式，其抗干扰的能力很差，因此其直接传输的距离有限。如果要进行远距离数据传输，以前都是采用调制解调器，现在可采用串口泵的装置，其大小与火柴盒差不多，直接将串口泵插在 RS-232 口上即可长距离传输数据。在 9 600 B 的波特率下传输距离可以达到 2 km。串口泵的原理无非是将不平衡的单端的传输方式转换为平衡双端传输方式，并采用差动方式进行接收，同时还采取光电隔离措施。

RS-232 接口标准是为点对点的连接而设计的,即一个 RS-232 口连接一台 DCE 设备或其他外设。由于一般的个人计算机所配备的 RS-232 接口有限,为了解决连接多台外设的问题,可采用多串口卡的设备,将这种卡插在计算机的扩展槽上即可以增加多个 RS-232 接口。一般有 4 口、8 口和 16 口多种选择。

（2）RS-422/485 串行通信接口

由于 RS-232 接口标准出现比较早,应用也比较广泛,一般的个人计算机、智能控制单元以及各种智能仪表都配备有该种接口。但是,因为这种接口的电平转换芯片无论是发送端还是接收端都是使用单端方式,如图 2.32 所示。因此,在长距离传输时很难避免线路上的电磁感应干扰;同样,由于长线传输致使发送端和接收端的地电位不一致,从而造成接收端产生错误的数据输出。另外,RS-232 规定的最大负载电容为 2 500 pF,这也大大地限制了数据传输的速度。鉴于 RS-232 存在的诸多问题,人们提出了各种改进方案,其中使用比较广泛的有 RS-422/485（总线）接口。

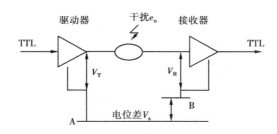

图 2.32　RS-232 单端驱动非差分接收电气连接方式

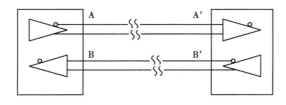

图 2.33　RS-422 电气连接方式

RS-422 采用的是一种平衡方式传输数据。所谓平衡方式,是指双端发送和双端（差动）接收方式,如图 2.33 所示。RS-422A 每个通道要用两条信号线,如果其中一条是逻辑"1"状态,另一条就是逻辑"0"。该标准允许驱动器输出 ±（2～6）V,接收器可以检测到的输入信号电平可低到 200 mV。在图 2.33 中,当 AA′线的电平比 BB′线的电平高出 200 mV 时,就表示逻辑"1";而当 BB′线的电平比 AA′线的电平高出 200 mV 时,就表示逻辑"0"。由于逻辑电平阈值的降低,有利于数据传输速度的提高。但是,尽管是 RS-422 的电平阈值降低了,其抗干扰能力与 RS-232 相比却大大地提高了。这是因为电磁感应而产生的干扰电压源在幅值和相位上都基本相同,如图 2.34 所示,两者之间不共地,既可消除干扰影响,又可获得更长的传输距离及允许更高的传输速率,特别是采用双绞线作为传输介质时,它们对以差动方式输入的接收器而言不会产生太大影响,正是由于抗干扰能力的提高,RS-422 的传输距离也增大了。

RS-422 的传输速率最大可以达 10 Mbit/s,此时的最长传输距离为 12 m;如果采用比较低的传输速率,如 90 kbit/s,则最长的传输距离可以达 1 200 m。RS-422 可以采用全双工通信方式,但是必须使用 4 条数据线。

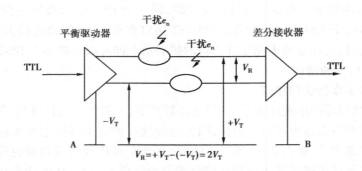

图 2.34　RS-422 平衡驱动差分接收电气连接方式

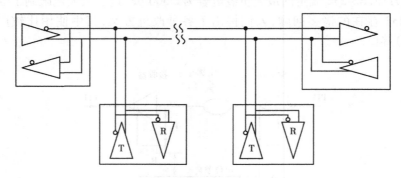

图 2.35　典型的 RS-485 网络

RS-485 接口是 RS-422 接口标准的变型,它同样采用双端发送和差动接收的方式。RS-422 为全双工方式,而 RS-485 为半双工方式。在 RS-422 接口总线上(指一条数据传输线)只能有一个发送器和 10 个接收器,而 RS-485 接口总线上则可以有多个发送器和多个接收器。由于 RS-485 除了具有 RS-422 的优点外,还可以方便地实现多点之间的通信(一般在总线上的站数为 32),所以,RS-485 标准的应用十分的广泛。例如,工业计算机监控的现场数据采集与参数控制;智能楼宇中的应用;商业 POS 机的应用等。

获得 RS-422/485 接口可以有两种方式:一种是将计算机的 USB 接口转换为 RS-422/485 接口;另一种方式是将 RS-232 接口转换为 RS-422/485 接口。开发以上接口的芯片有多种,如 SN7514、MC3487 为传输线驱动器芯片,而 SN75175、MC37486 为传输线接收器芯片。另外,还有 MAXIM 公司生产的平衡驱动器/接收器集成芯片,主要型号有:MAX481、MAX483、MAX485 和 MAX487 ~ MAX491。

- 每种型号内集成有一个驱动器和一个接收器,适合于 RS-422/485 通信标准。
- MAX488 ~ MAX491 可用于全双工通信(489/491 为 14 脚封装,488/490 为 8 脚封装)。
- MAX1481/ MAX1483/ MAX1485/MAX1487 仅能用于半双工通信 (8 脚封装)。

利用 MAX481/MAX483/MAX485/MAX487 ~ MAX491 系列芯片实现 RS-485 总线(网络)如图 2.35 所示。一些具体的技术细节可以参考文献[8]、[9]、[26]。

表 2.5 给出了 RS-232、RS-422 和 RS-485 接口标准的性能对照。

表 2.5　几种接口标准性能对照表

标　　准	RS-232	RS-422	RS-485
工作模式	单端发送单端接收	双端发送双端接收	双端发送双端接收
驱动器/接收器数目	1/1	1/10	32/32
最大传输距离	15 m	1 200 m(90 kbit/s)	1 200 m(90 kbit/s)
最大数据传输速率	20 kbit/s	10 Mbit/s	10 Mbit/s
驱动器输出(最大电压)	±15 V	±6 V	±12 V
驱动器输出(信号电平)	±5 V(带负载) ±15 V(无负载)	±2 V(带负载) ±6 V(无负载)	±1.5 V(带负载) ±15 V(无负载)
驱动器负载阻抗	3~7 kΩ	100 Ω	54 Ω
驱动器电源开路电流	*	100 μA	100 μA
接收器输入电压范围	±15 V	±12 V	−7~12 V
接收器输入灵敏度	±3 V	±200 mV	±200 mV

(3)RS-485/422 转换器产品示例

图 2.36 所示为一种 USB-RS-485/422 的转换器。可以将计算机 USB 接口转换成为 RS-485(半双工)接口或者 RS-422 口(全双工)接口。

图 2.36　USB/RS-485/422 转换器

转换器的性能如下:

①直接外插 USB 口,无须外接电源;

②无须供电而且还可以对外输出 5 V 电源;

③配 RS-485/RS-422 接线端;

④自动识别串口号,当作新的 COM 口;

⑤RS-485/RS-422 口为全双工半双工通用;

⑥软件只需修改串口号即可,无须重新编写。

图 2.37 所示为一款 RS-232-RS-422/485 隔离转换器,其原理如图 2.38 所示。该转换器能透明地将 RS-232 信号转换成 RS-422 或 RS-485 信号,且无需改变 PC 机任何的硬件或软件。

转换器中有一个特殊的 I/O 电路用来自动判断数据流的传输方向并对其进行切换。

转换器的性能如下:

①RS-485 数据线上有瞬态干扰、浪涌保护;

②总线上可挂接 32 个设备;

图 2.37　Resite-8520 转换器外观

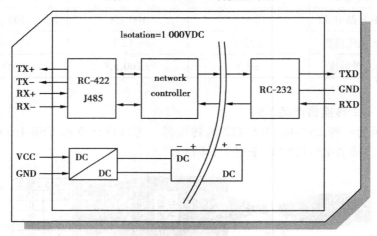

图 2.38　Resite-8520 转换器原理

③传输距离:1.2 km;

④传输速率:300~115.2 kbit/s;

⑤有电源及数据流指示灯,用于故障诊断;

⑥电源要求:DC10-30 V,有电源反接保护;

⑦电源功耗:1.5 W;

⑧工作温度:-35~85 ℃;

⑨尺寸:60 mm×83 mm×25 mm;

⑩隔离电压:1 000 VDC;

⑪RS-422/RS-485 接口连接器:300 V 15A 插入式端子;

⑫RS-232 接口:DB-9 孔;

⑬外壳:金属外壳屏蔽;

⑭支持工业 DIN 导轨安装。

使用时接线方法如图 2.39 所示。DB9 孔与 RS-232 设备用软线连接或直接插在 RS-232 接口上,DB9 孔的 2 脚、3 脚是数据线,5 脚是信号地。可以根据连接设备属性设置 DTE/DCE 开关。

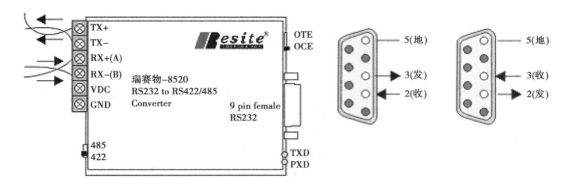

图 2.39　转换器接线方式

RS-422/485 侧为接线端子形式,包括 TX_+、TX_-、RX_+、RX_- 和电源输入(用双绞线连接),电源应由 RS-422/485 侧统一供电,不能与 RS-232 侧共地。

如果 RS-422/485 总线电缆超过 100 m,需加终端电阻。终端电阻的阻值可取 110 ~ 300 Ω,功率为 1/4 W 即可。

图 2.40 所示为 RS-485 网络连接,图 2.41 所示为 RS-422 网络连接。

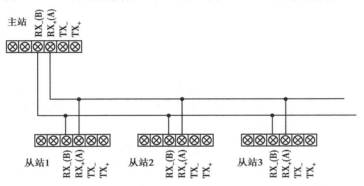

图 2.40　RS-485 网络连接

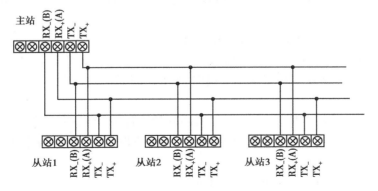

图 2.41　RS-422 网络连接

2.6　差错控制

数据在传输的过程中,由于各种干扰的存在,总有可能发生差错。干扰可能来自信道本身的特性变化,也可能来自外部。为此,必须采取措施进行纠错,将原来不可靠的物理信道变成可靠的逻辑信道。差错控制技术主要包括两个部分:一是错误的检测,二是错误的定位与纠正。而差错控制技术的核心是抗干扰编码,也称纠错编码。纠错编码的基本思想是通过对信息序列作某种变换,使原来彼此独立、互不相关的信号码元序列产生某种规律性(相关性),从而在接收端有可能根据这种规律性来进行检查,进而纠正传输信号序列中的差错。这里要提醒读者注意:差错控制技术不是也不可能将传输过程中的错误完全消除,但是,差错控制技术能够将传输过程中的错误控制在一定的范围内。

2.6.1　差错控制方法

(1)回声法

数据发送方在发出信息后,要等待接收方的"回声",即接收方在收到发送方的信息后,将收到的信息再发送回发送方,发送方将收到的"回声"与原来发送的信息进行比较,如果两者不一致,则表明传输过程中出现了错误,发送方就会将原来发送的信息再发送一遍,直至成功。

(2)表决法

发送方将待发送的数据一式三份进行发送,接收方在收到数据后对三份数据进行"表决",即有两份或两份以上的数据相同才能通过,否则,发送方必须重新发送数据。

(3)前向纠错 FEC(Forward Error Correction)

以上两种方法虽然比较简单,但其缺点也是很明显的,即信道中的冗余信息太多,通常只用于简易的数据通信系统。前向纠错也称为自动纠错,即在数据传输时,发送端对信息进行纠错编码,然后将已编码的信息发送出去。接收端在收到信息后,按编码规则进行检错,如果发现错误会立即就地纠正传输中的错误。FEC 的特点是传输控制简单,可以单向传输,实时性好,但译码设备复杂。

(4)自动重发纠错法 ARQ(Automatic Repeat Request)

ARQ 是指在数据传输时,发送方对信息进行编码,接收方在接收到信息后,按编码规则自动检查判断是否发生了错误。如果发生了错误,则要求发送端重新发送,从而达到纠正错误的目的。

ARQ 是一种普遍采用的技术,在一定的误码率的条件下,ARQ 所需的设备的费用和设备的复杂性均比 FEC 低。它对信道的干扰有一定的自适应性。它的缺点是控制方式比较复杂,要求有双向信道。

(5)混合纠错 HEC(Hybrid Error Correction)

将 FEC 与 ARQ 相结合就形成了混合纠错方式。数据传输时,发送方先对信息进行编码,接收方接收信息后,先按编码规则进行检错。如果发生的错误在接收方的纠错能力之内,则自动进行纠错,如果发生的错误超出了接收方的纠错能力,则要求发送方重新发送一遍。

HEC 在设备复杂程度和通信效率等方面都比较折中,所以,实际应用中普遍被采用。预计这种方法今后会越来越广泛地得到应用。

2.6.2　纠错编码

前面已经介绍,纠错编码的基本原理就是对将要传输的信息序列作某种变换,使得原来彼此无关的码元序列产生一定的规律性(相关性),从而使得接收方能够根据这种规律性进行检错或纠错。而这种变换实际上是通过首先在待传输的信息中人为地按照一定的规则加入一些冗余的但又是有用的代码(又称检验位或监督元),然后再进行变换来实现的。假设待传输信息的符号编码为 k 位,用 $M=(m_1,m_2,\cdots,m_k)$ 来表示。加入 r 位检验位并进行变换后得到了一个更长的码元序列 $C=(c_1,c_2,\cdots,c_n)$。纠错编码的基本原理如图 2.42 所示。

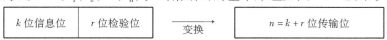

图 2.42　纠错编码原理

为了进一步说明纠错编码原理,在此引入"码距"的概念。所谓码距,是指两个位数相同的代码(码字)它们在相应的位上取值不同的位数。例如,10011001 与 10110011 的码距为 3,而 11110000 与 11110001 的码距为 1。显然,两个码字的码距越大,其在传输过程中将一个码字错传输为另一个的可能性就越小。

现在分析检错与纠错的原理。假设发送方有两个待传输的符号 A 和符号 B,现用代码"1"来表示符号 A,用代码"0"来表示符号 B。如果在传输过程中发生了错误,将"1"错传为"0",或将"0"错传为"1",显然,接收方无法检测出错误,更不能纠正错误。如果现在将信息位的后面加上一位监督元,此时的编码规则为:"00"表示 B,"11"表示 A;"00"与"11"的码距为 2。称"00"和"11"为许用码组,并称"01"和"10"为禁用码组。当传输"11"时,如果此时收到"10"或"01",则接收方能够根据规则检测出 1 位错误,但不能纠正错误。再假设信道的干扰比较严重,将"11"错传为"00",由于"00"属于许用码组,接收方无法检测出错误,从而造成了错判。如果再增加一位监督元,此时的编码规则为"000"表示 B,"111"表示 A,"000"与"111"的码距达到了 3。"000"与"111"属于许用码组,其余为禁用码组。显然,这样的编码如果用来检错,可以发现 2 位的错误。假设发送方发送"111",如果接收方收到为"110",从概率的观点来看,发送方发送"111"的可能性更大,因此,此时的编码有了 1 位的纠错能力。如果再增加一位监督元,对应编码的检错和纠错能力会有何变化,读者可以自己进行分析。

以上分析表明,许用码组中码字之间的码距越大,纠错编码的抗干扰能力就越强。

下面介绍一些具体的纠错编码方法:

(1)奇偶校验码

奇偶校验码为一种最简单的、也很常用的纠错编码方式。奇偶校验的方式是,先将数据码元分组,并且在每一组的后面加上一个监督元,监督元的取值规则为:若是奇校验,则各位码元值"1"的个数为奇数。例如,设数据为"1001100",则监督元为"0",若数据为"1001101",则监督元为"1",若是偶校验,则各位码元值为"1"的个数为偶数。ISO 规定,对于异步传输使用偶校验,而对同步传输使用奇校验。

奇偶校验方式又可分为多种,例如,垂直奇偶校验、水平奇偶校验、水平垂直奇偶校验等。垂直奇偶校验是一种对字符传输进行检错的方式。其特点是,将待传输字符的编码按低位至高位从上到下垂直排成一列(方法由此而得名),在每一列的下面(也就是每个字符编码的最后一位)加上一个监督元。垂直奇偶校验可以检出 50% 的突发性错误,且实时性强,但无纠错能力。水平奇偶校验是一种数据组一级的校验方式,能一次校验若干个字符。在传输数据时,将若干个字符组成一个信息块,对这个信息块中对应的位分别进行奇偶校验。水平奇偶校验的特点是:检错能力强,假设每个字符的码元个数为 $n-1$,则能检出长度不大于 $n-1$ 的突发性错误,可以查出水平方向奇数个错误,但是,必须等到接收完一组数据后才能进行检错,实时性不够强。垂直奇偶校验与水平奇偶校验的编码示例请参见表 2.6 和表 2.7。

表 2.6   垂直奇偶校验编码

字符 位	0	1	2	3	4	5	6	7	8	9
b_0	0	0	0	0	0	0	0	0	1	1
b_1	0	0	0	0	1	1	1	1	0	0
b_2	0	0	1	1	0	0	1	1	0	0
b_3	0	1	0	1	0	1	0	1	0	1
b_4	1	1	1	1	1	1	1	1	1	1
b_5	1	1	1	1	1	1	1	1	1	1
b_6	0	0	0	0	0	0	0	0	0	0
奇校验位	1	0	0	1	0	1	1	0	0	1

表 2.7   水平奇偶校验编码

字符 位	0	1	2	3	4	5	6	7	8	9	奇校验
b_0	0	0	0	0	0	0	0	0	1	1	1
b_1	0	0	0	0	1	1	1	1	0	0	1
b_2	0	0	1	1	0	0	1	1	0	0	1
b_3	0	1	0	1	0	1	0	1	0	1	0
b_4	1	1	1	1	1	1	1	1	1	1	1
b_5	1	1	1	1	1	1	1	1	1	1	1
b_6	0	0	0	0	0	0	0	0	0	0	1

(2)循环冗余校验码

循环冗余校验码也称 CRC(Cyclic Redundancy Checking)码。这是一种应用很广泛且纠错能力也很强的纠错编码。

下面介绍这种纠错编码的基本思想：

首先将待传输的数据（用二进制表示，也称为一个比特串）视为一个多项式的结构。也就是说，假设待传输的数据为 $M = m_{k-1} \cdots m_1 m_0$，则相应的信息码多项式为：

$$M(x) = m_{k-1} x^{k-1} + \cdots + m_1 x + m_0$$

例 2.1　如果数据为 10010101110，则相应的多项式为：

$$x^{10} + x^7 + x^5 + x^3 + x^2 + x$$

CRC 编码、传输、检错的基本步骤如下：

①给定一个待传输的比特串 $M = m_{k-1} \cdots m_2 m_1$，得到相应的 $M(x)$。

假设监督码为 r 位，用 x^r 去乘 $M(x)$ 得到 $B(x) = x^r M(x)$；这也等效于在比特串 M 的右边加上 r 个零。

②将 $B(x)$ 除以一个事先约定的多项式 $G(x)$（称为生成多项式），得到商 $Q(x)$ 和余式 $R(x)$，所以：

$$B(x) = Q(x) G(x) + R(x)$$

余式 $R(x)$ 对应的比特串即为 M 的监督码。

③将 $B(x)$ 加上或者减去 $R(x)$ 得到多项式 $T(x)$（按模 2 运算）：

$$T(x) = B(x) - R(x)$$

或

$$T(x) = B(x) + R(x)$$

④传输与 $T(x)$ 对应的比特串 T。

⑤接收方接收到比特串 T' 后，即得到相应的多项式 $T'(x)$。

⑥接收方将 $T'(x)$ 除以 $G(x)$，若余数为零，则认为 $T'(x) = T(x)$；反之，则认为传输过程出现了错误并要求发送方重发。

读者可能会问，如果传输没有错误，$T'(x) = T(x)$，所以 $T'(x)$ 能够被 $G(x)$ 整除，这当然没有问题。可是，$T'(x)$ 能够被 $G(x)$ 整除，能否就一定能推断传输没有错误呢？回答是：当然不一定。不过，可以证明，只要 $G(x)$ 选择合适，推断出现错误的概率是很小的。

假设由于传输错误，$T'(x) = T(x) + E(x)$，其中 $E(x)$ 为由于传输错误所造成的误码对应的多项式，显然 $T'(x)$ 能够被 $G(x)$ 整除的前提是 $E(x)$ 能够被 $G(x)$ 整除。

利用以上结果可以对 CRC 法的检错和纠错能力作更多的分析，由于篇幅有限，这里就不分析了，读者可以参看文献[36]。该文献给出的结论是：错误漏检率为 $1/2^r$。

上面给出了 CRC 法的基本思想，但直接按上述方法去做，涉及多项式的乘法和除法，运算工作量还是很大的，为此，人们提出了循环码的概念。

所谓循环码，是指将码组中的任意一个码字循环移位（依次右移，最右边的移位至最左边或依次左移，最左边的移位至最右边）后，所得到的仍然是码组中的一个码字。

循环码是线性分组码中的一种。对于一般的循环码，可以用 (n, k) 的方式来表示，其中 n 表示传输代码的长度，k 表示信息码的长度，则监督码位数为 $r = n - k$。如：$(7, 3)$ 循环码，信息码 3 位，传输代码的长度为 7 位，共有 8 个码字，表 2.8 为一种 $(7, 3)$ 循环码的全部码字。

如表 2.8 第二码字（0011101），向右循环移 1 位变成第五码字（1001110）；向左循环移 1 位变成第四码字（0111010）。

表2.8 (7,3)循环码编码

码 字	信息码/M	监督码/R	传输码/T
1	0 0 0	0 0 0 0	0 0 0 0 0 0 0
2	0 0 1	1 1 0 1	0 0 1 1 1 0 1
3	0 1 0	0 1 1 1	0 1 0 0 1 1 1
4	0 1 1	1 0 1 0	0 1 1 1 0 1 0
5	1 0 0	1 1 1 0	1 0 0 1 1 1 0
6	1 0 1	0 0 1 1	1 0 1 0 0 1 1
7	1 1 0	1 0 0 1	1 1 0 1 0 0 1
8	1 1 1	0 1 0 0	1 1 1 0 1 0 0

观察表2.8中的第二个码字,其对应的码多项式 $G(x) = x^4 + x^3 + x^2 + 1$ 就是循环码组的生成多项式(证明略)。

例2.2 考虑(7,3)循环码的第七个码字,其信息码为110,对应的码多项式记为 $M_7(x) = x^2 + x$,左移4位($r = 7 - 3 = 4$),相当于 $M_7(x)$ 乘 x^4,即 $B_7(x) = x^r M_7(x) = x^4(x^2 + x) = x^6 + x^5$,因为 $G(x) = x^4 + x^3 + x^2 + 1$,所以:

$$\frac{B(x)}{G(x)} = \frac{x^6 + x^5}{x^4 + x^3 + x^2 + 1}$$

$$= (x^2 + 1) + \frac{x^3 + 1}{x^4 + x^3 + x^2 + 1} \quad (\text{模 2 运算})$$

$$= Q_7(x) + \frac{R_7(x)}{G(x)}$$

所以

$$Q_7(x) = x^2 + 1, R_7(x) = x^3 + 1$$

$$T_7(x) = B_7(x) + R_7(x) = x^6 + x^5 + x^3 + 1$$

$T_7(x)$ 对应的比特串 T_7 为1101001。因此,只要知道生成多项式 $G(x)$,就可容易产生循环码。

下面介绍生成多项式 $G(x)$ 的一些性质:

①其对应的码多项式的次数是最低的(零多项式不算,证明略)。

②循环码中的所有码多项式都是生成多项式 $G(x)$ 的倍式。

这是因为其他的循环码都可以由生成多项式对应的码字左移循环若干位后得到,所以其他循环码的码多项式等于 $x^i G(x)$(模 $x^n + 1$)。

③生成多项式是 $x^n + 1$ 的因子,同时,其次数为 $r = n - k$(证明略)。

④生成多项式可能不是唯一的(证明略)。

例2.3 对(7,3)循环码有: $x^7 + 1 = (x + 1)(x^3 + x + 1)(x^3 + x^2 + 1)$,选择不同的因式组合可以得到不同的生成多项式 $G(x)$,从而构成不同的循环码。

取 $G(x) = (x + 1)(x^3 + x + 1) = x^4 + x^3 + x^2 + x + x + 1 = x^4 + x^3 + x^2 + 1$(模 2 运算)。

读者可以不妨选取 $G(x)=(x+1)(x^3+x^2+1)$ 来自己构成一组循环码。

$(7,3)$ 循环码各种码多项式之间的关系如下：

$T_2(x)=1\cdot G(x)$

$T_3(x)=(x+1)\cdot G(x)$

$T_4(x)=x\cdot G(x)$

$T_5(x)=(x^2+x)\cdot G(x)$

$T_6(x)=(x^2+x+1)\cdot G(x)$

$T_7(x)=(x^2+1)\cdot G(x)$

$T_8(x)=x^2\cdot G(x)$

即

$T_2(x)=M_2(x)\cdot G(x)$

$T_3(x)=M_4(x)\cdot G(x)$

$T_4(x)=M_3(x)\cdot G(x)$

$T_5(x)=M_7(x)\cdot G(x)$

$T_6(x)=M_8(x)\cdot G(x)$

$T_7(x)=M_6(x)\cdot G(x)$

$T_8(x)=M_5(x)\cdot G(x)$

例 2.4　$T_3(x)=M_4(x)G\cdot(x)$

$=(x+1)(x^4+x^3+x^2+1)$

$=(x^5+x^4+x^3+x)+(x^4+x^3+x^2+1)$

$=x^5+x^2+x+1$ 　　　（模 2 运算）

由于循环码的码多项式乘法和除法运算都可以用很简单的硬件电路（移位寄存器和半加器）来实现，因此采用循环冗余校验码方式的编码和解码过程都很简单。

目前在局域网中广泛使用的是 CRC-32，其生成多项式为：

$G(x)=x^{32}+x^{23}+x^{22}+x^{16}+x^{12}+x^{11}+x^{10}+x^8+x^7+x^5+x^4+x^2+x+1$

2.7　ZigBee 技术

随着无线通信技术和网络技术的发展，无线通信网络技术开始进入计算机监控技术领域。ZigBee 技术属于一种短距离、低成本的无线通信网络技术，主要应用于楼宇自动、自动抄表、家庭自动化、医疗、交通工具测控、物流工程以及无线传感器网络领域。

2.7.1　ZigBee 技术概述

ZigBee 联盟于 2001 年成立，意图在共同制订 Zigbee 无线通信标准和开发 Zigbee 技术。目前已经有超过 100 家世界知名企业加入了该联盟。

可以设想，有大量的智能节点，它们需要互相通信，以便协同工作，或者它们要和上层进行通信。就好像一群蜜蜂发现了花粉源后，通过跳 Zigzag 舞蹈来通信，以通知同伴去共同采蜜，这就是 ZigBee 名称的由来。

ZigBee 的设计最初是用于个人域网络(Personal Area Network,PAN),从现在的应用范围来看,已经远超出这一领域。

在本节,ZigBee 节点、ZigBee 设备或者 ZigBee 模块都是同一个意思,指包含了 ZigBee 协议,可以利用无线方式在一定范围内收发(包括转送)数据的设备。

ZigBee 的特点概括起来有以下几个:

1)低功耗

ZigBee 设备一般为低功耗设备,发射功率为 $0 \sim 3.6$ dBm($dBm = 10 \log(P/P_b)$,其中 P 为发射功率,$P_b = 1$ mW 为标准功率),且设备具有能量测量和数据链路质量评估功能,能随时根据检测结果来调整发射功率。由于功耗低,设备能在两节 5 号干电池的支持下工作 $6 \sim 24$ 个月。

2)低成本

据估算,一个 ZigBee 全功能设备(Full Function Device,FFD)只需要 32 kB 代码,而一个精简功能设备(Reduced Function Device,RFD)只需要 4 kB 代码,所以其成本大约只是蓝牙技术设备的 1/10。

3)短距离

一般 ZigBee 节点之间的传输距离设计为 $10 \sim 100$ m,如果需要长距离传输,可以经其他节点接力传输。

4)低速率

ZigBee 的数据传输速率设计为 $20 \sim 250$ kbit/s。

5)短时延

ZigBee 具有较快的响应速度,从睡眠状态转入工作状态只要 15 ms,节点连入网络的时间只要 30 ms。

6)高容量

ZigBee 网络可以有多种拓扑结构,如星形、树形和对等。一个主节点可以管理 256 个子节点,整个网络的节点数目可以多达 65 000 个。

7)安全性能好

由于无线通信的通信介质"暴露"在外,只要知道了通信频率、调制解调方式和编码方式,任何设备都可以接收网络设备的信息或者向其发送信息,由此带来了网络安全的问题。ZigBee 在其介质访问控制层(MAC)、网络层(NWK)和应用支持子层(APS)都设置有安全机制。

8)免执照

ZigBee 技术所使用的无线电波频率为免执照的工业、科学、医疗(ISM)频段。改频段为:2.4 GHz(全球)、915 MHz(美国)和 868 MHz(欧洲)。

9)自组织

例如,假设当一队伞兵空降后,每位战士持有一个 ZigBee 网络模块终端,降落到地面后,只要他们彼此之间在网络模块的通信范围内,就可以通过彼此自动寻找,很快就可以形成一个互联互通的 ZigBee 通信网络。如果由于人员的移动,彼此间的联络发生了变化,模块还可以通过重新寻找通信对象,确定彼此间的联络,对原有网络进行刷新。

在实际工业现场,由于某种原因某个节点损坏后,完好的节点可以通过自组织功能,重新建立新的通信网络,这一点对工业现场控制非常重要。

2.7.2　ZigBee 协议体系结构

按照国际标准化组织（ISO）的开放系统互联参考模型（OSI），ZigBee 制订了四层的通信协议。这四层分别为：物理层（PHY）、介质访问控制层（MAC）、网络层（NWK）和应用层（APL）。目前 ZigBee 协议已经被列为 IEEE802.15.4 标准。

两个应用程序之间的通信如图 2.43 所示。

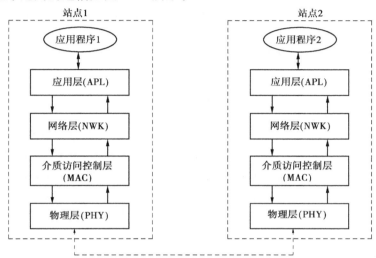

图 2.43　ZigBee 协议体系结构与站点通信

物理层的数据服务功能主要有：

①激活或休眠射频收发器；

②信道能量检测；

③数据链路质量评估；

④信道空闲程度评估；

⑤收发数据。

介质访问控制层的数据服务功能主要有：

①对信道资源的使用进行处置（包括通过 CSMA-CA 机制解决信道资源冲突，处理维护 GTS（专用时隙））；

②发送信标或检测、跟踪信标；

③网络连接的建立与断开；

④在对等的 MAC 实体之间建立可靠的数据通信链路；

⑤建立安全机制（包括数据加密）。

在上述概念中，CSMA-CA 是一种竞争性使用信道资源的机制，由于其他的站点也可能会同时使用信道，故站点会在使用信道之前先进行侦听，如果信道空闲就使用，如果不空闲就按一定的算法退让，从而避免信道使用冲突；信标是一种特殊的数据帧，在网络中用于设备的同步；GTS（Guarantteed Time Slot）是一种特殊的时隙（也称时间槽），拥有 GTS 的设备可以不必通过 CSMA-CA 来获得信道的使用权。

网络层的数据服务功能主要有：

①加入或离开网络；

②为应用帧提供安全；

③为应用帧建立路由（即传输的路径）。

ZigBee 应用层包括：

①应用支持子层（APS）：负责维护绑定（使设备间建立某种联系）表。

②ZigBee 设备对象：负责定义设备在网络中的作用、发现设备并决定为其提供何种服务、发起和/或响应绑定请求。

③设备制造商定义的应用对象。

2.7.3 ZigBee 模块

（1）ZigBee 无线收发芯片

由于看到了 ZigBee 技术的广阔应用前景，世界上不少的大半导体生产厂商都纷纷推出了支持 IEE802.15.4 标准的无线收发芯片（以下简称收发芯片）。例如，美国飞思卡尔（Freescale）公司的 MC13192/13193、MC13211/13222/13223/13224，挪威 ChipCon 公司的 CC2420/2430/2500/2550，美国 ComXs 公司的 ML7065，美国 Ember 公司的 EM2420，美国 Atmel 公司的 AT86RF210/230 等。这些芯片都在内部集成了 ZigBee 的物理层协议，使得 ZigBee 模块的开发工作大为简单。

（2）ZigBee 模块及应用

由于收发芯片只是集成了 ZigBee 的物理层协议，负责数据的无线收发，为了实现一个完整的 ZigBee 模块，一般还需一个微处理器（MCU）实现 ZigBee 的高层协议以及负责和现场的传感器、执行器或高层的计算机打交道。

MCU 可以采用普通的单片机，也可以采用比较高档的嵌入式芯片（如 ARM9 系列的），有的收发芯片生产厂商也生产专用的 MCU。

MCU 与收发芯片之间一般通过串行通信接口（SPI）通信。图 2.44 和图 2.45 所示为 ZigBee 站点构成的示意图。图 2.44 的站点可以用于现场温度、湿度信号的检测及控制；图 2.45 的站点则可以用于与现场站点与以太网的通信。

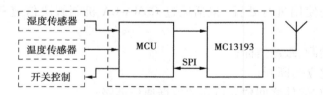

图 2.44　ZigBee 站点构成（一）

作为 ZigBee 技术的应用，可以考虑一个校园抄表系统。假设一个校园有 2 000 教工住户和 2 500 个学生宿舍。教工住户有水、电、气表，将来可能还有暖、冷计量表；学生宿舍有电表、水表。现在普遍是人工抄表，每月一次，既费时、费工又容易出错。

如果采用 ZigBee 技术，可以考虑每个教工住户或单元（12 户）安装一个 ZigBee 抄表设备，以及若干个学生宿舍安装一个 ZigBee 抄表设备，然后再安装若干个路由器或转发器即可，抄

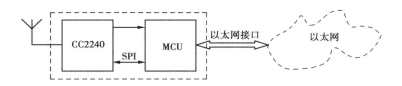

图 2.45　ZigBee 站点构成(二)

表时间可以缩短为每周一次,数据获得及时且准确并节省了人工。计算机中的数据还可以用来提高水电使用的管理水平。

2.8　GPRS 技术

随着移动终端的智能化发展,采用移动终端进行现场数据采集及初步处理后,以无线连接方式通过因特网与计算机监控系统进行连接,从而实现大范围、大规模的过程计算机监控,已成为 3G 时代计算机监控系统的发展趋势,而 GPRS 技术在这个发展过程中将扮演一个过渡和承启的角色。

2.8.1　GPRS 技术概述

GPRS 由英国 BT Cellnet 公司在 1993 年提出,是通用分组无线业务(General Packet Radio Service)的简称。GPRS 采用与 GSM(Global System for Mobile Communications,起源于 Group Special Mobile)相同的频段、频带宽度、突发结构、无线调制标准、跳频规则以及相同 TDMA 帧结构,在原有的 GSM 系统中引入分组数据单元提供无线系统上的数据业务。GPRS 被认为是 2G 向 3G 演进的重要一步,被称为 2.5G。目前全世界已有 100 多个运营商开通了 GPRS 商用系统。2000 年 12 月,中国移动通信集团公司启动"移动梦网"的 GPRS 网络建设。

GPRS 系统主要有以下特点:

①GPRS 采用分组交换技术,高效传输高速或低速数据和信令,优化网络资源和更合理地利用无线资源。

②定义了新的 GPRS 无线信道,且分配方式十分灵活:每个 TDMA 帧可分配 1～8 个无线接口时隙。时隙能为在线用户所共享,且上行链路和下行链路的分配是独立的。

③支持中、高速率数据传输,可提供 9.05～171.2 kbit/s 的数据传输速率(每个用户)。GPRS 采用了与 GSM 不同的 4 种信道编码方案(CS-1、CS-2、CS-3、CS-4)。

④GPRS 网络接入速度快,提供了与原有数据网的无缝连接。

⑤GPRS 支持基于标准数据通信协议的应用,可以与 IP 网、X.25 网互联互通。支持特定的点对点和点对多点服务,以实现一些特殊应用,如远程信息处理。GPRS 也允许短消息业务(SMS)经 GPRS 无线信道传输。

⑥GPRS 的设计使得它既能支持间歇的爆发式数据传输,又能支持偶尔的大量数据的传输。它支持四种不同的服务质量等级(QoS)。GPRS 能在 0.5～1 s 恢复数据的重新传输。GPRS 的计费一般以数据传输量为依据。

⑦GPRS 的安全功能同 GSM 安全功能一样。身份认证和加密功能由 SGSN 来执行。其中

的密码设置程序的算法、密匙和标准与 GSM 中的一样,不过 GPRS 使用的密码算法是专为分组数据传输所优化过的。GPRS 移动用户(Mobile Subscriber,MS)可通过 SIM 卡访问 GPRS 业务,不管这个 SIM 卡是否具备 GPRS 功能。

⑧GPRS 蜂窝选择可由一 MS 自动进行,或者基站系统指示 MS 选择某一特定的蜂窝。MS 在重选择另一个蜂窝或蜂窝组(即一个路由区)时会通知网络。

⑨用户数据在 MS 和外部数据网络之间透明地传输,它使用的方法是封装和隧道技术:数据包用特定的 GPRS 协议信息打包,并在 MS 和 GPRS 网关支持节点(GGSN)之间传输。这种透明的传输方法缩减了 GPRS 公用陆地移动通信网(PLMN)对外部数据协议解释的需求,而且易于在将来引入新的互通协议。用户数据能够压缩,并有重传协议保护,因此数据传输高效且可靠。

⑩GPRS 可以实现基于数据流量、业务类型及服务质量登记的计费功能,计费方式更加合理,用户使用更加方便。

⑪GPRS 的核心网络层采用 IP 技术,底层可使用多种传输技术,很方便地实现与高速发展的 IP 网无缝连接。

2.8.2　GPRS 网络结构与协议

GPRS 是在现有的 GSM 网络中增加了 GPRS 网关支持节点(GGSN)和 GPRS 服务支持节点(SGSN)来实现的,使得用户能够在端到端分组方式下发送和接收数据,其系统结构如图 2.46 所示。图中,GPRS 蜂窝电话与 GSM 基站(BS)通信,GPRS 分组从基站发送到 SGSN,它与 GGSN 进行通信;GGSN 对分组数据进行相应的处理,通过基于 IP 协议的 GPRS 骨干网连接到 SGSN,再发送到目的网络。SGSN 的主要作用是记录移动用户(MS)的当前位置信息,并在 MS 与 GGSN 之间完成移动分组数据的发送和接收。GGSN 主要起网关作用,可以将 GSM 网中的 GPRS 分组数据包进行协议转换。SGSN 和 GGSN 利用 GPRS 隧道协议(GTP)对 IP 或 X.25 分组进行封装,实现二者之间的数据传输。

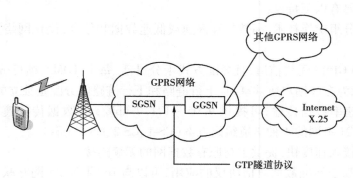

图 2.46　GPRS 系统结构

移动台与 SGSN 之间的 GPRS 分层协议模型如图 2.47 所示。Um 接口是 GSM 空中接口。Um 接口上的通信协议有 5 层,自下而上依次为物理层、MAC(Medium Access Control)层、LLC(Logical Link Control)层、SNDC(Subnet-work Dependant Convergence)层和网络层。

（1）物理层

Um 接口的物理层为射频接口部分,而逻辑链路层则负责提供空中接口的各种逻辑信道。

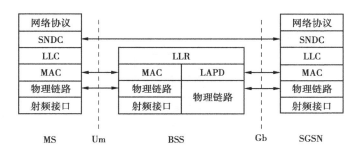

图 2.47　GPRS 协议模型

GSM 空中接口的载频带宽为 200 kHz，一个载频分为 8 个物理信道。如果 8 个物理信道都分配为传送 GPRS 数据，则原始数据速率可达 200 kbit/s。考虑前向纠错码的开销，最终的数据速率可达 164 bit/s 左右。

（2）无线链路控制（RLC）/介质访问控制（MAC）

这个层具备两个功能：一个是无线链路控制（RLC）功能，它定义了选择性重传未成功发送的 RLC 数据块的过程，可提供一条独立于无线解决方案的可靠链路；二是介质访问控制功能，定义了多个移动台共享传输媒体的过程，共享媒体由几个物理信道组成，提供了对多个 MS 的竞争仲裁过程、冲突避免、检测和恢复方法。

（3）逻辑链路控制（LLC）层

LLC 是一种基于高速数据链路规程（HDLC）的无线链路协议，能够提供高可靠的加密逻辑链路。LLC 独立于底层无线接口协议，这是为了在引入其他可选择的 GPRS 无线解决方案时，对网络子系统（NSS）的改动程度最小。

（4）子网相关融合协议（SNDC）

这个传输功能将网络级特性映射到底层网络特性中去。它的主要作用是：完成传送数据的分组、打包，确定 TCP/IP 地址和加密方式。在该层，移动台与 SGSN 之间传送的数据被分割为一个或多个 SNDC 数据包单元，数据包单元生成后被放置到 LLC 帧内。

（5）网络协议

GPRS 骨干网 GSN 中的用户数据和信令利用 GTP 进行隧道传输。GTP 是 GPRS 骨干网中 GSN 节点之间的互联协议，GPRS 网中所有点对点 PDU 将由 GTP 协议进行封装。

在 GPRS 骨干网中需要一个可靠的数据链路（如 X.25）进行 GTP PDU 的传输时，所用的传输协议是 TCP 协议。如果不要求一个可靠的数据链路（如 IP），就使用 UDP 协议。IP 是 GPRS 的骨干网络协议，作为用户数据和控制信令的选路。GPRS 骨干网最初是建立在 IPv4 协议基础上的，随着 IPv6 的广泛使用，GPRS 会最终采用 IPv6 协议。

2.8.3　GPRS 技术在计算机监控中的应用

这里，以某城市的水务公司（自来水公司）的计算机监控系统为例，介绍 GPRS 技术的应用。该公司有 5 个自来水厂，分布在 170 km² 的范围内，除此之外，还有多个江边取水的泵站、多个小区加压泵站以及多个供水网管的测控点。要求在公司对自来水厂、泵站和测控点进行远程监测。显然，采用专线（有线）的方式进行数据通信具有成本高且可靠性无法保障的问题，而一般因特网也无法到达取水泵站和测控点。为此，考虑采用 GPRS 技术构建数据通信网络。

(1) 系统总体结构

系统的总体结构如图 2.48 所示。

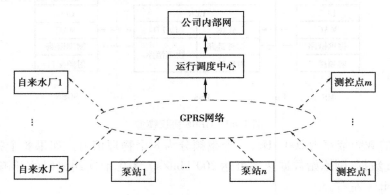

图 2.48　基于 GPRS 的水务监控系统

运行调度中心的结构图如图 2.49 所示。

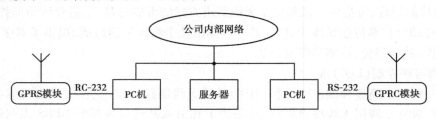

图 2.49　水务运行调度中心结构

自来水厂的监控既有集散控制系统也有 PLC,泵站及检测点的监控可以使用 PLC 再加专用的智能水质监测仪,它们与 GPRS 的连接可以通过 RS-232 接口也可以通过 RS-485 接口。现场采集到的设备信息通过 GPRS 模块(DTU 终端)对数据进行处理、协议封装后发送到 GPRS 无线网络。

监控中心接入 GPRS 网络可以考虑两种方案:

1)公网接入方案

服务器采用公网方式接入 Internet,如 ADSL 拨号/电信专线宽带上网等,申请公网固定 IP 地址,可以实现中小容量的系统应用。

2)专网接入方案

服务器采用省(区)移动通信公司提供的 DDN 专线,申请配置固定 IP 地址,与 GPRS 网络相连。由于 DDN 专线可提供较高的带宽,当现场 PLC 数量增加,中心不用扩容即可满足需求,可实现大容量系统应用。

监控中心服务器接受到 GPRS 网络传来的数据后先进行 AAA 认证,后传送到监控中心计算机主机,通过系统软件对数据进行还原显示,并进行数据处理,这样进一步增强了系统数据通信安全性能。

PLC 采集的数据经 GPRS/GSM 网络空中接口功能模块同时对数据进行解码处理,转换成在公网数据传送的格式,通过中国移动的 GPRS 无线数据网络进行传输,最终传送到监控中心 IP 地址。

（2）采用 GPRS 技术的优点

1）可靠性高

与 SMS 短信息方式相比，GPRS 采用面向连接的 TCP 协议通信，避免了数据包丢失的现象，保证数据可靠传输。运行调度中心可以与多个监测点同时进行数据传输，互不干扰。GPRS 网络本身具备完善的频分复用机制，并具备极强的抗干扰性能。

2）实时性强

GPRS 具有实时在线的特性，数据传输时延小，并支持多点同时传输，因此 GPRS 监测数据中心可以在多个监测点之间快速、实时地进行双向通信，很好地满足系统对数据采集和传输实时性的要求。目前 GPRS 实际数据传输速率在 30 kbit/s 左右，完全能满足系统数据传输速率的需求。

3）监控范围广

GPRS 网络已经实现全国范围内覆盖，并且扩容无限制，接入地点无限制，能满足山区、乡镇和跨地区的接入需求。对于地理分布很广的 PLC 控制系统，采用 GPRS 网络是其理想的选择。

4）系统建设成本低

由于采用 GPRS 公网平台，无需建设网络，只需安装设备就即可，建设成本低，也免去了网络维护费用。

5）系统运营成本低

采用 GPRS 公网通信，全国范围内均按统一费率计费，省去昂贵的漫游费用，GPRS 网络可按数据实际通信流量计费，（1～3 分/1 kbit），也可以按包月不限流量收费。

6）系统的传输容量，扩容性能好

监控中心能和每一个 PLC 控制现场实现实时连接。由于系统要求能满足突发性数据传输的需要，而 GPRS 技术能很好地满足传输突发性数据的需要。由于系统采用成熟的 TCP/IP 通信架构，具备良好的扩展性能，一个监测中心可轻松支持上千个现场 PLC 数据通信。

7）GPRS 传输功耗小，适合野外供电环境

虽然与远在千里的数据中心进行双向通信，GPRS 数传设备在工作时却只需与附近的移动基站通信即可，其整体功耗与一台普通 GSM 手机相当，平均功耗仅为 200 mW 左右，比传统数传电台小得多。因此，GPRS 传输方式非常适合在野外使用太阳能供电或蓄电池供电的场合下使用。

2.9　工业以太网

2.9.1　概　述

工业以太网是应用于工业控制领域的以太网技术，在技术上与商用以太网（即 IEEE 802.3标准）兼容。产品设计时，在材质的选用、产品的强度、适用性、实时性、可互操作性、可靠性、抗干扰性、本质安全性等方面，都以满足工业现场的需要为标准。

以太网过去被认为是一种"非确定性"的网络，作为信息技术的基础，是为商用 IT 领域应

用而开发的,在工业控制领域很少使用。这是由于以下因素:

①以太网的介质访问控制层协议采用带碰撞检测的载波侦听多址访问(CSMA/CD)方式,当网络负荷较重时,数据传输的确定性不能满足工业控制的实时性要求。

②商用以太网所用的接插件、集线器、交换机和电缆等是为办公室应用而设计的,不符合工业现场恶劣环境要求。

③在工厂环境中,以太网的抗干扰(EMI)性能较差,且用于危险场合,以太网不具备本质安全性能。

④商用以太网不能通过信号线向现场设备供电问题。

随着互联网技术的发展与普及推广,以太网传输速率有了很大的提高,以太网交换技术也有了很大进步,上述问题在工业以太网中正在迅速得到解决。

2.9.2　工业以太网关键技术

(1)通信确定性与实时性

工业控制网络重要特点之一在于它必须满足控制对实时性的要求,即信号传输要足够快且信号传输的时间是确定的。由于以太网采用 CSMA/CD 方式,当网络负荷较大时,网络的传输会具有一定的不确定性,故传统以太网技术难以满足控制系统通信的实时性要求,一直被视为"非确定性"的网络。

工业以太网采取了以下措施,使得该问题基本得到解决:

①采用快速以太网加大网络带宽。通信速率从 10 ~ 100 Mbit/s 增大到如今的 1 ~ 10 Gbit/s。在数据吞吐量相同的情况下,通信速率的提高意味着网络负荷的减轻和网络传输延时的减小,即网络碰撞机率大大下降,从而提高其实时性。实验证明,高速以太网的实时性比某些"确定性网络"(如令牌网)要好。

②采用全双工交换式以太网。用交换技术替代原有的总线型 CSMA/CD 技术,避免了由于多个站点共享并竞争信道导致发生的碰撞,减少了信道带宽的浪费,同时还可以实现全双工通信,提高信道的利用率。

③降低网络负载。工业控制网络与商业控制网络不同,每个节点传送的实时数据量很少,一般为几个位或几个字节,而且突发性的大量数据传输也很少发生,因此,可以通过限制网段站点数目,降低网络流量,进一步提高网络传输的实时性。

④应用报文优先级技术。在智能交换机或集线器中,通过设计报文的优先级来提高传输的实时性。

(2)稳定性与可靠性

由于工业现场的机械、气候、尘埃等条件非常恶劣,因此对设备的工业可靠性提出了更高的要求。在工厂环境中,工业网络必须具备较好的可靠性、可恢复性及可维护性。

为了解决在不间断的工业应用领域,在极端条件下网络也能稳定工作的问题,采用导轨式集线器、交换机,安装在标准 DIN 导轨上,并有冗余电源供电。接插件采用牢固的 DB-9 结构。此外,在实际应用中,主干网可采用光纤传输,现场设备的连接则可采用屏蔽双绞线,对于重要的网段还可采用冗余网络技术,以此提高网络的抗干扰能力和可靠性。

(3)安全性

在工业生产过程中,很多现场不可避免地存在易燃、易爆或毒气体等,对应用于这些工业现场的智能装置以及通信设备,都必须采取一定的防爆技术措施来保证工业现场的安全生产。

在目前技术条件下,对以太网系统采用隔爆、防爆的措施比较可行,即通过对现场网络设备采取增安、气密、浇封等隔爆措施,使现场设备本身的故障产生的点火能量不外泄,以保证系统运行的安全性。对于没有严格的本安要求的非危险场合,则可以不考虑采取复杂的防爆措施。

工业系统的网络安全是工业以太网应用必须考虑的另一个安全性问题。工业以太网可以将企业传统的三层网络系统(即信息管理层、过程监控层、现场设备层)融合为一体,使数据的传输速率更快、实时性更高,并可与 Internet 无缝集成,实现数据的共享,提高工厂的运作效率。但同时也引入了一系列的网络安全问题,工业网络可能会受到包括病毒感染、黑客的非法入侵与非法操作等网络安全威胁。一般情况下,可以采用网关或防火墙等对工业网络与外部网络进行隔离,还可以通过权限控制、数据加密等多种安全机制加强网络的安全管理。

(4)总线供电问题

总线供电(也称总线馈电)是指连接到现场设备的线缆不仅传输数据信号,还能给现场设备提供工作电源。对于现场设备供电,可以采取以下方法:

①在目前以太网标准的基础上适当地修改物理层的技术规范,将以太网的曼彻斯特信号调制到一个直流或低频交流电源上,到了现场设备端再将这两路信号分离开来。

②不改变目前物理层的结构,而通过连接电缆中的空闲线缆为现场设备提供电源。

表 2.9 给出了两种技术的差别。

表 2.9　工业以太网和商用以太网之间的差别

项　目	工业以太网	商用以太网
元器件	工业级	商用级
接插件	加固型 RJ-45、DB-9、航空接头	RJ-45
工作电源	24 V(直流)	220 V(交流)
电源冗余	双电源	无
安装方式	可采用 DIN 导轨安装或其他方式	桌面、机架
工作温度	− 40 ~ 85 或 − 20 ~ 70	5 ~ 40 ℃
电磁兼容性标准	EN50081-2(工业级 EMC) EN50082-2(工业级 EMC)	EN50081-2(办公室用 EMC) EN50082-2(办公室用 EMC)
MTBF 值	至少 10 年	3 ~ 5 年

2.9.3　工业以太网协议

商用以太网的应用层使用 HT-TP、FTP、SNMP 等协议,这些协议已经不属于以太网范畴。虽然工业以太网目前还没有统一的应用层协议,但受到广泛支持并已经开发出相应产品的有以下凡种主要协议。

(1)Modbus TCP/IP

该协议由施耐德公司推出,以一种非常简单的方式将 Modbus 帧嵌入到 TCP 帧中,使 Modbus 与以太网以及 TCP/IP 协议结合,成为 Modbus TCP/IP。这是一种面向连接的方式,每一个呼叫都要求一个应答,这种呼叫/应答的机制与 Modbus 的主/从机制相互配合,使交换式以太网具有很高的确定性,利用 TCP/IP 协议,通过网页的形式可以使用户界面更加友好,利用网络浏览器便查看企业网内部设备运行情况,还可以将实时数据嵌入到网页中。通过在设备中嵌入 Web 服务器,就可以将 Web 浏览器作为设备的操作终端。

(2) ProflNet

针对工业应用需求,德国西门子于 2001 年发布了该协议,它是将原有的 Profibus 与互联网技术结合,形成了 ProfiNet 的网络方案,主要包括:

①基于组件对象模型(COM)的分布式自动化系统;

②规定了 ProfiNet 现场总线和标准以太网之间的开放、透明通信;

③提供了一个独立于制造商,包括设备层和系统层的系统模型。

ProfiNet 采用标准 TCP/IP 加以太网作为连接介质,采用标准 TCP/IP 协议加上应用层的 RPC/DCOM 来完成节点间的通信和网络寻址。它可以同时挂接传统 Profibus 系统和新型的智能现场设备。现有的 Profibus 网段可以通过代理设备连接到 ProfiNet 网络当中,传统的 Profibus 设备可通过代理设备与 ProfiNet 的 COM 对象进行通信,并通过 OLE 自动化接口实现 COM 对象间的调用。

(3) HSE

基金会现场总线 FF 于 2000 年发布了 HSE(High Speed Ethernet)。HSE 是以太网协议 IEEE 802.3,TCP/IP 协议族与 FFH1 的结合体。FF 现场总线基金会明确将 HSE 定位于实现控制网络与 Internet 的集成。

HSE 技术的一个核心部分就是链接设备,它是 HSE 体系结构将 H1(31.25 kbit/s)设备连接 100 Mbit/s 的 HSE 主干网的关键组成部分,同时也具有网桥和网关的功能。网桥功能能够用于连接多个 H1 总线网段,使同一个 H1 网段上的设备之间能够不经主机系统干涉进行对等通信;网关功能允许将 HSE 网络连接到其他的工厂控制网络和信息网络,HSE 链接设备不需要为 H1 子系统作报文解释,而是将来自 H1 总线网段的报文数据集合起来并且将 H1 地址转化为 IP 地址。

(4) Ethernet/IP

Ethernet/IP 是适合工业环境应用的协议体系。它是由 ODVA(Open Device net Vendors Assocation)和 ControlNet International 两大工业组织推出的最新成员。与 DeviceNet 和 ControlNet 一样,它是基于 CIP(Control and Information Protocol)协议的网络。它是一种是面向对象的协议,能够保证网络上隐式(控制)的实时 I/O 信息和显式信息(包括用于组态、参数设置、诊断等)的有效传输。

Ethernet/IP 采用和 Devicenet 以及 ControlNet 相同的应用层协议 CIP。因此,它们使用相同的对象库,具有较好的一致性。Ethernet/IP 采用标准的以太网和 TCP/IP 技术传送 CIP 数据包,这样通用且开放的应用层协议 CIP 加上已经被广泛使用的 Ethernet 和 TCP/IP 协议,就构成 Ethernet/IP 协议的体系结构。

2.9.4 工业以太网的优势

(1)应用广泛

以太网是应用最广泛的计算机网络技术,几乎所有的编程语言如 Visual C ++、Java、VisualBasic 等都支持以太网的应用开发。

（2）通信速率高

目前,10 Mb/s、100 Mb/s 的快速以太网已开始广泛应用,1 Gb/s 以太网技术也逐渐成熟,而传统的现场总线最高速率只有 12 Mbit/s(如西门子 Profibus-DP)。

（3）成本低廉

以太网网卡的价格较之现场总线网卡要低得多(约为 1/10);另外,以太网已经应用多年,人们对以太网的设计、应用等方面有很多经验,具有相当成熟的技术。大量的软件资源和设计经验可以显著降低系统的开发和培训费用,降低系统的整体成本,并大大加快系统的开发和推广速度。

（4）资源共享能力强

随着因特网的发展,以太网已渗透到各个角落,网络上的用户已解除了资源地理位置上的束缚,在接入互联网的任何一台计算机上就能浏览工业控制现场的数据,实现"控管一体化",这是其他任何一种现场总线都无法比拟的。

2.9.5　工业以太网应用现状

工业以太网与现场总线相比,它能提供一个开放的标准,是企业从现场控制到管理层实现全面的无缝的信息集成,解决了由于协议上的不同导致的"自动化孤岛"问题。从目前的发展看,工业以太网在控制领域的应用主要体现在以下几种形式:

（1）混合 Ethernet/Fieldbus 的网络结构

这种结构实际上就是信息网络和控制网络的一种典型的集成形式。以太网正在逐步向现场设备级深入发展,并尽可能地与其他网络形式走向融合。以太网和 TCP/IP 原本不是面向控制领域的,在体系结构、协议规则、物理介质、数据、软件、实验环境等诸多方面并不成熟,而现场总线能完全满足工业企业对底层控制网络的基本要求,实现真正的全分布式系统。因此,在企业信息层采用以太网,而在底层设备级采用现场总线,通过通信网关实现两者的信息交换。

（2）专用工业以太控制网络

如何利用工业以太网单独作为控制网络是工业以太网的发展方向之一,也是工业控制领域的研究热点之一。如德国 Jetter AG 公司的新一代控制系统 JetWeb,是融现场总线技术、以太网技术、CNC 技术、PLC 技术、可视化人机接口技术和全球化生产管理技术为一体的工业自动化控制系统,同时具有广泛的兼容性,可兼容第三方自动化控制产品,提出"网络就是控制器"的观点。

（3）基于 Web 的网络监控平台

嵌入式以太网是一个值得关注的发展方向。通过因特网使所有连接网络的设备彼此互连,从计算机、PDA、通信设备,到仪器仪表、家用电器等。在企业内部,可以利用企业信息网络,进行工厂实时运行数据的发布和显示,管理者通过 Web 浏览器对现场工况进行实时远程监控、远程设备调试和远程设备故障诊断和处理。

习　题

2.1　数据通信系统由哪几部分组成? 它们各有什么作用?

2.2　试按不同的分类方法对数据通信系统进行分类。

2.3　与模拟信号通信相比,数字数据通信有何特点?

2.4　试简述波特率与比特率的区别。

2.5　设某数据通信系统采用频带传输,并采用八相 PSK 调制,其波特率为 1 200 B,试求对应的比特率。

2.6　简述同步通信方式与异步通信方式的区别。

2.7　设某数据通信系统采用串行异步通信方式,问其用于传输的码元波形能否使用不归零码?

2.8　对于异步通信方式,发送方与接收方之间是否还需要进行信号同步? 为什么?

2.9　比较串行通信接口标准 RS-232C、RS-422、RS-485 的性能。

2.10　叙述循环冗余环码的特点。

2.11　设 $(7,3)$ 循环码的信息码为"111", $G(x) = x^4 + x^3 + x^2 + 1$,分别计算监督码和传输码。

2.12　设 $G(x) = x^4 + x^2 + x + 1$,列出 $(7,3)$ 循环码的全部码字。

2.13　列出 $(7,4)$ 循环码的一组码字。

2.14　查找资料,了解各种无线通信技术的特点。

2.15　查找资料,了解工业以太网的应用现状。

第 **3** 章

输入输出通道与I/O接口

输入输出通道是计算机监控系统中计算机与被监控过程的现场设备之间的物理信息通道,故又称为过程通道。如果将计算机监控系统视为一个人体系统,计算机就类似于人体的大脑,它接收外部信息,并对接收到的信息进行加工处理;而输入通道就类似于人体的五官,其作用是获取外部信息并传输给计算机处理;输出通道就类似于人体的四肢,用于完成执行计算机处理信息后得出的命令或结果。这样,在计算机和生产过程之间就需要建立一种能对现场设备信息进行传递和变换的连接装置,这种连接装置就称为输入输出过程通道,它是组成计算机监控系统的重要组成部分。在本书中如果不作特殊声明,输入输出过程通道是指与现场设备(传感器、变送器和执行器等)直接连接并进行信号转换(数/模、模/数和数/数转换等)的装置。输入通道的作用是将传感器或变送器的电流/电压信号转换为计算机可以识别的数字信号。输出通道的作用则是将计算机输出的数字信号转换为可直接推动执行机构的电气信号。输入输出通道技术属于计算机接口技术的一部分。

由于在计算机监控系统中被控制的对象有各种不同的类型,例如:机械式、机电式、电子式以及各种生产过程装置等,而它们的参数测量的变换速度不同,持续时间不同,要求控制的特性不同,因此,在具体设计一个输入输出过程通道时,其结构形式、组成的电路及其参数的设置等也不完全一致。一般来说,输入输出过程通道具有一定的结构模式,组成输入输出过程通道的电路也有一些典型的电路或芯片。本章将着重介绍输入输出过程通道的实现原理。

3.1 I/O接口与过程通道概述

3.1.1 I/O接口的功能

接口是输入输出过程通道中的一个主要组成部件,对于一些简单的输入输出过程通道,接口就是输入输出过程通道;而对于一些复杂的输入输出过程通道,除了有接口之外,还需要有一些其他的电路部件,例如:信号处理装置、多路转换开关、放大器、采样保持器、大功率输出接口电路等。作为计算机与外部设备之间的接口,其作用主要是为了解决计算机与外部设备连接时存在的各种矛盾。例如:输入输出信号形式的不同、速度的不匹配、通信联络、串/并转换或并/串转换等。接口部件的作用归纳起来主要有以下几点：

(1)数据缓冲功能

计算机的工作速度快，而外部设备的工作速度比较慢，为了避免因速度不一致而丢失数据，接口中一般都设置有数据寄存器或锁存器，通常将其称为"数据口"。例如，当计算机将数据传送至"数据口"后，即可继续执行其他的任务，而不必等到外设准备好。

(2)信号转换功能

由于外部设备所需的控制信号和所能提供的状态信号与计算机能识别的信号往往是不一致的，特别是连接不同公司生产的芯片时，进行信号之间的转换是不可避免的。信号的转换包括：时序的配合、电平的转换、信号类型的转换(模拟量变数字量或数字量变模拟量)、数据宽度的转换(并行变串行或串行变并行)等。

(3)驱动功能

由于计算机总线的信号驱动能力有限，当要连接多台外部设备时，总线可能就会不堪重负。为此，可以将一个接口与多台外部设备相连接，从而减轻计算机的负担。

(4)中断管理功能

当外部设备需要及时得到计算机的服务时，就要求接口设备具有中断控制管理功能。此时，接口为计算机(CPU)处理有关中断事务，如提出中断请求，中断优先级排队，提供中断向量等。这样既加快了计算机对外部的响应速度，又使 CPU 与外部设备能并行工作，从而提高了 CPU 的效率。

常用的接口包括：专用或通用的并行、串行接口电路、DMA 控制器、中断控制器等。

3.1.2 过程通道

如前所述，所谓过程通道，是指从现场设备(传感器、变送器)到计算机(主要指 CPU)或从计算机(主要指 CPU)到现场设备(执行机构)的物理信息通道。从功能上可以将过程通道划分为三个部分：信号调理、I/O 接口和传输介质。

- 信号调理的作用是对信号进行放大、滤波、线性补偿、电气隔离与保护。
- I/O 接口的作用是信号的输入、输出与转换。
- 传输介质的作用则是信号传输。传输介质一般包括：电缆、光缆、无线方式三种。

过程通道构成的方式是多种多样的，下面介绍几种常用的过程通道方式：

(1)过程通道方式 1

对于这种方式，I/O 接口做成一块板卡或 I/O 接口和信号调理单元做成一块板卡，插在计算机的扩展槽上，或直接与 CPU 做在一块板上，通过电缆将板卡与现场设备连接。过程通道方式 1 如图 3.1 所示。

(2)过程通道方式 2

对于这种方式，I/O 接口和信号调理单元做成模块形式，其作用是将现场的信号采样后转换为数字信号，然后再转换为串行通信格式与计算机通信，或将计算机串行通信的数据格式转换为现场所需的信号形式。过程通道方式 2 如图 3.2 所示。

(3)过程通道方式 3

这种方式用于可编程序控制器系统，CPU、I/O 接口和信号调理单元均做成模块形式，各个模块之间通过某种总线方式连接，现场信号通过电缆与 I/O 模块相连接。

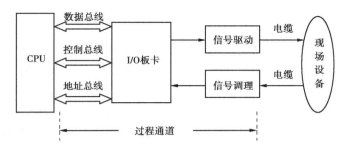

图 3.1　过程通道方式 1

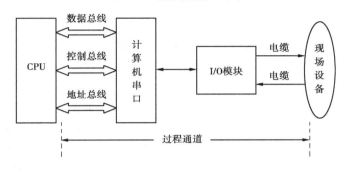

图 3.2　过程通道方式 2

(4) 过程通道方式 4

在此种方式中,输入输出信号是经过网络进出计算机的,随着基于网络的计算机监控系统日益普遍,这种通道方式也日渐普遍。这里的网络既可以是一般的工业控制网络,也可以是因特网或无线网络。过程通道方式 4 如图 3.3 所示。

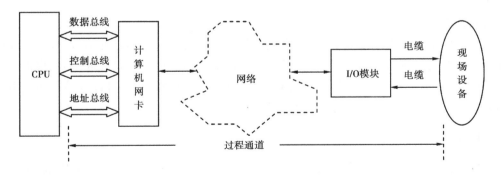

图 3.3　过程通道方式 4

过程通道是计算机监控系统的信息通道,其性能对整个系统的性能有很大的影响。通道的性能主要包括可靠性、准确性(信号是否畸变),对于方式 4,还要考虑信号传输的速度和信号丢失问题。

此外,按照功能与信号的形式又可以将过程通道划分为模拟量输入通道(AI)、模拟量输出通道(AO)、数字量输入通道(DI)和数字量输出通道(DO),详见 3.5、3.6 节的相关内容。

3.1.3　I/O 信号的种类

这里所说的 I/O 信号是指 I/O 通道与现场设备之间相互作用的信号。一般来说,现场信号有三种类型:开关量信号、模拟信号和脉冲信号(脉冲信号是一种特殊的开关信号)。

(1)开关量信号(数字信号)

有许多的现场设备往往只对应于两种状态,例如,电动机的启停、阀门的开关、开关的闭合和断开、指示灯的亮和熄灭。所以,可以用开关输出信号去控制,或者对开关输入信号进行检测。对于开关量输出信号,可以分为两种形式:一种是电压输出,另一种是继电器输出。电压输出一般是通过晶体管的通断来直接对外部提供电压信号,继电器输出则是通过继电器触点的通断来提供信号。电压输出方式的速度比较快且外部接线简单,但负载能力弱;继电器输出方式则与之相反。对于电压输入,又可以分为直流电压和交流电压,相应的电压幅值可以有 5 V、12 V、24 V 和 48 V 等。开关信号也称为数字信号。

(2)模拟量信号

许多来自现场的检测信号都是模拟信号,如液位、电压、电流、流量、压力、温度、相位、速度、位置、pH 值、成分等,通常都是将现场待检测的物理量通过传感器转换为电压或电流信号。许多执行装置所需的控制信号也是模拟量,如调节阀、电动机、电力电子的功率器件等的控制信号。根据需要,电压信号的范围可以为 0 ~ 5 V 或 1 ~ 5 V;电流信号的范围可以为 0 ~ 10 mA 或 4 ~ 20 mA。如果是长距离传输,采用电流信号更为合适,因为电流信号在一个回路中不会衰减,因而抗干扰能力比电压信号好。

除上述的信号外,现在已有不少的厂家开发出了热电阻和热电偶模块。有了热电阻和热电偶模块,就可以不需要温度变送器,而直接将热电阻和热电偶的输出信号连接至 I/O 模块(卡件)的输入端即可。

(3)脉冲信号

脉冲信号也是一类常见的 I/O 信号,有些流量计发出的信号就是脉冲信号,根据接收的脉冲数目就可以对物料进行计量。在运动控制中,编码器送出的信号也是脉冲信号,根据脉冲的数目,可以获得电动机角位移以及转速的信息。另外,也可以通过输出脉冲来控制步进电机的转角或速度。脉冲信号也可以看作是一种特殊的数字信号。

3.1.4　I/O 控制方式

一个计算机监控系统往往有许多的外围设备,它包括显示器、磁盘驱动器、键盘、鼠标以及各类过程(I/O)通道。整个系统的运行过程基本上就是计算机(主要指 CPU 或内存 RAM)与各种外围设备交换数据的过程,而计算机的工作速度与上述外围设备的工作速度又千差万别。为了能使各种外围设备在 CPU 的统一管理和调度下有条不紊地工作,共同完成对生产过程的监控任务,CPU 采用分时工作方式。每个外围设备都在规定的时间段内得到 CPU 的服务。因此,必须确定一个 CPU 与外围设备交换数据的方式,这就是 I/O 控制。

通常采用的 I/O 控制方式有三种:程序控制方式、中断控制方式和直接存储器存取方式(DMA 方式)。在进行计算机监控系统设计和开发时,可以根据外围设备的种类以及系统的需要,分别采取一种方式或同时采取两种及两种以上的方式。

（1）程序控制方式

程序控制 I/O 方式是指 CPU 与外围设备之间的数据交换是在程序控制之下进行的。这种方式又可以分为两种：无条件 I/O 方式和查询式 I/O 方式。

无条件 I/O 方式是指 CPU 无须查询外围设备的状态即可进行数据传送的 I/O 方式。在这种工作方式下，可以断定外围设备总是处于准备就绪状态，这种方式可以用于一些简单的外围设备，如电动机的启/停控制、继电器的吸合/释放控制以及指示灯的亮/熄控制等。

查询式 I/O 方式是指 CUP 在传送数据（读入或写出）之前，先主动地去查询外围设备是否准备就绪。如果没有准备好，则先不进行此项数据传送工作，转而去做其他工作或者继续进行查询。采用这种工作方式时，外围设备除了要有数据口外，还要有状态口。可以采用两种方式来查询外围设备的状态：一种是采用定时查询的方式。即每隔一定的时间间隔查询一次所有外围设备的状态信息，如发现某一个外围设备准备就绪，CPU 就为它服务。采用这种工作方式，CPU 具有较高的效率，并且 CPU 与外围设备在一定程度上并行工作，但可靠性不高。如果某一外围设备出现紧急情况需要及时处理而查询时间间隔未到，CPU 不能及时发现和处理，实时性不是很好，就有可能引起事故。另一种是采用巡回检测的方式。采用巡回检测方式的基本工作原理如下：每个外围设备提供一个或多个状态信息，程序中使用测试指令和条件转移指令。CPU 逐个读入并测试外围设备的状态信息，如果该外围设备请求服务且准备就绪，则与之交换数据。否则，就跳过此项工作去查询下一个外围设备。各个外围设备查询完一遍后，再返回继续循环查询直至系统停止工作。由于采用这种工作方式，CPU 要花费大量的时间用于查询，因此，工作效率比较低，而且一旦外部发生紧急情况，如果 CPU 尚未查询到就不能立即响应，实时性因而不是很好。但是，这种工作方式比较简单，对于 CPU 不是很繁忙且系统对数据传送速度要求也不很高时可以采用。另外，采用查询方式的一个优势就是具有天然的抗干扰能力。当 CPU 尚未检测到某个外围设备（主要是输入接口）时，作用于该接口的干扰信号是无法进入输入通道的。因此，这种工作方式对于一些突发的干扰具有抵御能力。总之，程序控制方式一般应用在对数据传送速度要求不是很高且对实时性要求不太高的场合，即使发生了实时性超时，对整个生产过程的影响也不大。

（2）中断控制方式

计算机监控系统所用的微机与科学计算用的或办公室中所用的微机相比，有一个最大的不同点就是，计算机监控系统所用的微机的操作要有实时性。所谓实时，是指要求计算机在规定的时间范围内完成规定的操作（例如：实时数据采集、实时运算、实时控制、实时报警等），否则就失去计算机监控系统的意义。如果不能及时完成，采集到的数据可能已失效，或计算机处理运算的结果已没有任何实际意义；或由于得不到实时控制、实时报警，从而发生生产事故或产生了废品。

为了提高 CPU 的效率，并使系统具有良好的实时性能，应当采用中断控制 I/O 方式。这样，CPU 就无须反复测试外围设备的状态。在外围设备没有做好数据交换准备时，CPU 可以运行与数据交换无关的其他任务，一旦外围设备做好了数据交换的准备后，主动向 CPU 发出中断请求，只要条件合适，CPU 就会中断（暂停）正在进行的工作，转入进行数据交换的中断服务子程序，完成了数据交换的中断服务子程序后，CPU 又自动返回原来运行的程序。通过这种方式，可以比较好地解决外围设备运行速度较慢而 CPU 运行速度较快的矛盾，同时，可以使系统具有良好的实时性。

　　为了能够实现中断控制 I/O 方式,必须解决以下 4 个问题:

　　①现场的保存与恢复。现场是指原来运行程序的中间结果(如运算中间结果、地址、指令指针以及当前标志等),它们一般放在各种通用寄存器或某些存储器单元中,最常用的现场保存方式是放入堆栈内,待中断处理完毕后再将以上现场内容依次从堆栈中弹出。

　　②正确地判断中断源。CPU 应能判断出是哪个外围设备提出了中断请求,并转入相应的中断服务程序。

　　③能够实时地响应外围设备的中断请求。对于外围设备的每一次中断请求,CPU 都能在尽可能短的时间内进行响应,并在可以接受的时间内完成服务。

　　④CPU 应按优先权的高低顺序进行处理。当有多个外围设备同时提出中断申请时,CPU 应该根据优先权的高低,首先处理优先权高的中断请求,然后再响应优先权次高的中断请求,最后再处理优先权低的中断请求。而且,当 CPU 正在进行中断处理时,如果有了优先权比较高的中断请求出现,CPU 可以暂停现有的中断处理转而处理高级别的中断请求。

　　以上 4 个问题的解决,读者可参看有关微型计算机原理或计算机硬件技术基础方面的书籍。

(3)直接存储器存取方式(DMA 方式)

　　直接存储器存取方式实际上是计算机的内存 RAM 与高速外围设备之间直接进行数据交换的方式。在这种方式下,数据不再经过 CPU,而是在 DMA 控制器的控制下,在内存与高速外围设备之间进行大量且快速的数据交换。一般在计算机数据采集系统或计算机测控系统中会采用这种方式,在计算机与 I/O 接口之间进行数据交换,而在计算机监控系统中不采用这种方式。

3.1.5　I/O 过程通道原理

　　如果将 I/O 过程通道进一步地细化,则其结构模式如图 3.4 所示。其中多路模拟开关、S/H(采样保持器)、A/D 转换器、接口 1 组成输入通道;而接口 2、D/A 转换器、多路模拟开关、S/H 组成输出通道。图 3.4 没有考虑开关量信号的输入/输出。

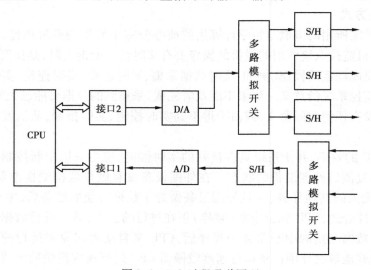

图 3.4　I/O 过程通道原理

需要说明的是,这种结构模式并非是唯一的,可根据实际应用系统的需要加以调整。例如,每个通道都设置一个 A/D(或 D/A)转换器和采样保持器;多个通道共用一个 A/D(或 D/A)转换器,但每个通道都设置一个采样保持器;多个通道共用采样保持器和 A/D(或 D/A)转换器等。相关内容详见 3.5 节、3.6 节。

3.1.6　I/O 过程通道实现方式

计算机监控系统的结构形式多种多样,相应的 I/O 过程通道装置也各不相同。但是,归纳起来基本上有以下三种形式。

(1)整体方式

在这种方式中,计算机(CPU)与 I/O 过程通道是安装在同一块印刷线路板上的。例如,用单片机开发的系统或单板计算机。这种方式的特点是:体积小、重量轻、成本也比较低。由于过程通道装置与 CPU 是做在一起的,一旦系统开发完成,就不能轻易改变。这种方式一般用于小型的计算机监控系统,特别是嵌入式系统中。图 3.5 所示为研祥公司的一款单板计算机。

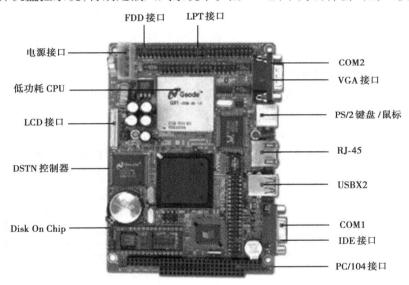

图 3.5　单板计算机

(2)板卡方式

在这种方式中,I/O 过程通道装置为一块印刷线路板,大小与一本 32 开的书本差不多,可以根据实际需要有多种类型的板卡供选择。有的板卡同时包含了 A/D 和 D/A 功能(一般来说A/D的点数多于 D/A 的点数),板卡直接插在个人计算机的扩展槽上。

这种方式与前一种方式相比,系统的构成相对要灵活得多,可靠性适中。但是,由于所有的板卡都插在一个机箱内,不太适合远程和大范围的监控,而且,由于计算机插槽的数目也有限(专用的工业控制主板可以有 20 个插槽),因此,输入输出的点数也有限。这种方式一般用于中小型的计算机监控系统,监控的点数一般不超过 200 个。

(3)模块方式

在这种方式中,将各种 I/O 功能以模块的形式来实现。I/O 模块与计算机(主控模块)之间以及 I/O 模块与 I/O 模块之间的物理连接可以很灵活,例如,可以采用双绞线连接或同轴电缆连接,也可以采用并行总线(底板总线)连接。由于生产厂家已经生产了许多类型的I/O模块,因此,系统的构成与扩充非常方便。这种方式非常适合于大中型的计算机监控系统以及远程监控。目前,无论是集散控制系统,还是可编程序控制器以及现场总线都使用该方式。

3.2 多路模拟开关

一般计算机的运算速度都远远高于外部信号的变化速度,而且用于将模拟信号转换为数字信号的A/D芯片和将数字信号转换为模拟信号的D/A芯片的价格都比较昂贵,所以,通常都用一片A/D芯片来"同时"处理多路外部模拟信号,以及用一片D/A芯片来"同时"输出给多路外部执行装置,这样,多路模拟开关就是在I/O通道中常用的器件。I/O通道结构模式即为这种形式,如图3.4所示。

就功能而言,多路模拟开关分为两类:一种是将多个模拟检测量分时地接通送入A/D转换器,即完成"多到一"的转换,通常称为多路开关,如AD7501、AD7503等;另一种是将D/A转换装置输出的模拟信号逐个地输出到相应的控制回路,即完成"一到多"的转换,通常称为多路分配器。

随着大规模集成电路技术的发展,许多厂家已经开发出了集成电路的多路开关芯片。有的芯片只能作多路开关或多路分配器,称为单向开关;有的则既能作多路开关又能作多路分配器,称为双向开关,如CD4051、CD4052、CD4097等。

在此以RCA公司生产的CD4051双向多路模拟开关为例来介绍多路模拟开关的原理。一个多路模拟开关在功能上分为三个部分,即逻辑电平转换电路、地址译码电路和CMOS开关。图3.6所示为CD4051的引脚图。CD4051的原理如图3.7所示。

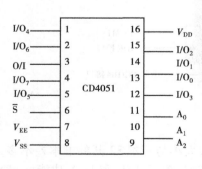

图3.6　CD4051的引脚图

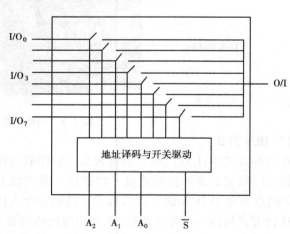

图3.7　多路开关原理

这是一个电子开关阵列,每个开关由驱动器来控制。这些驱动器受3位二进制代码A_2、A_1、A_0和片选信号$\overline{S}$的控制。其译码器的真值表见表3.1。通常,$\overline{S}$和$A_0 \sim A_2$信号由接在CPU数据总线上的一个锁存器提供。$\overline{S}$和$A_0 \sim A_2$引脚均要求输入TTL电平,而各个CMOS开关则要求用CMOS电平控制,所以,地址译码和开关驱动电路可以完成从TTL电平到CMOS电平的转换。

　　如果是"多到一"的转换,则从 $IO_0 \sim IO_7$ 端输入信号,从 O/I 端输出,实现 8 到 1 的选择;反之,则从 O/I 端输入信号,从 $IO_0 \sim IO_7$ 端输出,实现 1 到 8 的分路。CD4051 共有 3 个电源引脚,其中,V_{ss} 与系统的模拟地相连,V_{DD} 为正电压(如 12 V),V_{EE} 为负电压(如 -12 V)。作为多路模拟开关的指标主要有:转换速度,一般为 100 ns ~ 1 μs;开路静态电阻,一般大于 10^9 Ω;导通静态电阻,一般小于 100 Ω。

　　用两片 CD4051 可以扩展开关的路数,图 3.8 是组成 16 路单极性模拟量的电路。

①当 $A_3 A_2 A_1 A_0 = 0000 \sim 0111$ 时,分别传送 $V_1 \sim V_8$ 通道中的某一路模拟量;

②当 $A_3 A_2 A_1 A_0 = 1000 \sim 1111$ 时,分别传送 $V_9 \sim V_{16}$ 通道中的某一路模拟量。

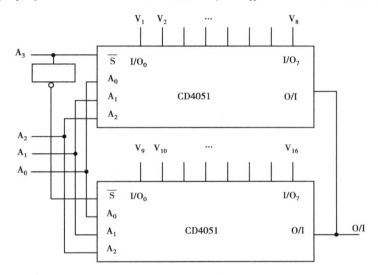

图 3.8　用两片 CD4051 扩展开关路数

表 3.1 表示了 CD4051 输入与输出之间的关系。

表 3.1　CD4051 通道转换控制表

$\overline{S}$	A_2	A_1	A_0	接　通
1	x	x	x	无
0	0	0	0	I/O_0
0	0	0	1	I/O_1
0	0	1	0	I/O_2
0	0	1	1	I/O_3
0	1	0	0	I/O_4
0	1	0	1	I/O_5
0	1	1	0	I/O_6
0	1	1	1	I/O_7

3.3　采样与保持

　　模拟信号经过预处理后从多路开关输出时,信号幅度已达到几伏的数量级。它还必须经过采样、量化和编码的过程才能成为数字量。

　　将模拟信号转换为二进制数字量通常分为四步:采样→保持→量化→编码。

　　下面是相关的几个概念:

　　●采样:将时间上连续变化的模拟量转换为时间上断续变化的(离散的)模拟量。

　　●保持:将采样得到的模拟量值保持下来,使之等于采样控制脉冲存在的最后瞬间的采样值。

　　●量化:就是用一组二进制码来逼近离散模拟信号的幅值,将其转换为数字信号。

　　●量化单位:指字长为 n 的 A/D 转换器把 $y_{min} \sim y_{max}$ 范围内变化的采样信号变化为数字 $0 \sim 2^{n-1}$,其最低有效位(LSB)所对应的模拟量 q 称为量化单位,即

$$q = \frac{y_{max} - y_{min}}{2^n - 1}$$

　　●量化误差:在量化过程实际是一个用 q 去度量采样值度值高低的小数归整过程,因而存在量化误差,它反映了在量化过程中所能区分的最小电压值,也就是最低有效位 LSB(Least Significant Bit)所代表的电压值,显然最大的量化误差不超过 LSB 的 1/2。

　　如 $q = 20$ mV,表示量化误差为 ± 10 mV,即 $0.990 \sim 1.010$ V 范围内的采样值,其量化结果相同。显然,A/D 转换器的位数越高,其分辨率也越好,量化误差也越小。

　　从原理上来说,采样过程就是利用一个定时接通的开关,将经过模拟多路开关的模拟信号周期性地接入相应的输入端,从而将一个连续的模拟信号变为一个离散的模拟信号。由于采样开关接通的时间很短,而 A/D 转换通常需要一定的时间,为此,在采样开关的后面又加了一个保持器。保持器一般都设计为零阶保持器,即其输出保持采样时刻的值。这样,经过采样和保持器后的输出信号就是一高低不一的矩形脉冲序列。采样与保持的原理如图 3.9 所示,$u(t)$ 为原模拟信号,$u^*(t)$ 为经采样保持器处理后的离散模拟信号。

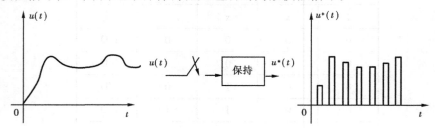

图 3.9　采样与保持原理

　　在实际应用中,通常是采用等时间间隔采样。为了使采样得到的信号能准确、真实地反映输入模拟信号,实际中必须对采样频率提出一定的要求。仅从这个角度看,采样频率越高越好。但随着频率的增大,则对计算机的速度、存储器容量等提出更高的要求。所以,在实际应用中,应对采样频率提出切实可行的要求。

根据香农采样定理,如果模拟信号(包括噪音干扰在内)频谱的最高频率为 f_{max},那么采样频率满足 $f \geqslant 2f_{max}$,就可以使采样信号 $u^*(t)$ 能复现 $u(t)$。在实际应用中,常取 $f > 5f_{max}$ 或更高。

采样保持器主要有以下几个参数:

①采集时间(捕捉时间)　指当采样保持器工作在采样方式(采样开关合上)时,采样保持器的输出从原来的保持值转变到新的采样值,并保持稳定所需的时间。

②孔径时间　指当采样保持器进入保持工作方式后,采样开关从闭合状态转变为断开状态所需要的时间。由于这段时间的存在,会使采样保持器进入保持状态后其输出电压仍旧会跟随输入变化一段时间。有的文献认为:孔径时间会影响采样的精度,但是,只要采样保持器的输出反映的仍然是实际的输入信号的量,则应该是无关紧要的。

③保持电压衰减率　指当采样保持器进入保持工作方式后,由于保持电容的漏电流以及其他杂散电流的存在,引起保持电压下降的速率。通过加大保持电容的电容量,能够减小保持电压衰减率,但却会增加采集时间。为此,必须合理选择保持电容。

现在,采样保持器已有专用的芯片。常用的采样保持器主要有以下三类:

①通用型　如 AD582、AD583、LF198、LF398 等。它们的捕捉时间一般小于 10 μs。孔径时间则在几十 ns 到 100 ns 之间。

②高速型　如 THS-0025、THS-0060、THC-1500、THC-0030 等。它们的捕捉时间和孔径时间为 20 ~ 30 ns。

③高分辨率型　如 SHA1144,它是专门为 14 位高分辨率的 A/D 转换器所设计的。

LF398 是美国国家半导体公司生产的一种廉价采样保持芯片。图 3.10 为 LF398 原理图。C_h 为外接保持电容,其数值的选择取决于维持时间的长短。引脚 3 为模拟量输入端 V_i。引脚 8 为控制输入端,当它为高电平时,LF398 处于采样状态,输出 V_o 跟随输入 V_i 变化,当它为低电平时,LF398 处于保持状态,输出 V_o 保持在 8 脚变为低电平前刻的输入 V_i 值上。引脚 7 为逻辑电平基准输入端,在应用时,7 脚接参考电压,可选择不同电平,以适应 8 脚控制信号的电平值;当 7 脚接地时,则 8 脚所接控制信号大于 1.4 V 时,LF398 采样,控制电平与 TTL 兼容。引脚 2(offset)用于零位调整。

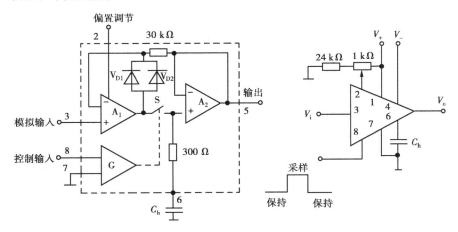

图 3.10　LF398 原理图

3.4　A/D 与 D/A 转换器

A/D 转换器是模拟量输入通道的核心部件。从传感器/变送器送出的电信号经过信号调理(放大、滤波)、采样、保持后,输入至 A/D 转换器。此时,A/D 转换器的输入信号仍然是模拟信号。该信号经过 A/D 转换器后就转换为可供计算机使用的数字信号。D/A 转换同样是模拟量输出通道的核心部件,D/A 转换的任务就是将计算机输出的数字量转换为模拟量,以驱动执行机构完成对受控对象的控制。

3.4.1　A/D 芯片

(1)A/D 转换原理

将模拟信号转换为数字信号的方法很多,有逐位逼近式、计数器式、双积分式和并行式等,其中,逐位逼近式在集成电路芯片中使用得最多。鉴于 A/D 转换的原理在电子技术课程中已经有介绍,本书就不再深入介绍 A/D 转换的原理。只是简单地介绍逐位逼近式 A/D 转换器的原理。

逐位逼近式 A/D 转换器的原理如图 3.11 所示。逐位逼近寄存器 SAR(Successive Approximation Register)输出一个二进制编码信号至 D/A 转换器,D/A 转换器的电压 V_f 与模拟量输入电压 V_{in} 经比较器进行比较后,再通过控制时序和逻辑电路来控制 SAR。一旦 SAR 的输出二进制编码等于输入模拟电压信号应对应的二进制编码后,以上比较过程才结束。比较完毕后,SAR 将二进制编码送入锁存器,等待 CPU 来读取。

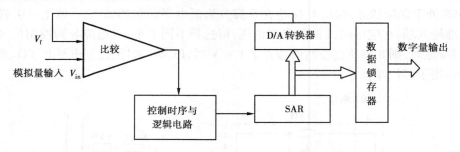

图 3.11　SAR A/D 转换器的原理

(2)A/D 转换器的参数

以下几个参数是衡量 A/D 转换器的主要指标:

1)分辨率(位数)

A/D 转换的分辨率是指能够分辨最小量化信号的能力,通常,可以用位数(SAR 的位数)来表示 A/D 转换器的分辨率。假设输入的模拟电压信号的取值范围为 0 ~ 5 V,如果用一个 8 位的 A/D 转换器,则 00H 对应于 0 V,而 FFH 对应于 5 V(5 000 mV)。所以,该 A/D 转换器能够分辨的最小电压为 5 000 mV/2^8 ≈ 20 mV;而如果用一个 12 位的 A/D 转换器,则 000H 对应于 0 V,而 FFFH 对应于 5 V,所以,12 位的 A/D 转换器能够分辨的最小电压为 5 000 mV/2^{12} ≈ 1 mV。确切地说,对于前一种情况,可能当输入电压在 3.98 V ~ 4.02 V 的时候,其对应的A/D

转换器输出数字量都是一样的。这种由于只能用有限个离散的数值(并且字长有限)来表示在一定的区间内连续的(无穷多个)数值而带来的误差,称为量化误差。显然,A/D 转换器的位数越高,其分辨率也越好,量化误差也越小。在量化过程中所能区分的最小电压值,也就是最低有效位 LSB(Least Significant Bit)所代表的电压值,称为量化单位。因此,最大的量化误差不超过 LSB 的 1/2。

2)转换时间

转换时间是指当外部给 A/D 转换器发出开始转换信号后到 A/D 转换器输出稳定的数字量所需的时间。一般的 A/D 芯片的转换时间在 100 μs 以下。

3)转换精度

转换精度是指 A/D 转换器输出的数字量所对应的输入电压值与理论上产生该数字量应用的输入电压值之差。这个参数反映了 A/D 转换器接近理想数字量的程度。这里要指出的是,转换精度并不仅仅取决于分辨率,它还和 A/D 转换器的线性度有关。

4)偏移误差

偏移误差是指当模拟输入电压为零时,A/D 转换器的输出数字量。一般的 A/D 芯片都可以通过外加一个电位器将偏移误差调节至最小甚至可调节至零。

5)满刻度误差

满刻度误差又称为增益误差。满刻度误差是指满刻度输出的数字量对应的实际输入电压值与理想输入电压值之差。满刻度误差同样可以外部调节,一般是在调节完偏移误差后再调节满刻度误差。

6)线性度

线性度是指实际的输出曲线(不考虑量化误差、偏移误差和满刻度误差)与理想的直线(也不考虑量化误差、偏移误差和满刻度误差)的最大误差。

(3)常用 A/D 转换器芯片

下面着重介绍几种常用的 A/D 转换器芯片。这里要指出的是,虽然前面介绍了模拟多路开关和采样保持器的原理和芯片,但是,随着超大规模集成电路技术的快速发展,许多的厂家都已经开发出了将模拟多路开关和采样保持器集成在一个芯片上的产品。

1)8 位 A/D 转换器芯片 ADC0809

ADC0809 为 NSC 公司的产品。在该芯片中已经集成了模拟多路开关和采样保持器,为 28 脚双立直插式封装。它的分辨率为 8 位,转换时间为 100 μs。图 3.12 给出了 ADC0809 的内部逻辑图。图 3.13 所示为 ADC0809 的引脚图。现将各引脚功能介绍如下:

- $IN_7 \sim IN_0$:8 通道模拟量输入端。
- $D_7 \sim D_0$:数字量输出端,其中,D_7 为最高有效位,D_0 为最低有效位。
- START:启动转换命令输入端,高电平有效。要求信号宽度为 100 ~ 200 ns,上升沿将 SAR 清零,下降沿开始 A/D 转换。
- EOC:转换结束指示,平时为高电平,转换开始后以及转换过程中均为低电平,转换一结束又变回高电平。EOC 可作为中断请求信号。
- OE:输出使能端,如果在该引脚加上高电平,即可打开数据锁存器三态门,将数字量数据读出。
- C、B、A:通道号选择输入端,其中,A 为最低位。当在这三个引脚上加上的信号编码为

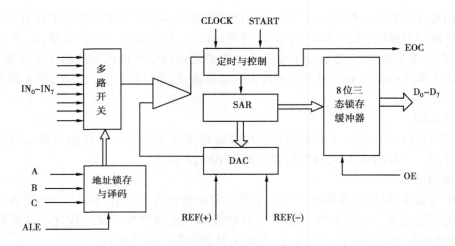

图 3.12　ADC0809 逻辑结构

000 ~ 111 时,分别对应于选择通道 IN_0 ~ IN_7。当 CBA = 011,表示选择模拟通道 3;而 CBA = 110 时,表示选择模拟通道 6;等等。

● ALE:允许地址锁存信号,高电平有效;要求信号宽度为 100 ~ 200 ns,上升沿将三位地址锁存。

● CLK:外部时钟脉冲输入。当 V_{CC} = + 5 V 时,允许的最高时钟脉冲频率为 1 280 kHz,此时,可以达到 50 μs 的最高转换时间。典型的时钟脉冲频率为 640 kHz,此时的转换时间为 100 μs。

● REF(+)、REF(-):参考电压输入脚,通常,将 REF(-)接模拟地,将 REF(+)接 +5 V。

2)12 位 A/D 转换器 AD574A

AD574A 的分辨率为 12 位,也是采用逐位逼近式原理,最快转换时间为 25 μs。带有三态输出锁存器,内部有时钟脉冲源和基准电压源,不需外接时钟脉冲和基准电源就可以工作,它既可以单极性输入,又可以双极性输入。同样采用 28 脚双立直插式封装。图 3.14 所示为 AD574A 的引脚图。

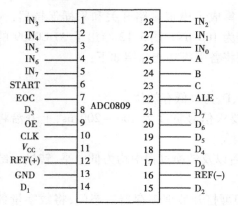

图 3.13　ADC0809 引脚排列

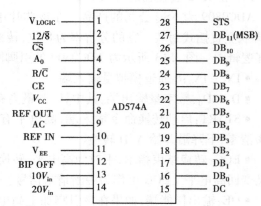

图 3.14　AD574A 引脚排列

下面简要介绍各引脚的功能：

- V_{CC}：电源，+12 V 或 +15 V。
- V_{EE}：电源，-12 V 或 -15 V。
- V_{LOGIE}：逻辑电源，+5 V。
- REF OUT：输出基准电压，+10 V。
- REF IN：输入参考电压。
- AC：模拟地。
- DC：数字地。
- $10V_{IN}$：量程为 0 ~ +10 V 的单极性输入端。
- $20V_{IN}$：量程为 0 ~ +20 V 的单极性输入端。
- BIP OFF：双极性偏置输入端，量程为 -5 V ~ +5 V。
- DB_{11} ~ DB_0：数字量输出，DB_{11} 为最高有效位，DB_0 为最低有效位。
- CE：芯片使能信号（输入，高电平有效）。
- $\overline{CS}$：片选信号（输入，低电平有效）。
- $R/\overline{C}$：读/转换控制信号（输入），高电平为读输入信号，低电平为转换信号。
- $12/\overline{8}$：数据输出方式选择信号（输入），高电平时输出 12 位数据，低电平时与 A_0 信号配合输出高 8 位或低 4 位数据。
- A_0 为字节信号（输入），当处于转换状态时，A_0 为低电平可使 AD574A 产生 12 位转换，A_0 高电平可使 AD574A 产生 8 位转换。当处于读状态，如果 $12/\overline{8}$ 为低电平，且 A_0 为低电平时，则输出高 8 位数据，而当 A_0 为高电平时，则输出低 4 位数据；如果 $12/\overline{8}$ 为高电平，则 A_0 的状态不起作用。
- STS 为状态输出信号，高电平表示 AD574A 正在转换中，低电平转换结束。

CE、$\overline{CS}$、$R/\overline{C}$、$12/\overline{8}$、A_0 信号的组合控制作用见表 3.2。

表 3.2　AD574A 控制信号的作用

CE	$\overline{CS}$	$R/\overline{C}$	$12/\overline{8}$	A_0	功　能
×	1	×	×	×	无作用
0	×	×	×	×	无作用
1	0	0	×	0	开始 12 位转换
1	0	0	×	1	开始 8 位转换
1	0	1	+5 V	×	输出 12 位数据
1	0	1	接地	0	输出高 8 位数据
1	0	1	接地	1	输出低 4 位数据

AD574A 既可以用于单极性输入，也可以用于双极性输入，两种输入方式的连接如图 3.15 所示。对于图（a），当模拟输入电压范围为 0 ~ +10 V 时，可以从 13 和 9 脚之间输入；如果模拟输入电压范围为 0 ~ +20 V，则可以从 14 和 9 脚之间输入。电阻 R_1 用于调整偏移误差；而 R_2 用于调整满量程误差。对于图（b），如果输入电压范围为 -5 V ~ +5 V，输入信号从 13 和 9

脚之间输入;如果输入电压范围为 -10 V ~ $+10$ V,则输入信号从 14 和 9 脚之间输入。同样,R_1 用于调整偏移误差,而 R_2 用于调整满量程误差。

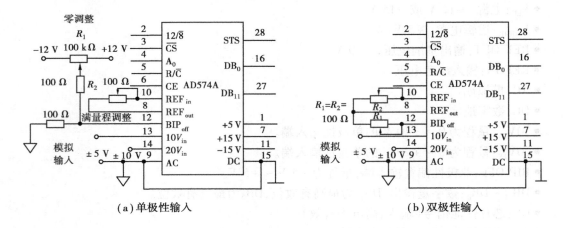

（a）单极性输入　　　　　　　　　（b）双极性输入

图 3.15　AD574A 连接

3.4.2　A/D 转换器与计算机的连接

（1）计算机与 A/D 转换器的操作

计算机与 A/D 转换器之间可以直接连接,也可以加一个接口,这个接口称之为 A/D 接口。作为计算机或 A/D 接口,一般要完成以下几个操作:

①发出转换启动命令　A/D 转换器何时开始转换,是由外部来控制的,所以,A/D 接口的首要任务就是向 A/D 转换器发送一个"转换启动"控制信号,使 A/D 转换器开始转换。

②取回"转换结束"状态信号　当转换结束时,A/D 转换器会发出一个"转换结束"信号。可以利用这个信号作为 CPU 查询依据,或利用其产生中断请求或 DMA 请求。

③读取转换的数据　当计算机得到"转换结束"信号时,在 CPU 的控制下,用查询或中断的方式将数据读入内存;或者是在 DMA 的控制下,直接将数据读入内存。

④进行通道寻址　对于有多个模拟量输入的系统,计算机或 A/D 接口要发出通道选取信号,以选中所需的通道。一般来说,模拟信号通道的地址信号都是直接从数据线上以代码的形式发出,而不是从地址线上发出。也就是说,应该将 A/D 转换器的通道地址输入端与计算机的数据线相连接。

⑤发出"采样/保持"控制信号。

（2）计算机与 A/D 转换器的连接

计算机与 A/D 转换器的连接就是指 CPU 与 A/D 转换器的连接。一般来说,任何型号的 A/D 转换器都能够与任何型号的 CPU 相连接;但是,相应的接口形式则与所使用的 A/D 转换器的型号、对 A/D 转换的速度和分辨率的要求有关。对于接口电路的形式,A/D 转换器与 CPU 的连接方式不外乎有以下几种:

①A/D 转换器与 CPU 直接连接　由于有的 A/D 转换器已经有输出数据寄存器和三态门,因此,它们的数据输出端可以直接与计算机的数据总线相连接。这种连接方式的结构最简单。

②采用三态门数据锁存器与计算机的数据总线相连　由于有的 A/D 芯片内部不带三态门

输出锁存器,所以,必须外接锁存器才能与 CPU 相连。虽然有的 A/D 芯片内有的已经有了输出锁存器;但仍然外加一级锁存器,通过二级锁存器与 CPU 相连。除此之外,当 A/D 转换器的输出数据的宽度大于 CPU 的数据总线宽度时,数据要分两次传送,也可以采取这种连接方式。

③使用 I/O 接口芯片与 CPU 相连接　各类计算机系统都有自己的并行 I/O 接口芯片,因此,可以使用这些接口芯片与 A/D 转换器相连接,不仅使用方便,而且时序关系和电平与 CPU 一致,无需外加其他电路就能可靠地工作,因此,这种接口方式应用比较广泛。如果计算机监控系统的模拟输入模块是在计算机的外部,则需使用串行接口,先将 A/D 芯片输出的并行数据转换为串行数据再与计算机相连。

(3) A/D 转换器与计算机的连接举例

1) AD574A 直接与 CPU(PC 总线)连接

由于 AD574A 内部已经有三态输出锁存器,所以数据输出线可以直接与 CPU 相连。将 AD574A 的 12 条输出数据线的高 8 位接到系统数据总线的 $D_0 \sim D_7$,而将低 4 位接到系统数据总线的高 4 位($D_7 \sim D_4$),系统数据总线的低 4 位($D_3 \sim D_0$)补 0。这样,数据在内存中按左对齐排列。因为需要分两次传送,所以将 12/$\overline{8}$ 接数字地。AD574A 与 CPU 的硬件连接方式如图 3.16 所示。

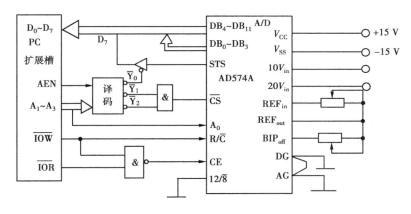

图 3.16　AD574A 与 CPU 直接连接

2) ADC0809 通过 8255A 与 CPU 连接

尽管 A/D 转换器通常都具有三态数据输出锁存器,因而允许 A/D 转换器直接与 CPU(系统总线)相连接;但是,为了简化接口电路的设计,也常通过通用并行接口芯片实现与 CPU 相连接。图 3.17 给出了 ADC0809 通过 8255A 与 CPU 的连接方法。

为了分析图 3.17,下面先简要地介绍一下 8255A 的组成原理:

8255A 是 Intel 公司生产的通用可编程并行接口芯片。而所谓并行接口芯片,是指在 CPU 与其他输入输出设备(如打印机、A/D 转换器、D/A 转换器、键盘等)之间实现按数据字节(字)为单位交换数据的设备。8255A 的内部结构如图 3.18 所示。

8255A 能适应 CPU 与 I/O 接口之间多种数据传送方式的要求。例如,如无条件传送、查询方式传送、中断方式传送,与此相应,8255A 设置了 3 种工作方式:0 方式、1 方式和 2 方式(双向传送)。这里要指出的是,现在已经有了可以将并行输入/输出、定时/计数、串行通信接口、中断控制、DMA 控制功能集成在一起的超大规模集成电路芯片,如 82830。

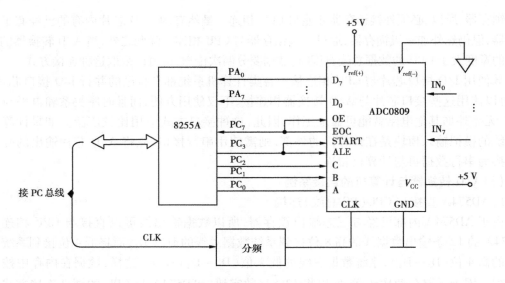

图 3.17　ADC0809 通过 8255A 与 CPU 连接

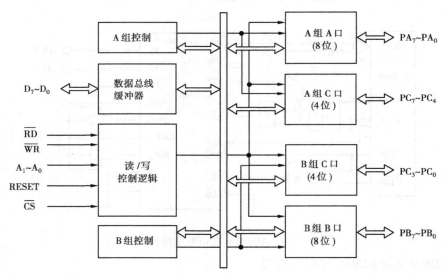

图 3.18　8255A 内部结构

图 3.17 中 8255A 的 A 组和 B 组都工作于方式 0,端口 A 为输入口,端口 C 的上半部分($PC_7 \sim PC_4$)为输入口,而下半部分为输出口。将 ALE 与 START 相连,这样当 CPU 发出转换启动信号时,同时也将 $PC_0 \sim PC_3$ 对应的地址信号锁存。将 EOC 与 OE 相连,当 ADC0809 发出转换结束信号时,同时也将开放数据输出锁存器。另外,CPU 还可以通过 P_{C7} 查询 ADC0809 的状态。

下面的程序给出了 CPU 利用查询方式完成采集 8 路模拟量的方法。这里假定在主程序中已经完成了对 8255A 的初始化,并且已经设置了 ES 和 DS,并且 ES 的值等于 DS 的值。系统分配给 8255A 各端口的地址为 2C0H ~ 2C3H。

```
APPR：    PROC    NEAR
          MOV     CX,8
```

```
          CLD
          MOV       BL,00H              ;模拟通道 0 地址存 BL
          LEA       DI,DATABUF          ;存放 A/D 结果偏移地址
NEXT:     MOV       DX,02C2H            ;8255A 端口 C 地址送 DX
          MOV       AL,BL
          OUT       DX,AL
          INC       DX                  ;8255A 控制端口地址送 DX
          MOV       AL,00000111B        ;PC_3 = 1
          OUT       DX,AL               ;输出启动 A/D 转换信号
          NOP
          NOP
          MOV       AL,00000110B        ;PC_3 = 0
          OUT       DX,AL
          DEC       DX                  ;8255A 端口 C 地址送 DX
NOSTA:    IN        AL,DX               ;读入(EOC)即 PC_7 状态
          TEST      AL,80H
          JNZ       NOSTA               ;PC_7 = 1,未开始转换,则等待
NOEOC:    IN        AL,DX               ;PC_7 = 0,已转换
          TEST      AL,80H
          JZ        NOEOC               ;PC_7 = 0,转换未结束,等待
          MOV       DX,02C0H            ;PC_7 = 1,转换未结束,指向口 A
          IN        AL,DX               ;从 8255A 口 A 读取转换结果
          STOS      DATABUF             ;保存 A/D 转换后数据
          INC       BL                  ;转到下一个模拟通道
          LOOP      NEXT                ;8 路模拟量未转换完,循环
          RET                           ;8 路完成,返回
APPR      ENDP
```

3.4.3　A/D 转换器位数的确定

A/D 转换器的位数不仅决定采样电路所能转换的模拟电压的动态范围,也直接影响了采样电路的转换精度。因此,应根据对采样电路转换范围及转换精度两方面的要求选择 A/D 转换器的位数。

①若已知转换信号动态范围 $y_{\min} \sim y_{\max}$,由量化单位 q 的定义:

$$q = \frac{y_{\max} - y_{\min}}{2^n - 1} \quad 得到 \quad 2^n - 1 = \frac{y_{\max} - y_{\min}}{q}$$

因此,A/D 转换器的位数为:

$$n \geqslant \log_2 \left(1 + \frac{y_{\max} - y_{\min}}{q} \right)$$

②若已知转换信号的分辨率,由分辨率的定义:

$$D = \frac{1}{2^n - 1}$$

得到 A/D 转换器的位数,即

$$n \geqslant \log_2\left(1 + \frac{1}{D}\right)$$

例某温度控制系统的温度范围是 $0 \sim 200\ ℃$,要求分辨率是 0.005(因为 $200 \times 0.005 = 1$,所以 0.005 相当于 $1\ ℃$),可求出 A/D 转换器的字长为:

$$n \geqslant \log_2\left(1 + \frac{1}{D}\right) = \log_2\left(1 + \frac{1}{0.005}\right) \approx 7.65$$

故 A/D 转换器的字长可选取 8 位或 10 位。

3.4.4 D/A 芯片

由于现场的执行机构如电动调节阀、气动调节阀以及电动机转速或角位移控制信号都需要模拟量来控制,所以,D/A 转换的任务就是将计算机计算出来的数字量转换为可以推动执行机构的模拟量。这种模拟量可能是 $0 \sim 10\ mA$、$4 \sim 20\ mA$、$0 \sim 5\ V$、$1 \sim 10\ V$ 等。

(1)D/A 转换的原理

D/A 转换的原理如图 3.19 所示,其基本思想就是利用输入的数字量去控制一个电子开关。当数字量的某一位为 1,则相应的电子开关合上;反之,则断开。当某一位的开关合上时,则有与其相应位的权的电流流入运算放大器。这样,当有一个数字量输入时,就会有与其对应大小的模拟量电流(电压)输出。以一个 8 位的 D/A 转换器为例,其各位的权从低到高依次为 1、2、4、8、16、32、64、128;权 1 对应的电流假设为 c 安培。假设输入的数字量为 01000101B,对应模拟量 69,则就会有 $64c + 4c + c$ 安培的电流流入运算放大器,从而得到相应的输出。

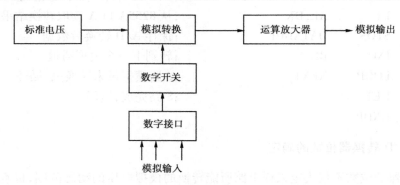

图 3.19 D/A 转换原理

多数 D/A 转换器把数据量变成模拟电流,少数 D/A 转换器把数据量变成模拟电压。如要将模拟电流转换为模拟电压,还要用电流/电压转换器(I/V)来实现,常见的电流/电压转换器(I/V)如图 3.20 所示。

图 3.20(a)为电阻式电流/电压(I/V)转换简单电路,R 和 C 是低通滤波器,W 用于调整输出电压 V_0 的大小;图 3.20(b)为有源电流/电压(I/V)转换电路,它主要利用有源器件运算放大器、电阻、电容组成,图中 I_1 流经 R_2 转换为 V_1,然后经负反馈系数为 F 的放大器将 R_2 两端的电压信号放大为 $0 \sim 5\ V$ 的直流电压信号,当放大器开环增益 A_0 很大时,可推出:$V_0 = I_1 R_2 [1 + (R_4 + W_2)/R_1]$。图 3.20(c)为变压器隔离式电流/电压($I/V$)转换电路,$R_1$ 和 C_1 为低通滤波

器,V_1 和 V_2 起开关作用,在 A、B、C 三点接入相位差 $180°$ 的多谐波使 V_1 和 V_2 轮流导通,输入 $0 \sim 10$ mA 直流信号在 V_1 和 V_2 的作用下转换成交流信号,由隔离变压器耦合到副边,再经整流滤波后得到 $0 \sim 5$ V 的直流输出电压 V_0。

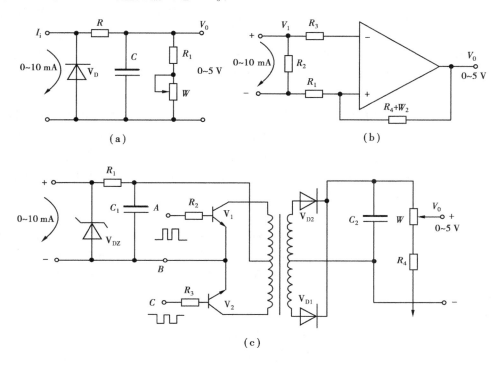

图 3.20　电流电压转换器原理

(2)D/A 转换器的参数

以下参数可作为衡量 D/A 转换器的指标:

1)分辨率

分辨率是指最小输出电压(电流)(对应的输入数字量除了最低位为"1"外,其余为"0")与最大输出电压(电流)之比(对应的输入数字信号的各位均为"1")。一般也可以用最小输出电压(电流)来描述。分辨率反映了对应于最小的数字输入量的变化,输出电压的变换范围。分辨率还可以用输入数字量的位数来表示。例如,假设输入数字量的位数为 8 位,输出模拟电压的范围为 $0 \sim 5$ V,则分辨率为 $2^{-8} \times 5\ 000$ mV。

2)线性误差

对于理想的 D/A 转换器,其输出模拟量应该严格正比于输入的数字量;也就是说,在输入/输出坐标上将各点连接起来应该是一条直线。由于制造工艺(如开关电阻、网络电阻偏差)和环境因素等的影响,实际的输入输出特性不会是一条理想的直线,该实际的曲线与理想直线的最大偏差称为线性误差。

3)转换精度

转换精度是指 D/A 转换器实际的输出值与理想的输出值之间的误差,该误差包含了 D/A 转换器的增益误差、零点误差、非线性误差和漂移误差。

转换精度与分辨率并不相同,一个分辨率比较高的 D/A 转换器,其转换精度并不一定很高。

4）建立时间

对于一个理想的 D/A 转换器，其数字输入信号从一个二进制数变化到另一个二进制数时，其对应的模拟输出电压也应该从原来的输出电压变到新的输出电压，但是，在实际的 D/A 转换器中，电路中的电容、电感和开关的延迟的因素的影响，使得以上变化需要一定的时间。不同类型的 D/A 转换器的建立时间相差很大，从几十 ns 到几百 μs 不等。一般来说，电流型的 D/A 转换器的建立时间比较短，而电压型的 D/A 转换器的建立时间就比较长。

5）输入数字量

该参数包括输入数字量的码制、数据格式和逻辑电平。大部分的 D/A 转换器都是接受自然二进制码输入，也有的 D/A 转换器接受双极性二进制编码或 BCD 码输入。大部分的 D/A 转换器都是接受并行数据格式，也有个别的 D/A 转换器接受串行数据格式，还有的既能接受串行数据又能接受并行数据。大部分的 D/A 转换器的数字输入量都要求 TTL 电平，也有个别的 D/A 转换器可以接受 CMOS 或 PMOS 电平。

6）输出模拟量

该参数包括区分是电流型输出还是电压型输出，如果是电压型输出，又还可以区分是双极性输出还是单极性输出。对于电流型输出的芯片，其输出电流范围在几 mA 到十几 mA 不等；对于电压型输出的芯片，其输出电压水平一般在 10 V 以内，高的也可以达到 30 V。

（3）常用芯片介绍

1）DAC0832

DAC0832 是用 CMOS 工艺制成的 8 位数/模转换芯片，为 20 脚双列直插式封装。D/A 转换部分为 T 形电阻网络。数字输入设置有输入寄存器和 DAC 寄存器两级缓冲，可以方便地与计算机接口。输入的数字信号为 8 位二进制数，TTL 电平。建立时间为 1 μs。图 3.21 所示为 DAC0832 的内部逻辑框图。

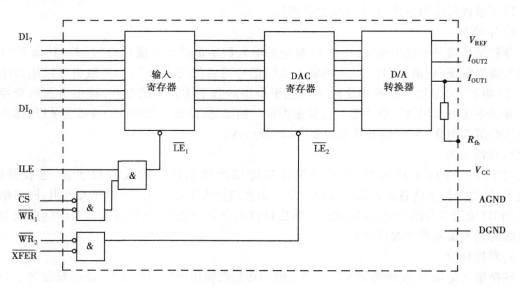

图 3.21　DAC0832 内部逻辑框图

下面简要介绍各引脚的功能：

- $DI_0 \sim DI_7$：8 位数字输入，DI_0 为最低位，DI_7 为最高位。
- ILE：允许输入锁存信号（高电平有效）。
- $\overline{CS}$：片选信号，它与 ILE 共同对 $\overline{WR_1}$ 是否起作用进行控制。
- $\overline{WR_1}$：写信号 1（低电平有效），在 $\overline{CS}$ 和 ILE 同时有效的前提下，将输入数字信号锁存到输入寄存器中。
- $\overline{WR_2}$：写信号 2（低电平有效），在 $\overline{XFER}$ 有效的前提下，将输入数字信号传送到 DAC 寄存器中。
- $\overline{XFER}$：传送控制信号（低电平有效），用于控制 $\overline{WR_2}$ 是否有效。
- I_{out1}：模拟电流输出 1，当输入的数字量全为"1"时，其输出值为最大，且其值为 $\dfrac{V_{REF}}{R_{fb}}$。当输入的数字量全为"0"时，其输出值为最小，为零。
- I_{out2}：模拟电流输出 2，与 I_{out1} 为互补输出，即 $I_{out1} + I_{out2}$ 为一常数。
- R_{fb}：反馈电阻引出端，芯片内已经有此电阻，用作外接运算放大器的反馈电阻，为 D/A 转换器提供电压输出。
- V_{REF}：参考电压输入端，范围为 $-10\ V \sim +10\ V$。
- V_{CC}：电源电压，取值范围为 $+5\ V \sim +10\ V$。
- AGND：模拟地。
- DGND：数字地。

在 DAC0832 内部有一个 8 位的输入寄存器和一个 8 位的 DAC 寄存器，它们可以分别选通。图 3.21 中 LE_1 和 LE_2 分别为锁存控制信号。当 $\overline{LE_1} = 1$ 时，输入寄存器的输出随输入变化；当 $\overline{LE_1} = 0$ 时，数据锁存在输入寄存器中。LE_2 与 DAC 寄存器的关系也与之相同。由此可知，当 ILE 为高电平，并且当 CPU 执行 OUT 指令时，$\overline{CS}$ 与 $\overline{WR_1}$ 同时为低电平，使得 $\overline{LE_1} = 1$，8 位数据送入输入寄存器；当 CPU 写操作完成时，$\overline{CS}$ 与 $\overline{WR_1}$ 都变为高电平，这样，$\overline{LE_1} = 0$，对输入数据进行锁存，从而实现了第一级缓冲。同理，当 $\overline{WR_2}$ 和 $\overline{XFER}$ 同时为低电平时，使得 $\overline{LE_2} = 1$，第一级缓冲的数据送入 DAC 寄存器，当 $\overline{WR_2}$ 和 $\overline{XFER}$ 的上升沿将这个数据锁存在 DAC 寄存器中时，实现了第二级缓冲，并且开始转换。

由于 DAC0832 内部有两级数据寄存器，所以，根据应用需要，采用不同的接线，可以使 DAC0832 有三种工作方式，即直通方式、单缓冲方式、双缓冲同步方式。

①直通方式及接口

如果将 $\overline{CS}$、$\overline{WR_1}$、$\overline{WR_2}$ 和 $\overline{XFER}$ 都接地，ILE 接高电平，那么 0832 就处于常通工作状态，其内部的两个寄存器就随数字量输入而变化，而 D/A 转换器的输出也同时随着变化，这种工作方式一般用于连续反馈控制系统中。可以用 DAC0832 产生系统中所需的特定电压波形，此时，相应的数据量可以存放在 EPROM 或 ROM 中，由控制电路连续地向 DAC 提供数据。

②单缓冲方式及接口

若系统只有一路 D/A 转换或有多路 D/A 转换但不要求同步输出时，可采用单缓冲方式，其接口电路如图 3.22（a）所示。让 ILE 接 +5 V，$\overline{CS}$、$\overline{XFER}$ 都与译码器输出端连接，$\overline{WR_1}$、$\overline{WR_2}$ 都由总线 $\overline{WR}$ 控制。当译码器输出选通 0832 后，只要 $\overline{WR}$ 输出控制信号，0832 就可以一次完成数字量的输入锁存和 D/A 转换输出。

③双缓冲同步方式及接口

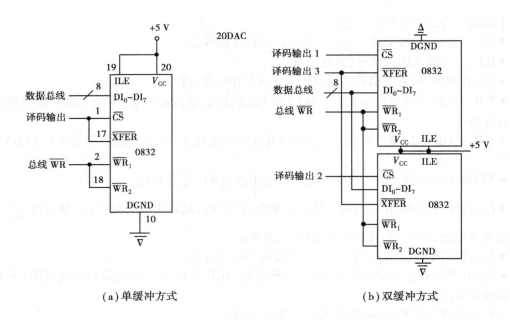

（a）单缓冲方式 　　　　　　　　　　　　　　（b）双缓冲方式

图 3.22　DAC0832 工作方式的接口电路

对于有多路 D/A 转换,并要求同步进行 D/A 转换输出时,应采用双缓冲同步方式。这时,数字量的输入锁存和 D/A 转换输出是分两步进行的:第一步,CPU 经数据总线分时向各路 D/A 转换器输入要转换的数字量,并锁存在各路的输入寄存器中;第二步,CPU 对所有的 D/A 转换器发出转换控制信号,使各路 D/A 转换器输入寄存器中的数据同时打入 DAC 寄存器,并同时进行 D/A 转换,实现多路同步转换输出。图 3.22(b)为相应的接口电路图。首先,由译码器的两路输出分别选择两路 D/A 转换器的输入寄存器,控制数字量的分别输入锁存;然后,由译码输出 3 接到两路 D/A 转换器的$\overline{\text{XFER}}$端控制同步转换输出;$\overline{\text{WR}}$端与$\overline{\text{WR}_1}$、$\overline{\text{WR}_2}$连接,在 CPU 执行输出指令时,$\overline{\text{WR}}$自动输出控制信号。

2)DAC0832 单双极性输出

单极性输出是指输入值只有一个极性,D/A 的输出也只有一个极性;双极性输出是指当输入是符号数时,要求 D/A 的输出也能反映正负极性。在双极性输出的应用中用到二进制偏移码,表 3.3 列出了常用的二进制码编码。

表 3.3　常用的二进制码编码表

数	二进制原码	二进制偏移码	二进制补码	数	二进制原码	二进制偏移码	二进制补码
+7	0111	1111	0111	−0	1000	1000	0000
+6	0110	1110	0110	−1	1001	0111	1111
+5	0101	1101	0101	−2	1010	0110	1110
+4	0100	1100	0100	−3	1011	0101	1101
+3	0011	1011	0011	−4	1100	0100	1100
+2	0010	1010	0010	−5	1101	0011	1011
+1	0001	1001	0001	−6	1110	0010	1010
+0	0000	1000	0000	−7	1111	0001	1001
				−8			1000

由表 3.3 可见，n 位二进制原码、偏移码之间的对应关系：

$$[D_n \cdots D_2 D_1 D_0]_\text{偏} = 2^{n-1} \pm [D_n \cdots D_2 D_1 D_0]_\text{原}$$

偏移码、补码之间的对应关系为符号位相反，其他位相同。DAC0832 单、双极性输出接法如图 3.23 所示。

V_1 为单极性输出，V_0 为双极性输出，V_REF 为基准参考电压，D 为输入数字量，n 为 D/A 转换器位数，由图 3.23 得：

$$V_1 = -V_\text{REF} \times \frac{D}{2^n}$$

$$V_0 = -\left(\frac{R_3}{R_1}V_\text{REF} + \frac{R_3}{R_2}V_1\right) = V_\text{REF}\left(\frac{D}{2^{n-1}} - 1\right)$$

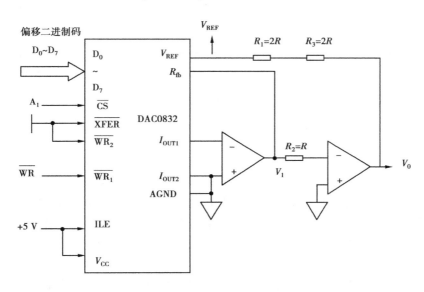

图 3.23 DAC0832 的单双极性接法

3）DAC1210

DAC1210 是一种高分辨率 12 位电流输出型 D/A 转换器，也为 24 脚双列直插式封装，其内部逻辑图如图 3.24 所示。输入数字信号与 TTL 电平兼容。建立时间为 1 μs。工作电压为 +5 V ～ +15 V，参考输入电压为 +25 V 或 -25 V。工作原理基本与 DAC0832 相同。

3.4.5 D/A 芯片与计算机(CPU)的连接

前一小节已经比较详细地介绍了 A/D 芯片与 CPU 的连接方法，D/A 芯片与 CPU 的连接方法完全是类似的。在此就不再介绍 D/A 芯片与 CPU 的连接方法。

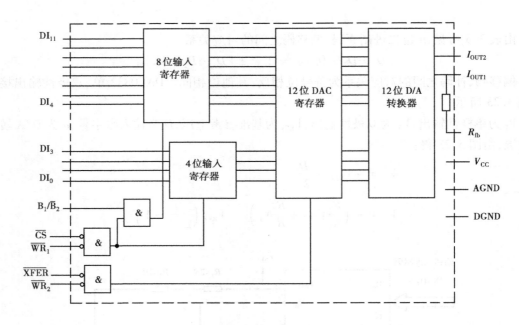

图 3.24　DAC1210 内部逻辑图

3.5　数字量输入输出通道

在计算机控制系统中,数字信号有编码数字(二进制数或十进制数)、开关量、脉冲序列。输入计算机的设定值以及送到显示器显示的字符就属于编码数字。各类开关的接通与闭合,继电器的接通与断开,以及电动机的起动与停止等,都属于开关量信号。脉冲列用于控制步进电机的运行。

由于数字量信号是计算机直接能接收和处理的信号,所以数字量输入通道比较简单,主要是解决信号的缓冲和锁存问题。因为在多通道的系统中,计算机要为多路信号进行处理,而外部设备的工作速度比较慢,所以需要对各路的信号加以锁存,以便计算机能接收和处理,防止信号的丢失。

3.5.1　数字量输入通道

数字量输入通道的任务就是把检测到的数字信号传送给计算机。例如,检测按钮开关、转换开关、行程开关的接通与断开状态,用光电脉冲编码器检测速度等。

数字量输入通道主要由输入接口电路、接口地址译码器以及相关的输入电路组成,如图 3.25 所示。

地址译码器使用 74LS138。

输入接口电路由三态输出缓冲器/线驱动器 74LS244 充当,其引脚图如图 3.26 所示。该芯片有 8 个输入通道,一次可以输入 8 个开关量信号。8 个输入通道分两路:$1A_1 \sim 1A_4$ 和 $2A_1 \sim 2A_4$,8 个输出端也分为两路:$1Y_1 \sim 1Y_4$ 和 $2Y_1 \sim 2Y_4$。门控信号 $\overline{1G}$ 控制第一路,即当 $\overline{1G}$

为低电平时,$1Y_1 \sim 1Y_4$ 的电平与 $1A_1 \sim 1A_4$ 电平相同;门控信号 $\overline{2G}$ 控制第二路,即当 $\overline{2G}$ 为低电平时,$2Y_1 \sim 2Y_4$ 的电平与 $2A_1 \sim 2A_4$ 电平相同。若 $\overline{1G}$ 或 $\overline{2G}$ 为高电平时,输出 $1Y_1 \sim 1Y_4$ 或 $2Y_1 \sim 2Y_4$ 为高阻态。经过 74LS244 缓冲后,输入信号被驱动,输出信号的驱动能力加大了。常用的缓冲器还有 74LS241,74LS245 等。

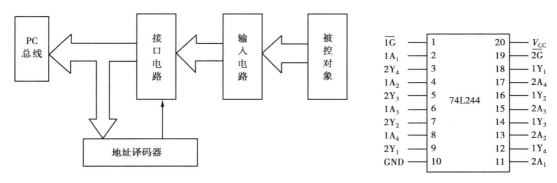

图 3.25　数字输入通道模型　　　　　　　图 3.26　74L244 引脚图

采用何种结构的输入电路,取决于输入的数字信号的类型。如果输入信号是 TTL 电平的编码数字,则可从并行口直接输入。如果输入信号是脉冲列,当脉冲频率不高时,可采用软件计数,将脉冲信号接到并行接口,用查询方式或中断方式对脉冲计数;当脉冲频率较高时,软件计数来不及处理,则要在通道中加入可编程的定时/计数器 8253。使用 8253 后,计数值可随时读入计算机,而且,计数器在被读取计数值的同时仍然能继续计数。如果输入信号是各类开关接通与断开,或是继电器接通与断开的开关量,则先要将这些开关量转换成 TTL 电平(如"开"对应 0 V、"关"对应 5 V 等),经过编码后(如 0 V 对应二进制数"0",1 V 对应二进制数"1"等)方能输入。

3.5.2　数字量输出通道

数字量输出通道的任务是把计算机输出的数字信号传送给被控对象,去控制继电器的接通与断开,阀门的打开与关闭,信号灯的亮灭,步进电机的运行等。

数字量输出通道主要由输出锁存器、接口地址译码器以及相应的输出驱动电路等组成,如图 3.27 所示。

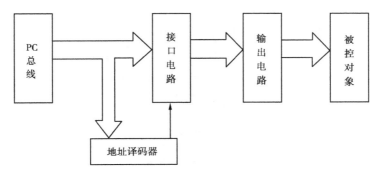

图 3.27　数字量输出通道模型

地址译码器同样是使用 74LS138。

一般对象输入的开关信号通常不是 TTL 或 CMOS 电平,或由于环境恶劣、长距离传输、开关器件本身存在的抖动等问题,信号中会夹杂各种干扰成分,因此,DI 接口首先要对具体情况将它们转换、调整为 TTL 或 CMOS 电平,并采取必要的保护措施。出于安全或抗干扰等方面的考虑,现场的开关量输入至计算机接口前,一般需要进行预处理(通常称为调理),然后再送至接口。下面是几种常用的数字信号调理方法:

①信号转换处理;

②安全保护措施;

③消除机械抖动影响;

④滤波处理;

⑤隔离处理。

图 3.28 给出几种常用电路。压敏电阻是一种非线电阻,端电压较低时,呈高阻状态,对电路无影响。当端电压超过标称电压(取电源电压的 1.7 ~ 1.9 倍)时,呈低阻状态,吸收外部电流,防止电压过高。

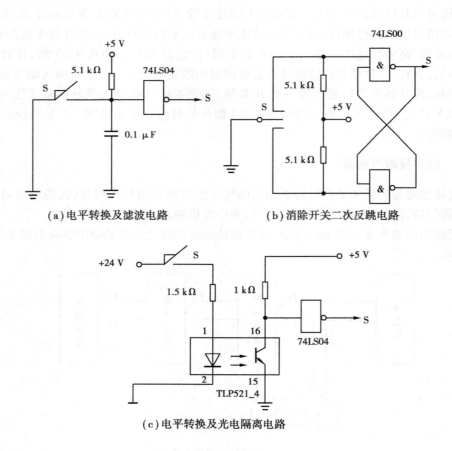

(a)电平转换及滤波电路　　　　　(b)消除开关二次反跳电路

(c)电平转换及光电隔离电路

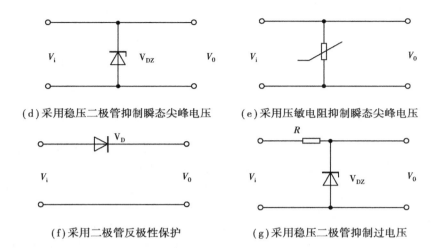

(d) 采用稳压二极管抑制瞬态尖峰电压　　(e) 采用压敏电阻抑制瞬态尖峰电压

(f) 采用二极管反极性保护　　　　　　(g) 采用稳压二极管抑制过电压

图 3.28　DI 通道常用电路

为了抑制现场的干扰信号,往往采用光电隔离技术,使计算机与外部输入设备之间只存在光路的联系而无电路上的联系。光电耦合器件是一种常用且非常有效的电隔离手段,由于它价格低廉、可靠性好,被广泛地用于现场设备与计算机系统之间的隔离保护。光电耦合器的一次侧都是发光二极管,根据输入级的不同,用于开关量隔离的光电隔离器件二次侧有多种结构,例如:光敏二极管、光敏晶体管、光激可控硅等。但其工作原理都是采用光作为传输信号的媒介,实现电气隔离,光电隔离器件原理如图 3.29 所示。

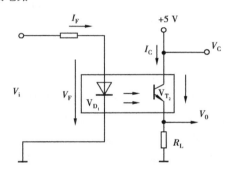

图 3.29　三极管输出型光电隔离器件原理

在图 3.29 中,V_{D_1} 为发光二极管,V_{T_2} 为光敏三极管,V_{D_1} 与 V_{T_2} 之间电绝缘。在 V_{D_1} 通过 I_F 后,V_{D_1} 发出红外光,V_{T_2} 受光后产生电流 I_C,并在 R_L 上产生压降 V_0,从而将 I_F 转换成 I_C 或 V_0。I_C 或 V_0 只与 I_F 有关,与光电耦合器两侧的电位无关,从而抑制两侧地电位差所产生的共模干扰。这样,就实现了以光路来传递信号,保证了两侧电路没有电气联系,从而达到隔离的目的。

在开关量输出接口中,输出的开关量一般都要锁存,以便受控设备能在下一次输出量到来之前一直受本次输出开关量的控制。隔离电路放置在锁存器与设备驱动器之间。

输出接口电路由 8D 锁存器 74LS373 构成,该芯片相当于一个 8 位的寄存器,具有三态驱动输出,其引脚如图 3.30 所示。该芯片有 8 个输入引脚(1D ~ 8D)、8 个输出引脚(1Q ~ 8Q)和两个控制端(G 和 $\overline{OE}$)。当控制 G 有效时,将 D 端数据打入锁存器中;当输出允许端 $\overline{OE}$ 有效时,将锁存器中锁存的数据送到输出端 Q,其真值表如表 3.4 所示。

表 3.4　74LS373 真值表

G	$\overline{\text{OE}}$	输入 D	输出 Q
1	0	0	0
1	0	1	1
0	0	X	Q_0
X	1	X	Z

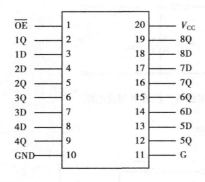

图 3.30　74LS373 引脚图

表 3.4 中,Q_0 表示原状态(即对输出端 Q 的原状态锁存),Z 为高阻状态,X 表示"0"或"1"态。

常见的锁存器还有 74LS273、573、Intel 8282、8283 等。

采用何种结构的输出驱动电路由输出的数字信号决定。编码数字可以直接从接口电路输出,当传送较长距离时,可以采用串行通信的方式来发送数据,在数据接收端使用串并转换电路(如74LS164),将接收到的串行数据转换成并行数据再输出。送到显示屏显示的字符就是一种编码数字。

开关量输出电路中最主要的干扰是在控制设备启动停止时的冲激干扰,为避免干扰信号窜入计算机,输出电路往往使用光电隔离技术,切断接口与计算机之间的电联系,有时还需加入功率放大电路。对于启动停止负荷不太大的设备,可以用光电隔离来解决干扰问题。对负荷较大的设备,输出电路可采用继电器隔离输出方式,因为继电器触点的负载能力远远大于光电耦合的负载能力,它能直接控制强电动力回路。采用继电器作开关量隔离输出时,在输出锁存器与低电压继电器间要用 OC 门(集电极开路门)作为继电器的驱动器。因此,开关量输出往往有 TTL 电平逻辑信号输出、电子无触点开关输出、继电器输出几种形式。

两种开关量输出电路如图 3.31 所示。

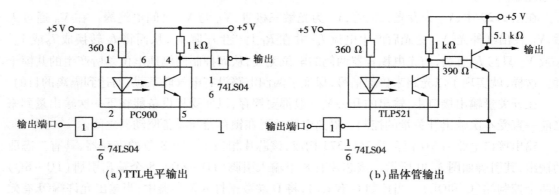

(a)TTL电平输出　　　　　　　　(b)晶体管输出

图 3.31　开关量输出电路

控制步进电机的输出电路必须有脉冲输出,因此,可以使用可编程的定时/计数器 8253,让其工作于方式 3(方波发生器模式),以输出脉冲列。其他驱动电路还有,达林顿驱动器(是利用多级放大提高晶体管的增益,增大驱动电流的器件);带光电耦合器的大功率驱动电路(可以抑制两侧地电位差所产生的共模干扰);固态继电器驱动电路(固态继电器 SSR 是无触点通断型大功率电子开关),比电磁继电器可靠、寿命长,抗干扰能力强,开关速度快,使用方便,输入与 TTL 和 CMOS 电平兼容,在工业控制中得到广泛的应用。

　　卷扬机控制系统输入输出通道如图 3.32 所示。输入通道信号:工作状态(设置、调试、运行)、负载状态(空、轻、重)、编码脉冲、上下限位均为数字量信号,经光电隔离选择进入输入接口。输出通道:计算机输出的信息经输出锁存储器锁存后,经光电隔离选出送入驱动器,产生报警输出和继电器输出信号。

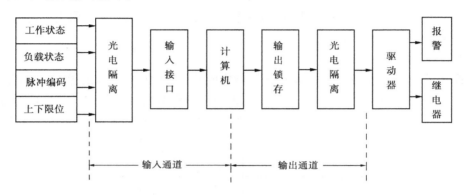

图 3.32　卷扬机控制系统输入输出通道

3.6　模拟量输入输出通道

　　模拟量输入输出通道是计算机监控系统的重要组成部分。它们的主要任务是完成在计算机与被控对象之间建立通道桥梁,该通道桥梁能实现计算机对现场模拟信号的采集、处理以及控制等功能。

3.6.1　模拟量输入通道

　　模拟量输入通道的作用是将从现场检测到的模拟信号转变成数字信号送给计算机。

　　模拟量输入通道一般应包括几个组成部分:传感器、多路转换开关、放大器、采样保持器、A/D 转换器等,其组成如图 3.33 所示。

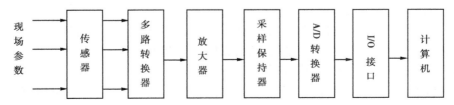

图 3.33　模拟量输入通道组成

其中,传感器将现场待检测的物理量转换为电压或电流信号;多路转换开关有目的地选择一种模拟信号进行 A/D 转换(多路转换开关可根据实际应用的系统情况,选用或不选用);放大器是将传感器输出的毫伏级信号按线性放大到 A/D 转化器所需的输入电平(如 5 V);采样保持器将模拟信号进行快速的采样和保持;A/D 转换器用于将模拟量信号转变成计算机能接收和处理的数字量信号。

对模拟输入通道的设计应满足两个要求:①能满足生产工艺需要的转换精度,这主要体现在 A/D 转换的位数和精度上;②要有较强的抗干扰能力。

模拟量输入通道的接口形式有单通道、多通道,后者又分通道独立自备 A/D 和各通道复用 A/D,各通道复用 A/D 还可分为共用一个采样/保持器和 A/D 等,具体取决于通道结构。

(1)模拟输入通道的结构形式

1)ADC 与 CPU 直接连接

对于简单的接口通道,可以不加采样保持器构成最简单的单路模入通道,其组成如图3.34所示。这种结构形式一般适用于只采集一个点的直流或低频信号。其中,接口电路是指 ADC 与微处理器之间的连接电路,具体的接口方法因芯片和控制方式而异,其功能见 3.1 节,下同。

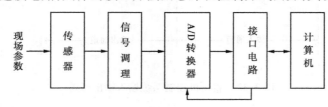

图 3.34　无采样保持器的单路模入通道

2)接口通道加采样保持器

当 V_i 的变化率较大时,ADC 会产生较大的非线性误差,这时需要在 ADC 前面增加一个采样保持电路(S/H),其组成如图 3.35 所示。

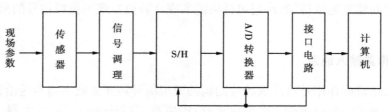

图 3.35　有采样保持器的单路模入通道

3)独立转换的多路模入通道

对于此种结构,各路都有自己独立的 A/D 转换通道,可同时采样、同时转换、同时得到转换结果。适用于多路高速采集、控制系统,其组成如图 3.36 所示。

4)同时采集、分时转换的多路模入通道

此种结构的通路都有自己独立的放大、采样保持器,通过模拟多路开关分时复用 ADC,实现并行采集、串行转换。与形式 3)相比,节省硬件,降低成本,但精度和速度会受一定影响。适用于多点参数巡回检测系统中,是一种应用非常广泛的结构形式,其组成如图 3.37 所示。

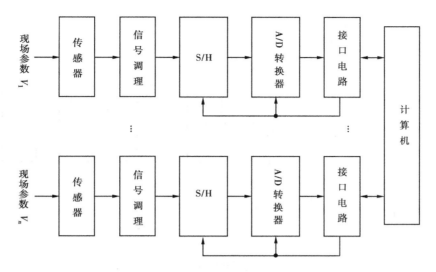

图 3.36 独立转换的多路模入通道

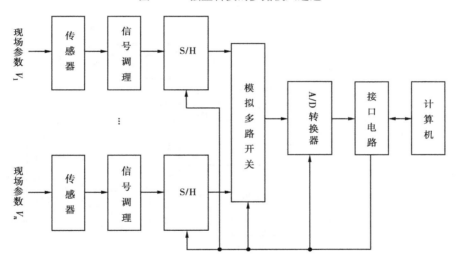

图 3.37 同时采集、分时转换的多路模入通道

5)分时采集、分时转换的多路模入通道

比形式 4)更节省了硬件,降低了成本,但速度更慢。适用于多点参数巡回检测,对实时性要求不高的系统中,应用特别广泛,其组成如图 3.38 所示。

信号调理部分通常包括电桥、放大、偏置、滤波、线性化、隔离、电量转换等,其中滤波、线性化等也可以由软件完成。信号调理部分是模拟输入接口中最复杂多变的部分。为此,市场上可以购买到专用的信号调理模板或模块。据估计,信号调理所需的成本占整个系统成本的 30% ~ 40% 。

(2)模拟量输入通道设计举例

如图 3.39 所示为 8 路模拟量输入通道电路原理图。可设计成板卡方式或模块方式。通道芯片选择为:12 位 A/D 转换器 AD574A、采样保持器 LF398、多路开关 CD4501,通用并行I/O接口 8255A。

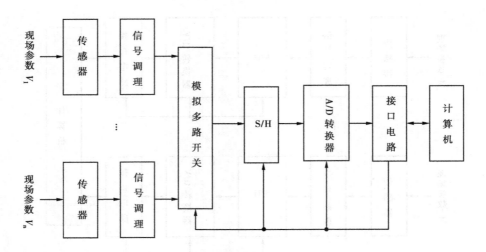

图 3.38 分时采集、分时转换的多路模入通道

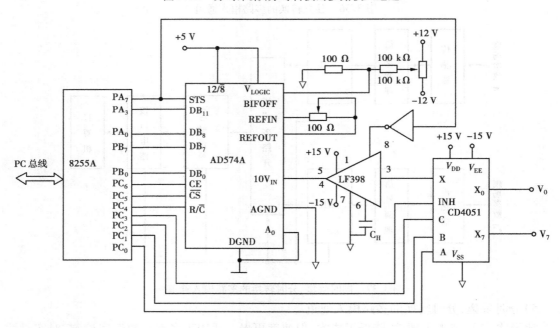

图 3.39 8 路模拟量输入通道电路原理

主要技术指标有:8 路模拟量输入;12 位分辨率;A/D 转换时间为 12 μs;输入量程为单极性 0～10 V;用查询方式实现数据传输。

该电路的工作过程如下:

1)通道选择

模拟输入通道(V_0～V_7)的选择是由 8255A 端口 C 的 PC_0～PC_2 的编码决定的,即当 PC_0～PC_2 = 000 时,选择 V_0,PC_0～PC_2 = 011 时,选择 V_3 等。在 AD574A 未转换期间,STS = 0,(LF398 的控制输入端引脚 8 为 1),使 LF398 处于采样状态。

2）启动 A/D 转换

通过 8255A 端口 C 的 $PC_4 \sim PC_6$ 输出控制信号,启动 AD574A 进行 A/D 转换。因为,当 $PC_6 = 1, PC_5 = 0, PC_4 = 0$ 时,对应 AD574A 引脚的 $CE = 1, \overline{CS} = 0, R/\overline{C} = 0$,满足启动条件。在 AD574A 转换期间,$STS = 1$,(LF398 的控制输入端引脚 8 为 0),使 LF398 处于保持状态。

3）查询 A/D 转换是否结束

读取 PA_7 状态,了解 STS 是否已由高电平变为低电平,如 $STS = 0$,说明已经转换结束。

4）读取转换结果

从 8255A 端口 A 和端口 B 读取 12 位 A/D 转换结果。

设 8255A 的地址为 2C0H—2C3H,主程序已对 8255A 初始化,采样值存入缓冲区 BUF 中。

8 路数据采集子程序如下:

```
ADA     PROC
        CLD
        LEA     DI,BUF        ;缓冲区首地址
        MOV     BL,00H        ;CE = 0,CS = 0,R/C = 0,无操作
        MOV     CX,8
ADB:    MOV     DX,2C2H       ;8255A 端口 C 地址
        MOV     AL,BL
        OUT     DX,AL         ;选择多路开关模拟通道
        NOP                   ;开始采样
        NOP
        OR      AL,40H        ;CE = 1,CS = 0,R/C = 0 启动 A/D
        OUT     DX,AL
        AND     AL,0DFH       ;CE = 0,CS = 0,R/C = 0
        OUT     DX,AL
        MOV     DX,2C0H;      ;8255A 端口 A 地址
PULL:   IN      AL,DX         ;读取 PA7
        TEST    AL,80H        ;测试 STS
        JNZ     PULL          ;STS = 1,继续测试
        MOV     AL,BL         ;STS = 0,转换结束
        OR      AL,10H        ;R/C = 1,输出数字量
        MOV     DX,2C2H       ;8255A 端口 C 地址
        OUT     DX,AL
        OR      AL,40H        ;CE = 1,CS = 0,R/C = 1
        OUT     DX,AL
        MOV     DX,2C0H       ;8255A 端口 A 地址
        IN      AL,DX         ;读高 4 位结果
        AND     AL,0FH
        MOV     AH,AL
```

```
         INC       DX
         IN        AL,DX         ;读低 8 位结果
         STOSW                   ;存入缓冲区
         INC       BL            ;选择下一通道模拟
         LOOP      ADB           ;8 路未采集完继续
         MOV       AL,38H        ;采集完,CE = 0,CS = 1,R/C = 1
         MOV       DX,2C2H
         OUT       DX,AL
         RET                     ;中断返回
ADA      ENDP
```

3.6.2 模拟量输出通道

模拟量输出通道也是计算机监控系统的重要组成部分。它的作用是将计算机输出的数字量转换为执行机构能接收的模拟电压或模拟电流,以达到用计算机实现控制的目的。

模拟 I/O 通道设计和建立的主要任务是:

①合理选择通道结构;

②正确设计或选用功能部件(例如,A/D、D/A、S/H、测量放大器等);

③正确设计通道中各功能部件与 CPU 的接口(包括硬件和软件)。

模拟量输出通道一般应包括以下几个组成部分:接口电路、D/A 转换器、多路开关、保持电路、V/I 变换等。

模拟输出通道的结构形式和模拟输入通道一样,同样有单路与多路之分。

● 单路模出通道:实际上就是 D/A 与 CPU 直接接口,其组成如图 3.40 所示。其中,接口电路是指 DAC 与微处理器之间的连接电路,其作用见 3.1 节。

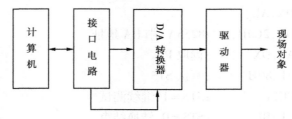

图 3.40 单路模出通道

● 多路模出通道:各路共用一个 D/A,各用一个保持器。各路的输出分时送到同一个 D/A 转换成 V_0,由模拟多路开关分配到相应通道中,其组成如图 3.41 所示。

在实现 0 ~ 5 V、0 ~ 10 V、1 ~ 5 V 直流电压信号到 0 ~ 10 mA、4 ~ 20 mA 转换时,可直接采用集成 V/I 转换电路来完成。常用的高精度 V/I 转换电路有 ZF2B20、AD694 等。

图 3.42 所示为 ZF2B20 引脚图。集成 V/I 转换器 ZF2B20 是通过 V/I 变换的方式生成一个与输入电压成比例的输出电流。它的输入电压范围是 0 ~ 10 V,输出电流是 4 ~ 20 mA,采用单正电源供电,电源电压为 10 ~ 32V,可用于控制与遥测系统,用 ZF2B20 实现 V/I 转换非常方便,图 3.43(a)所示电路是一种带初值校准的 0 ~ 10 V 到 4 ~ 20 mA 的转换电路;图 3.43(b)是

94

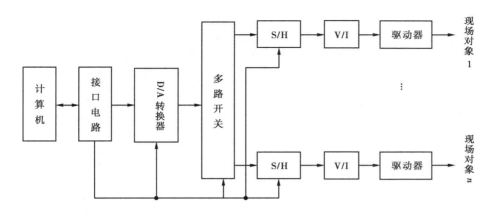

图 3.41　多路模出通道

一种带满刻度校准的0～10 V到0～10 mA 的转换电路。

在工农业生产过程中,往往需要对生产环境的温湿度进行自动化控制,以提高产品的产量和质量。一个节水灌溉控制系统 I/O 通道组成如图 3.44 所示。

在这个系统中,气温、湿度模拟测量数据经采集处理后与参考标准值作逻辑比较处理(参考标准值由操作员输入,并且可根据具体情况随时修改),然后由多路开关选择,输入 ADC0809 转换后输入到计算机,经过计算机对采集数据处理后,以串行方式输出通过光电隔离芯片,再送入串/并转换芯片 4049,以并行方式经 DAC0832 转换控制驱动器,由驱动器控制给水电磁阀或给水电动机开关水源,实现在线闭环实时自动控制。

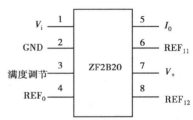

图 3.42　ZF2B20 引脚图

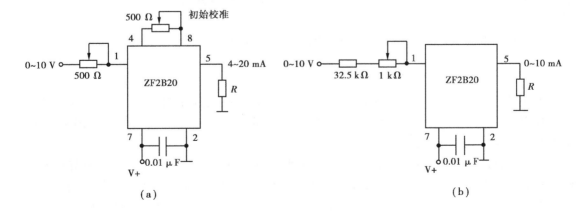

图 3.43　电压/电流转换电路

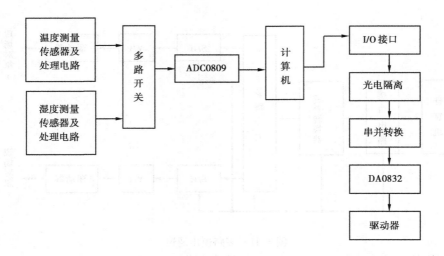

图 3.44　灌溉控制系统组成

3.7　I/O 通道抗干扰技术

I/O 通道的电路一般都放在控制现场,即使不是放在现场,也会通过较长的导线与现场的设备相连接。而在控制现场,特别是工业控制现场,通常都存在大量的干扰源。由于控制现场往往在地域上分布比较广,从而使得 I/O 通道的距离也比较长。因此,各种干扰就很容易通过I/O 通道进入计算机,一般来说,来自 I/O 通道的干扰占了系统干扰的主要部分。

干扰问题往往是最令计算机监控系统的设计者和开发人员头疼的。这是因为,干扰总是与具体的现场有关,几乎没有两个系统的干扰现象是完全相同的。即使是同一种干扰现象,对甲系统会产生较大影响,而对乙系统则可能关系不大,而且多数情况下,往往很难判断干扰的来源。

采用正确而有效的抗干扰措施是计算机监控系统能正常运行的重要保证。

3.7.1　干扰的来源、分类

干扰的来源是多方面的,就计算机监控系统而言,干扰可能来自外部,也可能来自内部。所谓外部干扰,是指与系统结构和参数无关的,由外部环境因素所决定的干扰,而内部干扰则是由系统的结构和制造工艺所决定的干扰。

外部干扰源一般来自:电网电压的波动,大型用电设备(天车、电炉、大电机、电焊机)的启停,高压设备和电磁开关的电磁辐射,通信设备发出的电磁波以及传输电缆的共模干扰等。除此之外,太阳和其他天体辐射的电磁波、雷电,甚至气温、湿度等气象条件也会造成干扰。

内部干扰则主要来自:分布电容、分布电感引起的耦合感应,长线传输的波反射,多点接地造成的电位差引起的干扰,寄生振荡引起的干扰以及电子元件内部的热噪声等。

进入 I/O 通道的干扰,按其对 I/O 通道的作用方式或来源可以主要分为串模干扰、共模干扰和长线传输干扰三类。

（1）串模干扰

所谓串模干扰，是指串联于信号源回路的干扰，也就是说，将干扰源视为一个电压源，而该电压源是与信号源串联的。串模干扰的原理如图 3.45 所示。

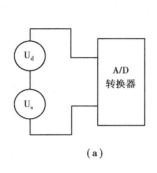 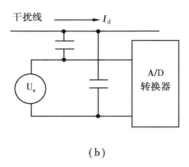

图 3.45　串模干扰原理

在图 3.45（a）中，U_s 为信号源，而 U_d 为叠加在信号源上的干扰源。在图 3.45（b）中，如果邻近的导线（干扰线）中有交变电流 I_d 流过，那么由 I_d 产生的电磁干扰信号就会通过分布电容的耦合，引入放大器的输入端。除此之外，长线传输的电感、空间电磁场引入的电磁干扰以及 50 Hz 工频干扰等，都会引入串模干扰。

（2）共模干扰

由于计算机监控系统的现场与控制室的距离往往比较远，从数十米到数百米不等。这样就造成传感器信号源的地与 I/O 转换装置的地之间有一个电位差，如图 3.46 所示。由于该电位差而引起的干扰称为共模干扰。

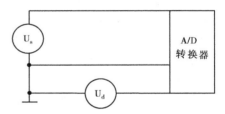

图 3.46　共模干扰原理

（3）长线传输干扰

由于前面谈到的传感器到 A/D 转换器的长距离，也会引起一定的干扰。主要表现为：外部电磁场引起的电磁感应，信号传输过程中的延迟、畸变，以及高速变化的信号在长线传输过程中的波反射等。

3.7.2　干扰的抑制

（1）串模干扰

对串模干扰的抑制是相对最为困难的。因为干扰源直接与信号源串联，只能根据干扰的特性和来源采取相应的对策。

1）屏蔽

由于串模干扰的相当大的一部分来自外部电磁场产生的电磁感应，因此，通过屏蔽可以达到比较好的效果。从传感器到 A/D 转换器的传输线可以采用同轴电缆或带屏蔽的双绞线，一般可以使干扰抑制比达到数十 dB。如果距离不是十分长，也可以使用非屏蔽的双绞线。为了保证良好的屏蔽效果，应确保屏蔽层接地良好。

2）滤波

一般来说，被测的信号的变化相对比较缓慢，而干扰信号则变化比较快。因此，可以选择低通滤波器。即使是使用无源滤波器,其效果也是不错的。

3)使用电流信号

由于电流信号不易受电磁感应信号的干扰,可以使用 4 ~ 20 mA 的电流信号代替电压信号进行传输,在信号进入 A/D 转换器后,再利用一个 250 Ω 的电阻将电流信号转换为 1 ~ 5 V 的电压信号。

4)使用数字信号输出

由于数字信号的抗干扰能力强于模拟信号,可以就地将模拟信号转换为数字信号后再进行输出。这实际上是缩短了 I/O 通道中的模拟信号传输线路,或者说是将 A/D 转换器放在监控现场。

5)其他措施

当 I/O 接口将模拟信号采集进计算机后,可以采用数字滤波的方式,减少干扰信号的影响。对于运动控制系统,为了检测电动机的转速,往往使用测速发电机,这就容易引入 50 Hz 的工频干扰。如果条件允许的话,可以考虑使用脉冲编码器。另外,在进行信号传输线布线时,避免与交流电源线近距离平行布线也是十分重要的。

(2)共模干扰的抑制

抑制共模干扰的主要措施有:

①隔离法。通过隔离的方法将模拟的地与数字的地进行隔离。常用的隔离方法有光电耦合器隔离和变压器隔离等。

②采用高共模抑制比的输入放大器。

(3)长线传输干扰的抑制

1)采用双绞线

通过采用双绞线可以降低电缆的分布电容、分布电感以及波阻抗,有利于改善传输波形的质量。

2)终端阻抗匹配

可以在信号传输线的终端加接一个电阻值在 50 ~ 200 Ω 的电阻 R,用于吸收反射波,接法如图 3.47 所示,对于变化缓慢的信号可以不必考虑。

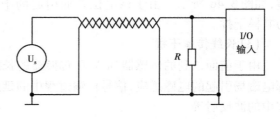

图 3.47　终端阻抗匹配

习　题

3.1　什么是实时性?在计算机监控系统中为什么要强调实时性?

3.2　什么是过程通道?过程通道是如何分类的?过程通道由哪几部分构成?

3.3　有一温度控制系统,温度控制范围在 50 ~ 1 200 ℃,要求计算机系统对温度变化的识别能力在 5 ℃之内,试确定相应的 A/D 转换器的字长。

3.4　数字量信号输入通道、输出通道的主要作用是什么?

3.5　模拟量信号输入通道、输出通道的主要作用是什么?

3.6　实现多路的模拟量信号输入有几种常用方案,各有什么优缺点?

3.7　将模拟量转换为二进制数字量通常有几个过程? 简述对量化和量化单位的理解。

3.8　利用 DAC0832 产生锯齿坡,坡斜率用步幅为 1 的线性坡,幅度从 00H～FFH,水平部分用延时子程序维持,试给出硬件连接图及相应的程序。

3.9　试述 ADC0809 的结构和主要特征。

3.10　试按照功能与信号的形式划分 I/O 通道结构形式。

3.11　I/O 接口具有什么功能?

3.12　A/D 转换器的主要指标有哪些?

3.13　I/O 信号有哪些种类? 各有什么特征?

3.14　对图 3.17 例,如果将 PC_7 改为 PC_5,PC_3 改为 PC_4,程序如何修改?

3.15　画出 ADC0809 与 PC 机接口的电路原理图,并叙述其工作过程。

3.16　简要说明光电耦合器的作用及原理。

3.17　什么是串模干扰? 什么是共模干扰? 如何抑制?

第 4 章
控制算法的计算机实现

在计算机监控系统中,计算机起着信息处理的作用。即使是仅仅对某个物理参量进行监测(将其数值的大小显示在计算机的显示器上),则计算机也要对采集到的信号先进行预处理。例如,为了消除信号中的干扰成分,计算机要对采集到的信号进行数字滤波。除此之外,计算机可能还要对信号进行诸如标度变换、非线性补偿等处理。如果要对某个物理参量进行控制,则计算机要将采集到的信号与给定的数值进行比较,然后,对比较后的差值按照某种控制规律进行运算得到一个输出值。利用这个输出值,通过 D/A 变换产生一个控制信号去推动相应的执行装置,使得被控的物理参量的数值接近或等于给定值。以上所有的处理都是在计算机中通过软件来实现的。本章着重讨论算法的计算机实现的方法。

早在 20 世纪 50 年代人们就开始研究并应用模拟电路的 PID 调节器(控制器),最初是使用分立元件。20 世纪 70 年代后,普遍使用集成运算放大器。时至今日,在过程控制行业,各类电动单元组合仪表也还未被完全淘汰。

采用模拟元件构成控制器的优点是:结构简单,成本低,响应(运算)速度快。但它也有无法克服的缺点:参数与结构改变困难,性能不够稳定,可靠性差,难以(甚至无法)实现复杂的控制规律。而采用数字式控制器(计算机控制)则具有以下优点:参数与结构改变灵活,可以实现各种复杂的控制规律,具有一定的"智能性"(例如故障预测),易于管理,容易实现远程控制(将控制器放在现场)。

图 4.1 给出了计算机监控系统的一个示意图。从该图中不难看出,可以用两种不同的角度来看待计算机监控系统。如果以 B 点为输入,B' 为输出,可以将系统视为一个离散系统;如果以 A 点为输入,A' 为输出,则可以将系统视为一个连续系统。因此,对应于控制器的设计也有两种不同的方法:一种方法是将系统看作一个离散的系统,利用自动控制理论中的采样系统理论对系统进行分析与设计,求出控制器的脉冲传递函数 $D(z)$,然后利用计算机实现之。这种方法又称为数字控制器的直接设计方法。另一种方法是将系统看作一个连续系统,利用连续系统的理论(例如频率特性或 Bode 图)对系统进行分析与设计,求出控制器的传递函数 $D(s)$,然后用计算机实现之。这种方法又称为数字控制器的模拟化设计方法。第二种方法适用的前提是采样的周期足够小,且计算机计算的速度足够快。由于用经典自动控制理论设计连续系统的方法已为工程人员所熟悉和掌握,且积累了大量的经验,因此,数字控制器的模拟化设计方法在实际应用中被广泛地采用。

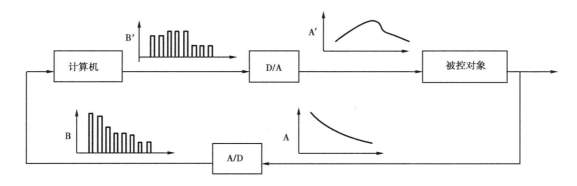

图 4.1 计算机监控系统

学习本章时要注意的是,不要单纯地用计算机去模仿或逼近模拟调节器,而是应该将计算机强大的逻辑判断能力与模拟调节器的功能相结合,去实现更为合理、更为有效的控制。

4.1 数字 PID 算法的计算机实现

图 4.2 所示为计算机监控系统用于控制时的原理图。

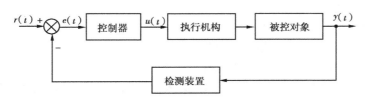

图 4.2 控制系统原理框图

图中的控制器的作用就是通过对偏差信号 $e(t)$ 的运算给出控制信号 $u(t)$。20 多年来,人们投入了大量的人力和物力来研究各种各样的控制算法,但在实际的控制系统中,控制算法使用得最多的仍旧是 PID 算法,也称这样的控制器为 PID 控制器。所谓 PID 控制器,就是根据偏差的比例(P)、积分(I)和微分(D)综合进行控制。

比例控制能迅速地反映偏差,其控制作用的大小与偏差成比例。但是,仅有比例控制不能完全消除偏差。一般来说,比例系数越大,偏差会越小;但是,比例系数太大会影响控制系统的稳定性。由于积分控制的作用与偏差的积分成比例,只要偏差存在,积分控制就会起作用(条件是控制器没有饱和),因此,积分控制有利于偏差的消除。如果积分控制的作用太强,会使控制系统输出的超调量加大,甚至产生振荡。微分控制能够迅速地反映偏差的变化率,因而能使控制器具有"超前"控制的功能。同时,根据自动控制理论可知,适当地应用微分控制可以减少控制系统输出的超调量,并且,有利于系统稳定性的提高。正是因为如此,通过综合地运用以上三种控制,可以使控制器具有相当高的"智能"。另外,PID 控制器的各项系数都有很明显的物理含义,特别方便工程技术人员使用。下面分两种情况来讨论 PID 控制器。

4.1.1 PID 控制器概述

由 PID 控制器构成的控制系统结构如图 4.3 所示。

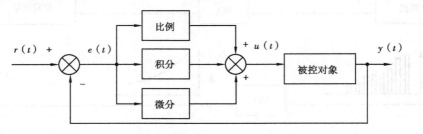

图 4.3　PID 控制系统结构

偏差信号和控制信号的时间域关系为：

$$u(t) = K_p \left[e(t) + \frac{1}{T_i} \int e(t)\,\mathrm{d}t + T_d \frac{\mathrm{d}e(t)}{\mathrm{d}t} \right] \tag{4.1}$$

对上式两边同时求拉氏变换后，则控制器的传递函数为：

$$G_c(s) = \frac{U(s)}{E(s)} = K_p \left(1 + \frac{1}{T_i s} + T_d s \right) \tag{4.2}$$

式中　K_p——比例系数；

T_i——积分时间；

T_d——微分时间。

下面分析 PID 各参数与系统性能之间的关系。

（1）比例系数 K_p 与系统性能之间的关系

一般来说，K_p 的选择不能太大，也不能太小。K_p 太小，控制器的灵敏性比较差，只有比较大的误差出现，控制器才会动作。如果采用单纯比例控制的话，比例系数过小还意味着稳态误差过大；K_p 的选择也不能太大，K_p 增大，则意味着放大系数增大，同时系统的稳定裕度减小，当 K_p 增大到一定的程度时，系统甚至会出现振荡。

例 4.1　图 4.4 所示为某一控制系统的结构图，现用 MATLAB 对其进行仿真，其中输入为单位阶跃信号，控制器传递函数为 $G_c(s)$，被控对象的传递函数为 $G(s) = \dfrac{1}{(1+s)^3}$。

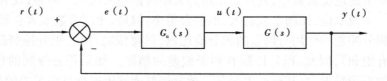

图 4.4　控制系统原理框图

假设控制器采用纯比例控制：$G_c(s) = K_p (K_p = 0.5, 1, 5, 8.5)$，单位阶跃响应仿真结果及系统根轨迹如图 4.5 所示。

由图 4.5（a）可见，当 $K_p < 1$ 时，系统的单位阶跃响应稳定，但存在稳态误差；随着 K_p 的加大，系统响应速度也增快，闭环系统稳态误差减少，振荡越加激烈；当 K_p 达到某个数值时（$K_p > 8.115$），闭环系统进入不稳定状态；当 $K_p = 8.5$ 时，振荡发散。读者也可从图 4.5（b）根

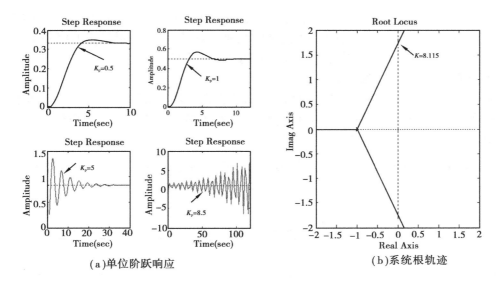

（a）单位阶跃响应　　　　　　　（b）系统根轨迹

图 4.5　纯比例控制仿真图及系统根轨迹

轨迹分析参数 K_p 与系统稳定性的关系。

（2）积分时间 T_i 与系统性能之间的关系

积分环节的主要作用是消除稳态误差。T_i 越小，与误差积分成比例的控制作用就越强，这样就可能有利于消除稳态误差。同时，由于积分环节的引入，增加了系统开环传递函数的阶次，这将导致闭环系统振荡倾向的加强，并使系统的稳定裕度下降，因此，T_i 取值也不宜过小。

对例 4.1，采用比例积分控制器：$G_c(s) = K_p \left(1 + \dfrac{1}{T_i s} \right)$，（$K_p = 1$，$T_i = 0.8, 1, 1.5$），MATLAB 仿真结果如图 4.6 所示。

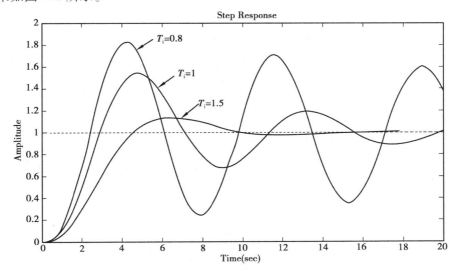

图 4.6　比例积分控制仿真图

由图 4.6 可见，T_i 越小，系统单位阶跃响应振荡越激烈，响应时间越长；随着 T_i 的加大，振荡减缓,系统的超调量变小,但系统的响应速度减慢;当 $T_i = 1.5$ 时,振荡幅度最小,响应时间最短,系统的单位阶跃响应是稳定的。PI 控制的主要特点是:可以使得稳定的闭环系统没有稳态误差,但如果 $T_i < 0.6$(积分作用太强)时,则闭环系统不稳定。

(3)微分时间 T_d 与系统性能之间的关系

微分环节的引入有利于系统应付突发的扰动,使得系统具有某种"预见性"。从频率特性的角度来看,微分环节给出的是一个超前的相角,这对于提高系统的稳定性是有益处的。但是,T_d 的取值也不宜过大,以免引入高频干扰。

对例 4.1,采用比例积分微分控制器:$G_c(s) = K_p(1 + \dfrac{1}{T_i s} + T_d s)$($K_p = T_i = 1$, $T_d = 0.1$, $0.8, 1.9$),仿真结果如图 4.7 所示。

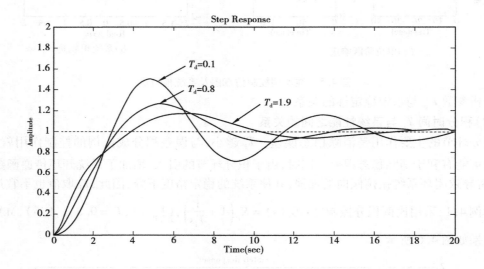

图 4.7　比例积分微分控制仿真图

由图 4.7 可见,T_d 越小,振荡越激烈,响应时间越长;随着 T_d 的增大,振荡减缓,响应时间越短;当 $T_d = 1.9$ 时,振荡幅度最小,系统的单位阶跃响应是稳定的;当 T_d 增大时(微分作用加强),系统的响应速度变慢,但超调量小。

4.1.2　理想微分 PID 控制的计算机实现

本小节所讨论的控制算法,虽然在实际应用中不会被采用,但却是讨论问题的基础,在理论上也是有意义的。

(1)位置型 PID 控制算法

理想微分 PID 控制器输出信号与输入信号的关系如式(4.3),即

$$u(t) = K_p\left[e(t) + \frac{1}{T_i}\int_0^t e(t)\,\mathrm{d}t + T_d\frac{\mathrm{d}e(t)}{\mathrm{d}t}\right] \tag{4.3}$$

由于在上式中包含了误差的理想微分项,算法因此而得名。

为了能够在计算机中进行计算,必须将式(4.3)用一个差分方程来近似。根据数值积分的原理:

$$\int_0^t e(t)\,\mathrm{d}t \approx \sum_{i=0}^{n} Te(i) \tag{4.4}$$

误差函数 $e(t)$ 的微分则可以进行如下近似：

$$\frac{\mathrm{d}e(t)}{\mathrm{d}t} \approx \frac{e(n) - e(n-1)}{T} \tag{4.5}$$

综合式(4.3)、(4.4)、(4.5)可以得到如下的差分方程：

$$u(n) = k_p\left\{e(n) + \frac{T}{T_i}\sum_{i=0}^{n} e(i) + \frac{T_d}{T}[e(n) - e(n-1)]\right\} \tag{4.6}$$

在以上三个式子中，T 为采样间隔时间，$e(i)$、$u(i)$ 分别是 $e(iT)$ 和 $u(iT)$ 的简写，$i=0,1,2,\cdots,n$。

只要采样间隔时间 T 与 T_i、T_d 相比足够小，式(4.6)就与(4.3)足够近似。因此，利用式(4.6)计算出来的 $u(n)$ 序列就能与按式(4.3)产生的 $u(t)$ 的功能相近。将一个微分方程用差分方程近似的过程也称为离散化。

分析式(4.6)可以发现其具有不少缺陷。首先是计算工作量大，每计算一次 $u(n)$ 要完成 $n+3$ 次的加法和至少 3 次乘法，而且，计算量会随着时间的推移而逐渐增加；其次是要保留 $e(t)$ 在所有采样时刻的值，这就要占用庞大的内存空间。以采样间隔为 0.01 s，每个误差值占一个字节计算，系统工作一天就需要超过 8 MB 的内存空间。

（2）增量型 PID 控制算法

由于位置型控制算法存在诸多问题，人们对其进行了改进，提出了以下增量型控制算法。通过分析式(4.6)，可以发现，如果先不计算 $u(n)$，而是计算其增量，则可以免除每次累加计算。由式(4.6)可得：

$$u(n-1) = k_p\left\{e(n-1) + \frac{T}{T_i}\sum_{i=0}^{n-1} e(i) + \frac{T_d}{T}[e(n-1) - e(n-2)]\right\} \tag{4.7}$$

因为，n 时刻控制量的增量为：

$$\Delta u(n) = u(n) - u(n-1) \tag{4.8}$$

将式(4.6)和式(4.7)分别代入上式得：

$$\begin{aligned}
\Delta u(n) &= u(n) - u(n-1) \\
&= k_p\left\{e(n) - e(n-1) + \frac{T}{T_i}e(n) + \right. \\
&\quad \left. \frac{T_d}{T}[e(n) - 2e(n-1) + e(n-2)]\right\} \\
&= K_p[e(n) - e(n-1)] + K_i e(n) + \\
&\quad K_d[e(n) - 2e(n-1) + e(n-2)]
\end{aligned} \tag{4.9}$$

其中：$K_i = \dfrac{T}{T_i}K_p$，称为积分系数；

$K_d = \dfrac{T_d}{T}K_p$，称为微分系数。

根据具体控制系统的需要，可以用 $u(n)$ 也可以用 $\Delta u(n)$ 来控制执行机构。如果是用 $u(n)$ 来进行控制，可以先利用式(4.9)计算出 $\Delta u(n)$，再根据下式计算 $u(n)$：

$$u(n) = \Delta u(n) + u(n-1) \tag{4.10}$$

为了编制程序方便,可以将式(4.9)改写成下式:

$$\Delta u(n) = C_0 e(n) + C_1 e(n-1) + C_2 e(n-2) \tag{4.11}$$

其中:

$$C_0 = K_p \left(1 + \frac{T}{T_i} + \frac{T_d}{T} \right)$$

$$C_1 = - K_p \left(1 + \frac{2T_d}{T} \right)$$

$$C_2 = K_p \frac{T_d}{T}$$

(3)误差累积递推法

除了以上两种方法外,还可以有误差累积递推法。设 nT 时刻的误差累积为:

$$E \sum (n) = \sum_{i=0}^{n} e(i) \tag{4.12}$$

将式(4.12)代入式(4.6)并整理后得:

$$u(n) = K_p \left\{ e(n) + \frac{T}{T_i} e(n) + \frac{T}{T_i} E \sum (n-1) + \frac{T_d}{T} [e(n) - e(n-1)] \right\}$$

$$= C_0 e(n) + K_p^I {}_{Ti} E \sum (n-1) - C_2 e(n-1) \tag{4.13}$$

因此,先递推计算累积误差:

$$E \sum (n-1) = E \sum (n-2) + e(n-1) \tag{4.14}$$

再按式(4.13)计算所需要的控制量 $u(n)$。其中,$E \sum (n-2)$ 已经在上一次计算中计算出来。

理想微分 PID 控制算法在实际控制中可能效果并不理想,这是因为当误差表现为一个阶跃信号时,将会使控制器迅速进入饱和,然后与微分控制相对应的控制作用又会迅速消失,通常工业控制的执行机构的惯性都会比较大而来不及反应,因而微分作用不能充分发挥。另外,理想的微分环节还会引入高频干扰,影响控制精度。

4.1.3 实际微分 PID 控制的计算机实现

在模拟仪表调节器的年代,PID 控制器都是用模拟电路来实现的,显然,实际的模拟电路是无法实现理想微分运算的。为此,人们创造了各种实际的微分 PID 控制电路,这些控制电路都在实际控制中发挥了作用。下面就来讨论如何用计算机来实现实际微分 PID 控制。

(1)实际微分控制算式之一

在实际应用中,不可能实现纯微分控制,也不需要这样的效果,所以经常将纯微分环节近似成一个带有滞后的一阶环节,构成近似微分的 PID 控制器,该算式对应的控制器的传递函数为:

$$\frac{U(s)}{E(s)} = K_p \left(1 + \frac{1}{T_i s} + \frac{T_d s}{1 + \frac{T_d}{K_d} s} \right) \tag{4.15}$$

式中，K_p、T_i、T_d 的含义与式（4.2）中对应的系数的含义相同，K_d 称为微分增益，且 $K_d > 1$。与式（4.2）相比，上式的比例控制和积分控制部分是相同的。因此，只须考虑实际微分控制部分如何运用计算机来实现即可。先画出与式（4.15）对应的控制器框图如图 4.8 所示。

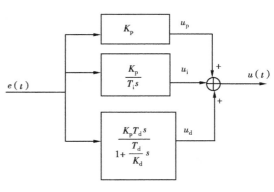

图 4.8　式（4.15）对应的控制器框图

先分别求出上图中各个环节输出的增量表达式，再将它们相加即可得到总的增量表达式。显然：

$$\Delta u_p(n) = K_p\big[e(n) - e(n-1)\big] \qquad (4.16)$$

$$\Delta u_i(n) = \frac{K_p T}{T_i} e(n) \qquad (4.17)$$

下面根据实际微分环节的传递函数（图 4.8 最下面一个方框）列出相应的输入输出微分方程：

$$K_p T_d \frac{\mathrm{d}e(t)}{\mathrm{d}t} = \frac{T_d}{K_d} \frac{\mathrm{d}u_d(t)}{\mathrm{d}t} + u_d(t) \qquad (4.18)$$

将上式离散化后得到如下差分方程：

$$u_d(n) = \frac{T_d}{TK_p + T_d}\Big\{u_d(n-1) + K_p K_d\big[e(n) - e(n-1)\big]\Big\} \qquad (4.19)$$

由上式可以求出实际微分环节的增量输出：

$$\Delta u_d(n) = u_d(n) - u_d(n-1) \qquad (4.20)$$

将式（4.16）、式（4.17）和式（4.20）相加后得到总的增量输出：

$$\Delta u(n) = \Delta u_p(n) + \Delta u_i(n) + \Delta u_d(n) \qquad (4.21)$$

最后可以得到实际微分 PID 的输出表达式：

$$u(n) = u(n-1) + \Delta u(n) \qquad (4.22)$$

例 4.2　对图 4.4 的系统进行带近似微分的 PID 控制的 MATLAB 仿真，设被控对象和控制器分别为：

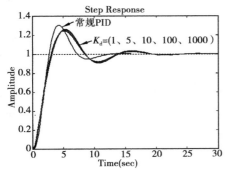

图 4.9　带近似微分 PID 控制仿真图

$$G(s) = \frac{1}{(1+s)^3}$$

$$G_c(s) = \frac{U(s)}{E(s)} = K_p\left(1 + \frac{1}{T_i s} + \frac{T_d s}{1 + \frac{T_d}{K_d} s}\right)$$

在 $K_p = T_i = T_d = 1$ 时，取不同 K_d 值的单位阶跃响应如图 4.9 所示。

由图 4.9 所示的 MATLAB 仿真结果可见，带近似微分的 PID 控制效果比常规 PID 控制要好。

（2）实际微分控制算式之二

如果对例 4.2 的偏差 $e(t)$ 进行分析，可知偏差信号的阶跃响应会在 $t = 0$ 处有一个跳跃，这是不希望的，在实际应用中，常把微分动作放置在反馈回路中，如图 4.10 所示。因为这时微分器的输出信号是相当平滑的,而不是像在前向通道中有跳跃现象。图 4.11 所示为等效的结构图。

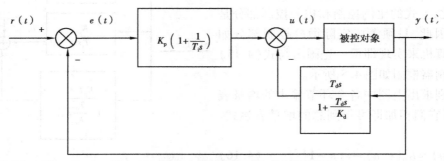

图 4.10　微分在反馈回路 PID 控制结构图

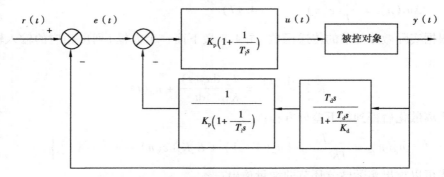

图 4.11　微分在反馈回路 PID 控制等效结构图

(3)实际微分控制算式之三

该算式对应的控制器的传递函数如下:

$$\frac{U(s)}{E(s)} = \frac{1}{1 + \frac{T_d}{K_d}s} K_p \left(1 + \frac{1}{T_i s} + T_d s \right) \tag{4.23}$$

上式中各项系数的含义及约束条件均与式(4.15)相同。根据上式可以列出相应的微积分方程如下:

$$\frac{T_d}{K_d}\frac{\mathrm{d}u_d(t)}{\mathrm{d}t} + u_d(t) = K_p \left(e(t) + \frac{1}{T_i}\int_0^t e(t)\mathrm{d}t + T_d\frac{\mathrm{d}e(t)}{\mathrm{d}t} \right) \tag{4.24}$$

通过采用与上面同样的离散化方法后可以得到以下差分方程:

$$\Delta u(n) = C_1 \Delta u(n-1) + C_2 e(n) + C_3 e(n-1) + C_4 e(n-2) \tag{4.25}$$

$$u(n) = u(n-1) + \Delta u(n) \tag{4.26}$$

其中:

$$C_1 = \frac{b_1}{b_2}, \qquad b_1 = \frac{T_d}{K_d T}, \qquad b_2 = 1 + b_1$$

$$C_2 = \frac{K_p}{b_2} \left(1 + \frac{T}{T_i} + \frac{T_d}{T} \right), \qquad C_3 = -\frac{K_p}{b_2} \left(1 + \frac{2T_d}{T} \right)$$

$$C_4 = \frac{T_d K_p}{T b_2}$$

本小节介绍了三种可以在计算机上实现的理想微分 PID 控制算法,然后又介绍了三种实际微分 PID 控制算法。希望读者在掌握的同时还能体会到两种技巧的使用。一是如何将一个比较复杂的连续计算用数值(离散)的方法表示出来,二是如何将一个累积计算化为递推计算。由于 PID 算法在实际中应用十分普遍,人们还对其进行了各种改进,因而形成了一个庞大的算法家族,对此感兴趣的读者可以在许多文献中找到参考资料。

4.2　数字 PID 控制算法的几种改进算法

在前面已介绍,比例控制、积分控制和微分控制各有各的正面作用,也可能带来相应的负面影响。这就要求在使用的时候最好能根据控制过程中出现的各种不同的问题酌情使用,正所谓:"兵来将挡,水来土掩"。但是,在模拟仪表的年代,由于条件的限制,只好是不分青红皂白地一起使用。现在由于使用计算机进行控制,正好利用计算机强大的逻辑判断功能和记忆功能,对原有的 PID 控制器进行改进,以期达到更好的控制效果。

4.2.1　积分项的改进

(1)积分分离

在 PID 控制中,积分控制的主要作用就是消除稳态误差(又称残差)。但是,当扰动比较大或是大幅度地改变给定值时,由于此时有较大的偏差,以及系统有惯性和滞后,故在积分控制的作用下,往往会产生较大的超调和长时间的波动。对于温度、成分等变化缓慢的过程,这一现象尤为严重。因此,在误差比较大的阶段,完全可以先不投入积分控制,以比例控制为主(可以根据实际情况决定是否采用微分控制),利用比例控制产生比较大的控制作用,迅速地将误差减小。当误差减小到一定程度后,再将积分控制投入,从而达到完全无误差,这就是所谓积分分离。事实上,20 世纪 70 年代的直流电机调速双闭环控制系统就已经利用了以上原理。

基本算法如下:

首先给定误差限 Δ_e。

当 $|e(n)| \geqslant \Delta_e$ 时,使用 PD 控制;

当 $|e(n)| < \Delta_e$ 时,使用 PID 控制。

下面简要推导 PD 控制时的算式:

将式(4.3)中去掉积分项后得:

$$u_{\mathrm{pd}}(t) = K_{\mathrm{p}} \left[e(t) + T_{\mathrm{d}} \frac{\mathrm{d}e(t)}{\mathrm{d}t} \right] \tag{4.27}$$

离散化后得到:

$$u_{\mathrm{pd}}(n) = K_{\mathrm{p}} \left(e(n) + T_{\mathrm{d}} \frac{e(n) - e(n-1)}{T} \right) \tag{4.28}$$

一般来说 Δ_e 的选择比较重要,Δ_e 选择得太大,达不到积分分离的作用,Δ_e 选择得太小,则有可能比例控制的作用无法使系统的误差进入 $|e(n)| < \Delta_e$ 区域。

如果选择实际微分 PD 算法,则可以直接在式(4.21)中去掉 $\Delta u_{\mathrm{i}}(n)$ 得:

$$\Delta u_{\mathrm{pd}}(n) = \Delta u_{\mathrm{p}}(n) + \Delta u_{\mathrm{d}}(n) \tag{4.29}$$

从而得:

$$u_{\mathrm{pd}}(n) = u(n-1) + \Delta u_{\mathrm{pd}}(n) \tag{4.30}$$

例 4.3 设系统结构如图 4.4 所示,被控对象为一延迟对象:$G(s) = \dfrac{\mathrm{e}^{-60t}}{30s+1}$,输入 $r(k) =$ 40,分析采用常规 PID 控制和积分分离 PID 控制的单位阶跃响应。控制器参数为:$K_{\mathrm{p}} = 0.8, K_{\mathrm{i}} = 0.005, K_{\mathrm{d}} = 3.0$。

当 $\begin{cases} 30 \leqslant |e(n)| \leqslant 40, \Delta_e = 0.3 \\ 20 \leqslant |e(n)| < 30, \Delta_e = 0.6 \\ 10 \leqslant |e(n)| < 20, \Delta_e = 0.9 \end{cases}$ 时,采用 PD 控制,否则,$\Delta_e = 1.0$,采用 PID 控制。

图 4.12 为 MATLAB 仿真结果。由仿真图可见,在初始阶段,积分分离 PID 控制器的输出要比常规 PID 控制器的输出稳定。

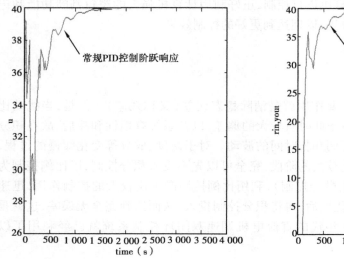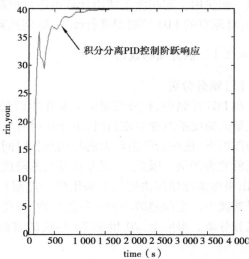

图 4.12　常规 PID 及积分分离 PID 仿真图

(2)抗积分饱和

控制器饱和现象的出现往往是因为长期存在偏差或偏差过大造成的,一般来说人们并不希望出现控制器饱和,因为控制器的饱和往往就意味着控制器失效。当然,有时也有意地让控制器处于饱和状态。对于计算机控制,则不希望控制器的输出值 $u(n)$ 超出 D/A 转换器所能表示的值的范围。以 12 位 D/A 转换器为例,其能够接受的数值范围为 000H ~ FFFH。为此,可以采取人为限幅的方法。

当 $u(n) < 0$ 时,则取 $u(n) = 0$;

当 $u(n) > \mathrm{FFFH}$ 时,则取 $u(n) = \mathrm{FFFH}$。

当然,避免控制器长时间处于饱和状态的最好方法是设计时留有余地。例如,电动机工作在额定转速时,不要使晶闸管工作在全导通状态。流量为额定流量时,调节阀的阀位不要处于全开。

（3）消除积分不灵敏区

在实际微分 PID 控制算法中，其积分控制算法的增量是按式（4.17）计算的，现将其重新表达如下：

$$\Delta u_i(n) = \frac{K_p T}{T_i} e(n) \tag{4.31}$$

由于上式是计算增量，特别是当采样时间比较小、而积分时间又比较长时，其计算值往往是比较小的。一旦小于计算机的字长精度，就会造成积分控制不起作用，称之为积分不灵敏区。

以一个计算机温度控制系统为例，假设温度量程为从室温（20 ℃）到 1 500 ℃，整个温差为 1 500 ℃ – 20 ℃ = 1 480 ℃。A/D 转换精度为 12 位，并采用定点运算。在上式中假设 $K_p = 1, T_i = 15$ s, $T = 0.2$ s。由式（4.31），可以计算出当 $\Delta u_p(n) = 1$ 时对应的 $e(n)$ 值，即

$$e(n) = \frac{\Delta u_p(n) T_i}{T K_p} \times \frac{1\ 480}{4\ 095} = 27$$

这里，4 095 = $2^{12} - 1$。这就意味着只有当偏差超过 27℃时，积分控制才会起作用。这样，本来靠积分控制消除残差的指望就无法实现。解决问题的办法是，除了靠增加 A/D、D/A 转换装置的字长外，可以将小于字长精度的 $\Delta u_p(n)$ 积累起来，即

$$S_k = \sum_{j=1}^{k} \Delta u_p(j) \tag{4.32}$$

当 S_k 大于字长精度后，再输出 S_k，从而可以确保消除残差。

4.2.2　微分项的改进

考虑式（4.1），在输出包含了偏差量的微分。而偏差量又等于给定量减去反馈量。

$$e(n) = r(n) - c(n) \tag{4.33}$$

式中，$r(n)$ 为给定量，而 $c(n)$ 为反馈量。

在实际应用中，可能有两种情况：一种情况是给定量会频繁地改变，另一种情况是给定量改变不频繁，但是，却有比较大的干扰。因此，可以分别采取如图 4.13 所示的措施。

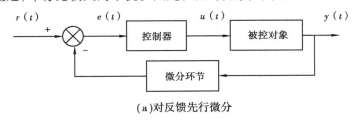

（a）对反馈先行微分

（b）对偏差先行微分

图 4.13　微分先行的 PID 控制结构图

对于第一种情况，可以先对反馈量实行微分运算，如图 4.13（a）所示，这样可以避免给定值频繁变动时，引起输出的超调量过大。其原理是：当给定量发生变化而引起偏差量变化时，

由于微分环节不在前向通道,就不会"夸大"偏差的大小。控制器会以一种比较平缓的方式对偏差进行控制,从而不会造成超调过大。当然,在反馈通道加一个微分环节,也有将干扰引入的危险。图 4.13(b)所示,则比较适合于用在串级控制的副回路(双闭环的内环)。将偏差信号先行输入给微分环节,可以使控制器"提前"动作,有利于迅速消除误差。

例 4.4 反馈先行微分 MATLAB 仿真举例。系统结构如图 4.13(a)所示,微分环节和比例积分控制器分别为:$G_{Cd}(s) = \dfrac{1 + T_d s}{1 + \gamma T_d s}$,$G_{Cpi}(s) = K_p\left(1 + \dfrac{1}{T_i s}\right)$

控制器参数为:$K_p = 0.36$,$T_i = 0.5$,$T_d = 38.9$,$\gamma = 0.5$,被控对象为延迟对象:$G_0(s) = \dfrac{e^{-60t}}{30s + 1}$

输入信号为带有高频干扰的阶跃信号 $r(t) = 20 + 0.05\sin(0.03\pi t)$,图 4.14(a)为先行微分 PID 控制仿真图,图 4.14(b)为常规 PID 控制仿真图。

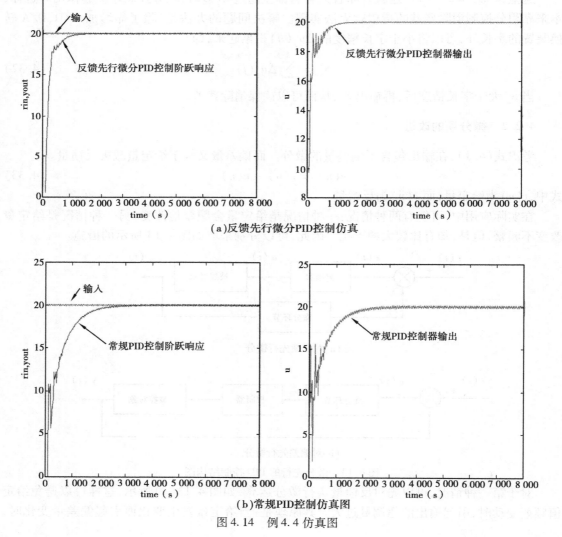

(a)反馈先行微分PID控制仿真

(b)常规PID控制仿真图

图 4.14 例 4.4 仿真图

　　由仿真结果可见,在初始阶段,反馈先行微分 PID 控制器的输出要比常规 PID 控制器的输出稳定;而且系统的阶跃响应也比常规 PID 控制效果好。

　　例 4.5　偏差先行微分 PID 控制 MATLAB 仿真举例。结构如图 4.15 所示,其中:

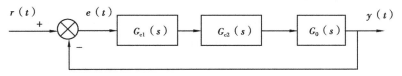

图 4.15　偏差先行微分 PID 控制结构图

$$G_0(s) = \frac{1}{(1+s)^3}$$

$$G_{C1}(s) = \frac{1+s}{1+\gamma s}$$

$$G_{C2}(s) = 1 + \frac{1}{s}$$

$$K_p = T_i = T_d = 1, \gamma = 0.1$$

由仿真图 4.16 可见,偏差先行微分 PID 控制的阶跃响应比常规 PID 控制效果好。

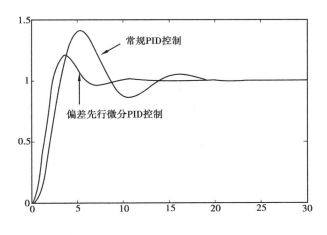

图 4.16　偏差先行微分仿真图

4.2.3　带死区(非线性)PID 控制算法

　　为了避免控制作用过于频繁,消除由于频繁动作所引起的振荡,可采用带死区的 PID 控制算法。其控制算式:

$$p(k) = \begin{cases} 0, & \text{当} |e(k)| \leqslant |e_0| \\ e(k), & \text{当} |e(k)| > |e_0| \end{cases}$$

　　系统结构图如图 4.17 所示,$e(k)$ 为偏差,e_0 为一个可调参数,根据实际控制对象由实验确定。若 e_0 太小,会使控制动作过于频繁,达不到稳定的目的;若 e_0 太大,则系统会产生较大的滞后。

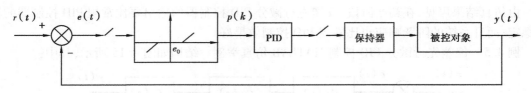

图 4.17　带死区(非线性) PID 控制结构图

4.3　数字 PID 控制器的工程实现

前面已经讨论了数字 PID 的基本算法以及相应的改进措施,但是,如何将以上控制算法转化为一个可以在计算机中运行的并且方便使用的程序,则还有不少工作要做,特别是如何使相应的控制程序具有"实时"性。下面将着重讨论数字 PID 控制器的工程实现方法。

4.3.1　PID 程序的获得方法

对于一个 PID 控制器,当计算机监控系统在运行时,表现为一个运行在内存的进程或线程,而其静态形式表现为一个程序。就目前的技术水平来看,基本上有以下三种方式来获得 PID 程序。

(1)使用汇编语言来开发

除了机器码外,汇编语言是一种最接近底层的语言。汇编语言的特点是代码短小精悍,占用内存小,运行速度快。对于一些使用单片机作为控制器的情形特别适合使用汇编语言。当然,使用汇编语言的缺点是:开发麻烦,程序调试困难,开发时间长,开发出来的程序通用性差。由于单片机的应用时间比较长了,因此,已经积累了许多 PID 的控制程序,甚至开发出了这方面的程序库。

下面介绍一个使用 8051 汇编语言的 PID 程序:

图 4.18 所示为一增量型的 PID 控制算法程序流程图。

相应的汇编程序见附录 2。

(2)使用高级语言来开发

利用高级语言来开发 PID 程序,具有开发效率高,开发出来的程序通用性好、针对性强,并且有比较强的功能。

常用的开发工具有 Basic、True Basic、Fortran、C、C＋＋、Visual C＋＋、Delphi 等。用高

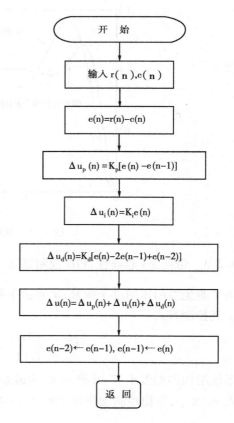

图 4.18　增量型的 PID 控制算法程序流程图

级语言开发的 PID 程序一般适合于运行在个人计算机上。

（3）购买商用工控（组态）软件

目前市面上有不少的工控（组态）软件,其中都会包含 PID 模块。用户只需直接调用,然后再定义相应的参数即可。这种商用软件提供的 PID 模块一般都会有比较强的功能。例如,自动、手动的切换,各种控制参数的调整,报警功能,抗饱和等。不同的组态软件价格相差很大,便宜的数千元人民币,贵的可达数十万元。

三种不同的 PID 程序的性能对照表见表 4.1。

表 4.1　三种 PID 程序性能对照表

	功能	开发时间	通用性	价格	控制的针对性	调试
汇编语言	一般	长	差	低	强	困难
高级语言	强	中等	中等	中等	强	中等
组态软件	很强	短	好	高	一般	容易

4.3.2　数字 PID 控制器参数的整定方法

在数字控制系统中,PID 控制器参数的整定除了比例系数 K_p、积分时间常数 T_i 和微分时间常数 T_d 外,采样周期 T 也是数字控制系统要合理选择的一个重要参数,应根据具体情况来选择,其选取的原则一般如下:

①采样周期必须满足香农（Shannon）采样定理,即采样角频率 $\omega_s \geq 2\omega_{max}$（$\omega_{max}$ 为被采样信号的最高角频率）或 $T \leq \pi/\omega_{max}$（$\omega_s = 2\pi/T$）。

②根据被控对象的特性,快速系统的 T 取小些,反之 T 取大些。

③根据执行机构的类型,执行机构动作惯性大时,T 取大些,反之 T 取小些。

④考虑计算量,若 T 取大些,则计算机的计算工作量相对减小。

⑤由于计算机的字长有限,若 T 过小,偏差值 $e(k)$ 可能很小,甚至为 0,PID 控制器的调节作用减弱,微分、积分作用不明显。因此,从计算机能精确执行控制算法来看,T 应选大些。

总之,被控对象是千差万别的,可在采用前人总结的经验数据基础上,再用试探法逐步调试确定。几种常见对象采样周期 T 的经验选择数据如下:

流量:$T = 1 \sim 5$ s

压力:$T = 3 \sim 10$ s

液位:$T = 6 \sim 10$ s

温度:$T = 15 \sim 20$ s

在过程控制行业,往往喜欢用比例带 δ 作为整定参数,δ 与 K_p 的关系如下:

$$\delta = \frac{1}{K_p} \tag{4.34}$$

对于实际控制系统,PID 控制器的参数选择是十分重要的。控制器参数直接影响控制质量的好坏。虽然在自动控制理论中也有不少关于控制器设计方法的研究,但是在实际应用中人们更喜欢使用工程整定方法。由于 PID 控制的应用已经有不短的时间,积累了不少成功的方法。下面介绍几种工程整定方法:

(1)稳定边界法

稳定边界法的步骤如下:先采用纯比例控制器,从比较大的比例带 δ 开始作实验。输入采用阶跃信号;逐渐减小 δ 直至系统出现临界振荡为止。记录下临界振荡的比例带 δ_1 和临界振荡的周期 T_1,按照表4.2来确定控制器的参数。

表4.2 稳定边界法整定 PID 参数

控制规律	δ	T_i	T_d
P	$2\delta_1$	—	—
PI	$2.2\delta_1$	$0.85T_1$	—
PID	$1.6\delta_1$	$0.50T_1$	$0.13T_1$

(2)衰减曲线法

实验步骤与稳定边界法相似,首先采用纯比例控制器,用阶跃信号作为输入。从比较大的比例带 δ 开始,逐渐减小 δ,直至系统出现如图4.19所示的4:1的衰减过程为止。记录下此时的比例带 δ_2 和两相邻波峰之间的时间 T_2,然后,按照表4.3来确定控制器的参数。

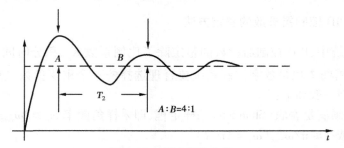

图4.19 衰减实验曲线

表4.3 衰减曲线法整定 PID 参数

控制规律	δ	T_i	T_d
P	δ_2	—	—
PI	$1.2\delta_2$	$0.5T_2$	—
PID	$0.8\delta_2$	$0.3T_2$	$0.1T_2$

(3)扩充临界比例度法

扩充临界比例度法是在模拟 PID 控制器中使用的临界比例度法的基础上扩充的一种 PID 数字控制器参数的整定方法,使用它整定 T、K_p、T_i 和 T_d 的步骤如下:

①选择一个合适的采样周期 T。一般 T 要足够小,就是选择采样周期为被控对象纯滞后时间的 1/10 以下。

②在步骤①基础上使系统按纯比例 K_p 控制(即 $T_i = \infty$,$T_d = 0$)。逐渐减小比例度 δ,使系统出现临界振荡(即阶跃响应出现持续 4 ~ 5 次的等幅振荡现象),记下使系统发生临界振荡的临界比例度 δ_k 和临界振荡周期 T_k。

③选择合适的控制度。控制度表明数字 PID 控制器的控制效果与模拟 PID 控制器的控制效果的接近程度。也就是以模拟调节器为基准,将数字控制器的控制效果与模拟调节器的控制效果相比较,是数字控制器和模拟调节器所对应的过渡过程的误差平方的积分比,即

$$控制度 = \frac{\left[\int_0^\infty e^2 \mathrm{d}t\right]_D}{\left[\int_0^\infty e^2 \mathrm{d}t\right]_A}$$

实际应用中并不需要计算出两个误差平方的积分,控制度仅是表示控制效果的物理概念。通常当控制度为 1.05 时,数字控制器与模拟控制器的控制效果相当;当控制度为 2.0 时,数字控制器比模拟调节器的控制质量差。因此,为使数字 PID 控制器的控制效果尽可能接近模拟 PID 控制器的控制效果,应使控制度接近 1.05。

④根据控制度查表 4.4,求出 T、K_p、T_i 和 T_d 的值。

表 4.4　数字 PID 控制器扩充临界比例度法整定参数表

控制度	控制规律	T	K_p	T_i	T_d
1.05	PI	$0.03T_k$	$0.55\delta_k$	$0.88T_k$	
	PID	$0.14T_k$	$0.63\delta_k$	$0.49T_k$	$0.14T_k$
1.2	PI	$0.05T_{kk}$	$0.49\delta_k$	$0.91T_k$	
	PID	$0.043T_k$	$0.47\delta_k$	$0.47T_k$	$0.16T_k$
1.5	PI	$0.14T_k$	$0.42\delta_k$	$0.99T_k$	
	PID	$0.20T_k$	$0.09\delta_k$	$0.35T_k$	$0.43T_k$
2.0	PI	$0.22T_k$	$0.37\delta_k$	$1.05\ T_k$	
	PID	$0.16T_k$	$0.27\delta_k$	$0.40T_k$	$0.22T_k$

⑤按以上所求的参数进行运行试验,适当调节 PID 参数,使系统获得最佳运行状态。

(4)试凑法

试凑法是通过模拟或实际的闭环运行环境,根据 PID 控制器各参数对系统响应的大致影响,反复试凑参数,观察系统的响应曲线,直到得到满意的动静态特性。

4.1.1 节分析了 PID 控制器的参数与系统性能之间的关系。增大比例系数 K_p 可加快系统的响应,但是过大的比例系数会使系统有较大的超调,并产生振荡,使稳定性变坏;增大积分时间 T_i,有利于减小超调,减小振荡,但系统响应时间将随之减慢;增大微分时间 T_d,也有利于加快系统响应,使超调量减小,稳定性增加,但系统对干扰较敏感,容易引入干扰信号。

参考以上一般规律,在用试凑时可对参数实行先比例、后积分、再微分的整定步骤:

①只整定比例控制部分。即由小变大调节比例系数 K_p,并观察相应的系统响应,直到得到反应快,超调小的响应曲线。如果响应曲线满足要求,则只需用比例调节器即可,记录最优比例系数 K_p。

②在比例控制系统不能满足设计要求时,加入积分环节。首先置积分时间 T_i 为一较大值,并将步骤①整定得到的比例系数 K_p 略微缩小,观察响应曲线;然后不断根据响应曲线的好坏反复调节比例系数与积分时间,使系统得到良好动态性能并使静态误差消除,记录最优参数 K_p 和 T_i。

③在使用比例积分控制虽然消除了静态误差,但动态过程经仍不满意时,加入微分环节,构成 PID 控制器。先置微分时间 T_d 为 0。在步骤②的基础上,逐步增大 T_d,同时改变比例系数和积分时间,逐步凑试,直到获得满意的控制效果和参数。

(5) 扩充响应曲线法

在上述方法中不需要预先知道对象的动态特性,而是直接在闭环系统中进行整定。如果已知系统的动态特性曲线,数字 PID 控制器的参数整定也可以采用类似模拟调节器的响应曲线法来进行,步骤如下:

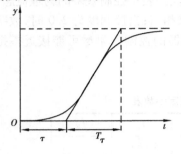

①断开数字控制器,使系统在手动状态下工作,并使之稳定;然后突然改变给定值,给对象一个阶跃输入信号。

②用实验方法测定系统对阶跃输入的整个变化过程曲线,如图 4.20 所示。

③在曲线最大斜率处作切线,求得等效的滞后时间 τ、等效的被控对象时间常数 T_τ 以及它们的比值 T_τ/τ。

④根据所求得的 T_τ、τ 和它们的比值 T_τ/τ,选择一个控制度,查表 4.5 求出 T、K_p、T_i 和 T_d 的值。表中的控制度的求法与扩充临界比例度法相同。

图 4.20 被控对象阶跃响应曲线

表 4.5 数字 PID 控制器扩充响应曲线法整定参数表

控制度	控制规律	T	K_p	T_i	T_d
1.05	PI	0.1τ	$0.84T_\tau/\tau$	3.4τ	
	PID	0.05τ	$1.15T_\tau/\tau$	2.0τ	1.45τ
1.2	PI	0.2τ	$0.78T_\tau/\tau$	3.6τ	
	PID	0.16τ	$1.0T_\tau/\tau$	1.9τ	0.55τ
1.5	PI	0.5τ	$0.68T_\tau/\tau$	3.9τ	
	PID	0.34τ	$0.85T_\tau/\tau$	1.62τ	0.65τ
2.0	PI	0.8τ	$0.57T_\tau/\tau$	4.2τ	
	PID	0.6τ	$0.6T_\tau/\tau$	1.5τ	0.82τ

⑤按以上所求的参数进行运行试验,适当调节 PID 控制器参数,使系统获得最佳运行状态。

有关 PID 控制器整定方法的文献很多,读者可以参看参考文献[13]、[20]、[21]。

4.4 数字滤波方法

计算机监控系统面对的现场往往比较恶劣,所采集信号中总会混杂有各类干扰,因此,为了减少对采样值的干扰,提高系统的性能,一般在进行数据处理之前先要对采样值进行滤波。除了采用硬件进行滤波(如阻容滤波)外,对输入进计算机的信号进行数字滤波也是十分必要的。

所谓数字滤波,就是通过一定的计算程序,对采集的数据进行处理,以提高有用信号在采集值中的比例,减少各种干扰和噪声。

与模拟滤波器(如阻容滤波)相比,数字滤波具有如下一些优点:

①可以根据干扰的类型,设计出相应类型的数字滤波器。

②滤波范围宽,特别是对于低频信号(如 0.001 Hz 及以下)的更为有效,而模拟的滤波器

由于电容容量的限制,频率不能太低。

③可靠性高,稳定性好,各回路之间不存在阻抗匹配等问题。

④不需要增加硬件设备,容易实现;同时,数字滤波程序可以多路共享。

⑤通过改写数字滤波程序,可以实现不同的滤波方法或调整滤波参数,比改变模拟滤波器的硬件方便得多。

4.4.1　算术平均值滤波

设测量值为 $c(n)$,则每采集了 N 个数据后,进行一次算术平均,其计算方法如下:

$$\overline{C}(n) = \frac{1}{N}\sum_{i=1}^{N} c(i) \tag{4.35}$$

根据数理统计的理论,上式的算术平均值实际上是这样一个值,它与各采样值间的误差的平方和最小。得到 $\overline{C}(n)$ 后即可计算出偏差值:

$$e(n) = r(n) - \overline{C}(n) \tag{4.36}$$

从上面可以看出,每计算一次控制器输出值,就必须采样 N 次,因此, N 的取值不能太大。这种算法对信号的平滑程度取决于平均次数 N ,当 N 较大时,平滑度高,但灵敏度低;当 N 较小时,平滑度低,但灵敏度高,应该视具体情况选取 N 值。对于一般流量信号检测,通常取 $N = 12$;若为压力信号检测,则取 $N = 4$ 。

算术平均值法主要对压力、流量等含有周期性脉动的信号有效,这种信号的特点是往往在某一数值范围附近作上下波动,有一个平均值,而对突发性的脉冲干扰,这种滤波方法的效果则不理想。

4.4.2　程序判断滤波

如果事先就知道所采样的信号,其在两个采样点之间不可能有很大的变化,则可以根据现场的经验,确定一个最大偏差值 Δ_m 。每次采样后都将其与前一个采样值进行比较,一旦两个值的差超出了 Δ_m ,则表明采集的信号中包含有较大的干扰,应该去掉;如果未超出 Δ_m ,可将该数据作为本次采样值。这种方法对于一些突发性的干扰,如大功率用电设备的启停或其他冲击性负载带来的电流尖峰干扰比较有效。

程序判断滤波根据滤波方法不同,可分为限幅滤波和限速滤波两种:

(1)限幅滤波

限幅滤波就是求出相邻两次采样值增量的绝对值,然后与最大允许偏差 Δ_m 进行比较,如果小于或等于 Δ_m ,则取为本次采样值;若大于 Δ_m ,则仍取上一次的采样值作为本次的采样值,即

$$若 |C_n - C_{n-1}| \leqslant \Delta_m , 则 C_n = C_n$$
$$若 |C_n - C_{n-1}| > \Delta_m , 则 C_n = C_{n-1}$$

式中, C_n 为第 n 次采样值, C_{n-1} 为第 $n-1$ 次采样值。程序判断滤波法程序流程图如图4.21所示。

(2)限速滤波

这是一种兼顾实时性和连续性的折中方法。设在相邻的采样时刻 t_1 、 t_2 、 t_3 ,对应的采样值为 C_1 、 C_2 、 C_3 ,限速滤波的算法为:

若 $|C_2 - C_1| \leqslant \Delta_m$，则以 C_2 作为滤波输出值；

若 $|C_2 - C_1| > \Delta_m$，则不采用 C_2，但仍保留其值，再取第三次的采样值 C_3；

若 $|C_3 - C_2| \leqslant \Delta_m$，则以 C_3 作为滤波输出值；

若 $|C_3 - C_2| > \Delta_m$，则以 $(C_3 + C_2)/2$ 作为滤波输出值。

程序判断滤波适用于变化比较缓慢的参数（如温度、液位等），其关键在于最大允许误差 Δ_m 的选取。Δ_m 太大，对干扰的滤波效果差；Δ_m 太小，又会滤掉一些有用的信号，使采样效率变低。通常 Δ_m 可根据经验数据获得，必要时可由实验得出。

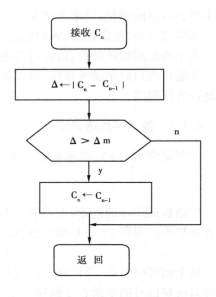

图 4.21　程序判断滤波法流程图

4.4.3　中值滤波

所谓中值滤波，就是连续采样 N 次（N 为奇数），然后将 N 次的采样值从小到大排列，或者从大到小排列，再取中间的值作为采样值。

中值滤波既可以去掉由于偶然因数引起的干扰，同时对于脉动干扰也比较有效。但是，这种方法由于计算量比较大，对于一些需要快速采样的参数就不十分合适。

中值滤波的关键所在是形成按大小顺序排列的一组数。假设采样 N 次，如果使用高级语言，首先将 N 个采样值按从大到小（或从小到大）排列，然后将其放在一个数组 $R(N)$ 里，此时，$R((N+1)/2)$ 则为采样值。有关如何排序的方法，在许多软件技术基础的书籍中都可以找到，文献[10]中也有简介，本书就不再介绍了。

上面介绍了几种常用的数字滤波方法，它们各有特点。其他滤波方法还有：加权平均滤波、防脉冲干扰平均值滤波（复合滤波）、平滑滤波、比较取舍滤波、一阶递推滤波等。

由于不同的滤波方法具有不同的滤波效果，因此，在实际应用过程中完全可以将它们综合起来使用。例如，算术平均滤波对周期性脉动比较有效，而对随机的脉冲干扰则无能为力；程序判断滤波则可以去除比较"离奇"的值；对于两种干扰都存在的情形，可以先用程序判断滤波去掉"离奇"的值，然后再用算术平均滤波去掉脉动干扰。

一般来说，对于变化缓慢的参数（如温度），可选用程序判断滤波和一阶滞后滤波；而对变化较快的信号（如压力、流量等），则可选用算术平均值滤波；对要求较高的系统可选用复合滤波。如果应用数字滤波不当，将真实的参数波动也滤掉了，反而会降低控制效果。

4.5　非线性补偿

在计算机监控系统中，通过检测装置得到的检测信号（通常是一个电量）与该信号所代表的物理量之间不一定为线性关系，而是一个非线性的函数关系，即

$$x = f(y) \tag{4.37}$$

式中,y 为检测信号,x 为检测信号所代表的物理
量,两者的关系如图 4.22 所示。

下面通过两个例子来说明问题:

例 4.6　热电偶的热电势与温度的关系

如果利用铁—康铜热电偶来测量温度,则两者

图 4.22　检测信号与物理量之间的关系

的关系如式(4.38)所示,即

$$T = a_1 E + a_2 E^2 + a_3 E^3 + a_4 E^4 \qquad (4.38)$$

式中,T 为测量的温度,单位为℃;E 为热电偶输出的热电势,单位为 mV。当温度在:0 ℃≤
T≤400 ℃;精度为 1 ℃时。各系数取值分别为:

$$a_1 = 1.975\ 095\ 3 \times 10 \qquad\qquad a_2 = -1.854\ 260\ 0 \times 10^{-1}$$

$$a_3 = 8.368\ 395\ 8 \times 10^{-1} \qquad\qquad a_4 = -1.328\ 056\ 8 \times 10^{-4}$$

例 4.7　孔板差压与流量的关系在过程控制中,通常会利用孔板来测量气体或液体的流
量。此时,差压变送器的输出信号 ΔP 与实际流量 F 之间的关系如下:

$$F = k\sqrt{\Delta P} \qquad (4.39)$$

式中　k——流量系数。

由于非线性特性的存在,导致控制难度的增大,而且,由于 y 不能"真实"地反映被测量的
参量 x,对 y 的应用(例如显示)也显得十分不方便。因此,有必要在测量通道中进行非线性
补偿。

在常规自动化仪表技术中,常常采用"硬件补偿"的方法。例如,在流量仪表中采用凸轮
机构,或者是利用非线性电阻、运算放大器来构成各种非线性环节。采用硬件补偿的方法,一
是增加了设备,加大了成本;二是精度不高,且构成也非常不灵活。而利用计算机就可以很方
便地进行非线性补偿。图 4.23 为计算机补偿的原理图。

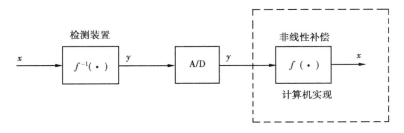

图 4.23　计算机非线性补偿原理图

从上图不难看出,利用计算机进行非线性补偿,无非是用计算机进行一次非线性的函数计
算。在上图中,为了易于理解,可将 A/D 转换的输出视为 y,即不考虑由于 A/D 转换产生的标
度变换问题。常用的非线性补偿方法主要有以下几种:

(1)公式计算法

如果被检测的物理量 x 与检测装置的输出 y 之间有着比较明确的函数关系,且这种函数
关系又比较容易用计算机来实现,则可以直接用计算机进行计算。例如,如果被检测的温度 T
与热电偶的输出热电势 E 之间的关系如式(4.38)。为了计算方便,可以将式(4.38)改写为
下式:

$$T = \{[(a_4 E + a_3)E + a_2]E + a_1\}E \qquad (4.40)$$

121

读者可以思考一下,为何式(4.40)比式(4.38)在计算上更为方便。

如果读者是用高级语言编写非线性补偿程序,则这项工作就变得相对简单了。只需从函数库调用相应的函数即可(如果 x 与 y 所服从的函数关系,且在函数库中存在的话)。但是,如果开发时不具备这样的环境(例如,用单片机进行开发),则相应的非线性补偿的工作就会相对复杂一些。这就是为什么下面两种方法具有比较重要的应用价值。

(2)查表法

设检测装置的输出信号 y 与其所代表的物理量 x 之间的关系如式(4.37)。可以根据以上关系以及检测精度,事先计算好相应的数据:

$$x_i = f(y_i) \qquad i = 1,2,3,\cdots,N$$

将以上数据按一定的顺序制成表格存入计算机中。A/D 转换器给出 y_i 的值后,利用一个查表程序,查出相应的 x_i 的值。这种方法的特点是,计算速度快、精度高,但是,占用内存大。以 12 位的 A/D 转换器为例,这样就会有 $2^{12} = 4\ 096$ 组数据,如果每组数据占用 4 个字节,则共需内存 $4 \times 4\ 096 = 16$ K 字节。这对于一些资源有限的系统来说,是一个不小的负担。

(3)(线性)插值法

线性插值法的基本思路是:如果 x-y 曲线很难用一个比较简单的(指用计算机实现)的数学表达式来表达,则将其用若干条直线来近似。

设 x-y 曲线如图 4.24 所示,可以用四条直线来近似 x-y 曲线。

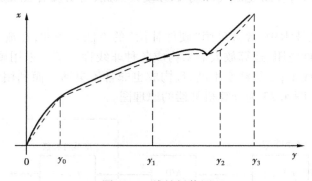

图 4.24　线性插值原理

一旦计算机获得 A/D 转换器的数值 y,首先判断其所属范围,然后按相应的直线方程计算 x 的值。有时为了获得更高的精度,可以采用非线性插值的方法。感兴趣的读者可以参看有关计算方法或数值计算的书籍。

如例 4.6 所述,热电偶的 T-E 关系为非线性特性,设用实验方式测得 T-E 有图 4.24 所示的曲线,并且在折点处的 T-E 关系是准确的,在两折点之间用直线拟合该曲线,直线方程为:

$$T_x = T_{n-1} + \frac{T_n - T_{n-1}}{E_n - E_{n-1}}(E_x - E_{n-1}) \tag{4.41}$$

式中　E_x——测量电势;

　　　T_x——由 E_x 换算所得的温度;

　　　E_n、E_{n-1}——E_x 所在折线段两端的热电势值;

　　　T_n、T_{n-1}——T_n 所在折线段两端的温度值。

可根据测量值 E_x 大小,选择相应的折线段,由上式计算对应的温度 T_x。

例 4.8　某系统用镍烙-镍铝热电偶侧温度,将温度 400 ~ 1 000 ℃的范围按 60 ℃一段划为 10 段,各段用直线近似,折点处的 $T\text{-}E$ 值见表 4.6,某时刻测得热电势 $E_x = 34.66$ mV,求对应的温度值。

表 4.6　折点处的 $T\text{-}E$ 值

折点号	0	1	2	3	4	5	6	7	8	9	10
温度 T_x/℃	400	460	520	580	640	700	760	820	880	940	1 000
热电势 E_x/mV	16.4	18.94	21.5	24.05	26.6	29.13	31.64	34.10	36.53	38.93	41.27

解　从表 4.6 查得 $E_x = 34.66$ mV 处于 7 ~ 8 段,将各有关数值代入式(4.41)得:

$$T_x = T_{n-1} + \frac{T_n - T_{n-1}}{E_n - E_{n-1}}(E_x - E_{n-1})$$

$$= \left[820 + \frac{880 - 820}{36.53 - 34.1} \times (34.66 - 34.1)\right]℃ \approx 833.827\ ℃$$

上例如用式(4.40)计算有:

$$T_x = a_0 + a_1 E_x + a_2 E_x^2 + a_3 E_x^3 + a_4 E_x^4$$

$$= \{[(a_4 E_x + a_3)E_x + a_2]E_x + a_1\}E_x + a_0$$

$$= 833.887(℃)$$

其中:

$a_0 = -2.470\,711\,2 \times 10$

$a_1 = 2.946\,563\,3 \times 10$

$a_2 = -3.131\,262 \times 10^{-1}$

$a_3 = 6.507\,571\,7 \times 10^{-3}$

$a_4 = -3.966\,383\,4 \times 10^{-5}$

线性插值法处理程序比较简单,关键是查表找出 E_x 所在的区间,从表中读取 E_n、E_{n-1}、T_n、T_{n-1} 的值。如果采用的是等距分段法,很容易通过计算查表,即使采用无规则的非等距分段法,用常用的查表法(如对分搜索查表法)查找相应的 E_n、E_{n-1}、T_n、T_{n-1} 值也并不困难。有时为了获得更高的精度,可以采用非线性插值的方法。感兴趣的读者可以参看有关计算方法或数值计算的书籍。

4.6　标度变换

在生产过程中,不同的被检测参量有着不同的量纲和数值范围。例如,假设在某个生产过程中,要同时检测温度、压力和流量三种物理量。温度的测量范围为 200 ~ 2 400℃,流量的测量范围为 5 ~ 300 m^3/h,而压力的测量范围为 300 Pa ~ 10 MPa。

在进行参量检测时,为了方便起见,统一地将各种物理参量转换为取值范围相同的电信号。例如,统一转换为 4 ~ 20 mA 的电流信号,或者统一转换为 0 ~ 5 V 的电压信号。然后,A/D转换装置又将以上电信号转换为取值范围相同的数字信号。例如,一个 12 位的 A/D 转换装置的数值信号取值范围为 000H～FFFH。为了显示、打印和计算的方便,又需要在计算机中将以上数值信号转换为具有不同量纲的工程量,这种工作就称为标度变换。

在进行标度变换时,主要有以下两种情形:

(1) 线性标度变换

线性参数(量)的标度变换是最常用标度变换,其前提条件是被测量的参量数值与 A/D 转换结果之间为线性关系。线性标度变换的公式如下:

$$X_x = (X_m - X_0)\frac{N_x - N_0}{N_m - N_0} + X_0 \tag{4.42}$$

式中　X_0——一次测量仪表下限;

　　　X_m——一次测量仪表上限;

　　　X_x——实际测量值;

　　　N_0——一次测量仪表下限对应的数字量;

　　　N_m——一次测量仪表上限对应的数字量;

　　　N_x——实际测量值对应的数字量。

对于大多数情况,$N_0 = 0$,则式(4.42)改写为下式:

$$X_x = \frac{X_m - X_0}{N_m}N_x + X_0 \tag{4.43}$$

由于 X_0、X_m、N_0、N_m 都是事先已确定的数值,所以可以将式(4.42)改写为下式:

$$X_x = kN_x + c \tag{4.44}$$

上式的计算量比式(4.42)要来得小,只须一次乘法和一次加法。其中,k、c 与 X_0、X_m、N_0、N_m 的关系读者可以自己推导。

例 4.9　某加热炉温度测量仪表的量程为 400～1 200 ℃,设在某时刻计算机采样并经滤波后的数值为 ABH = $(171)_D$,并设 $N_0 = 00H = (0)_D$,$N_m = FFH = (255)_D$。按式(4.42)或式(4.43)计算后得 $X_x = 936$ ℃。

例 4.10　某热处理炉温度变化范围是 0～1 350 ℃,经温度变送器变换为 1～5 V 电压送至 ADC0809,ADC0809 的输入范围是 0～5 V,若在某时刻,ADC0809 的转换结果是 6AH,问此时对应的温度值是多少?

解　ADC0809 的量化单位为 $q = 5\,000/256$ mV = 19.61 mV

1 V 对应的数字量为:1 000/19.61 = 51 = 33H

6AH = 106,所以 6AH 对应的炉温为:

$$T = X_x = (X_m - X_0)\frac{N_x - N_0}{N_m - N_0} + X_0$$

$$= (1\,350 - 0) \times \frac{106 - 51}{255 - 51} + 0 \approx 364 ℃$$

(2) 非线性标度变换

当传感器测出的数据与实际被测参数之间不是线性关系时,其标度变换公式应根据具体问题具体分析。首先应求出它们之间所对应的函数关系,如果这种函数关系可以用解析式来表示(如上面所列举的热电偶的热电势与温度的关系式及孔板差压与流量的关系式),就可以直接求出它所对应的标度变换公式进行计算。许多非线性传感器无法写出一个简单的公式,或者虽然能够写出公式来,但是计算相当困难。这时,可以采用多项式插值法、线性插值法或查表进行标度变换。对于非线性标度变换,情况要比线性标度变换略为复杂,如图 4.25 所示。

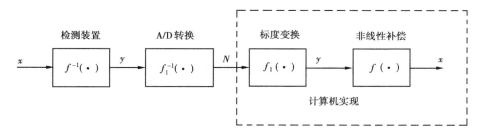

图 4.25　非线性标度变换与非线性补偿原理

从上图不难看出,对于检测特性为非线性的情形,可以有两种方法:一种方法是先进行标度变换,然后再进行非线性补偿;另一种方法是标度变换与非线性补偿一次完成,此时的变换公式是:$f(f_1(\cdot))$。

4.7　控制系统的直接数字化设计法

计算机控制系统的直接数字化设计法(也称为数字控制器的直接设计方法)是在 Z 域的设计方法。其基本思想是:将连续部分近似等效为数字环节,系统看成一个离散的系统,利用采样控制系统理论对系统进行分析与设计,在 Z 域分析系统并设计数字控制器的脉冲传递函数 $D(z)$,然后用计算机程序实现 $D(z)$。直接数字化设计法的优点是:不存在采样周期必须足够小的限制;可以考虑采样点之间的性能;有可能得到比相应连续系统更好的性能。

4.7.1　直接数字化设计法概述

设采样控制系统结构如图 4.26 所示。

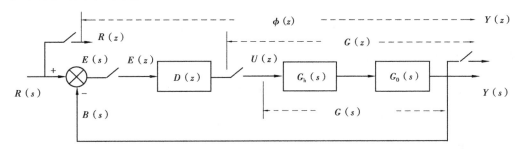

图 4.26　采样控制系统结构图

其中:$G_0(s)$:被控对象传递函数;

　　　$G_h(s)$:零阶保持器传递函数;

　　　$D(z)$:数字控制器脉冲传递函数;

　　　$\phi(z)$:系统闭环脉冲传递函数;

125

$R(z)$：输入信号的 Z 变换；

$Y(z)$：输出信号的 Z 变换。

一般约定，信号的 Z 变换用大写字母表示，对应的时域信号用小写字母表示。例如，$c(k)$ 表示 $C(z)$ 的时域信号。还有一点要注意的是，$C(z)$ 并非将 $C(s)$ 中的 s 简单地替换后得到。

数字控制器直接设计法一般步骤如下：

①由已知的 $G(s)$ 及根据系统性能指标要求和其他约束条件确定所需的闭环脉冲传递函数 $\phi(z)$。下一小节介绍的就是如何求 $\phi(z)$ 的一种方法。

②求广义对象脉冲传递函数 $G(z)$：

$$G(z) = Z[G_\mathrm{h}(s)G_0(s)] = Z\left[\frac{1 - \mathrm{e}^{-Ts}}{s}G_0(s)\right]$$

③求数字控制器的脉冲传递函数 $D(z)$：

由

$$\phi(z) = \frac{Y(z)}{R(z)} = \frac{D(z)G(z)}{1 + D(z)G(z)}$$

得：

$$D(z) = \frac{U(z)}{E(z)} = \frac{1}{G(z)}\frac{\phi(z)}{1 - \phi(z)} = \frac{\phi(z)}{G(z)\phi_\mathrm{e}(z)} = \frac{1 - \phi_\mathrm{e}(z)}{G(z)\phi_\mathrm{e}(z)}$$

其中，$\phi_\mathrm{e}(z) = 1 - \phi(z)$，称为误差脉冲传递函数。

④根据 $D(z)$ 求递推计算公式，如果 $D(z)$ 一般形式为：

$$D(z) = \frac{U(z)}{E(z)} = \frac{\displaystyle\sum_{i=0}^{m} b_i z^{-i}}{1 + \displaystyle\sum_{i=0}^{n} a_i z^{-i}}, (n \geqslant m)$$

则数字控制输出的 Z 变换为：

$$U(z) = \sum_{i=0}^{m} b_i z^{-i} E(z) - \sum_{i=0}^{n} a_i z^{-i} U(z)$$

相应地，可以计算数字控制器各时间点的输出：

$$u(k) = \sum_{i=0}^{m} b_i e(k - i) - \sum_{i=0}^{n} a_i u(k - i)$$

⑤根据上式编写控制算法程序。

4.7.2　最少拍控制系统设计

在数字控制器的直接设计方法中，一个采样周期称为一拍。所谓最少拍控制，是指系统在特定输入(例如，阶跃信号，速度信号，加速度信号等)作用下，经过最少拍(有限拍)，输出(在采样时刻)的稳态误差为零，即能在最少的采样周期数内使系统输出 $y(k)$ 达到无稳态误差的稳定状态。这样的控制称为最少拍控制，或时间最优控制。最少拍控制系统的性能指标是调整时间最短，因此，最少拍控制系统设计，也称为时间最佳系统设计，是计算机控制系统设计最有效的方法之一。

最少拍控制的设计要求：

①对特定输入 $r(k)$，输出（在采样时刻）无稳态误差，即

$$e_{ss} = \lim_{k \to \infty} [r(k) - y(k)] = 0$$

②系统对特定输入 $r(k)$ 的响应在 N 拍内达到稳定且 N 取最小整数，即系统输出准确跟踪输入所需的采样周期数最小。

③闭环系统是稳定的。

④$D(z)$ 可物理实现，指在控制算法中不允许出现未来时刻的输入 $e(k)$ 值，即 $D(z)$ 中不能出现正幂次方。

（1）不包含纯滞后环节的广义对象最少拍控制器设计

对图 4.26 的采样控制系统，定义广义被控对象的脉冲传递函数为：

$$G(z) = Z[G(s)] = Z[G_h(s)G_0(s)]$$

$G(z)$ 在 z 平面单位圆上及单位圆外没有极点，且不含有纯滞后环节。

因为

$$\phi(z) = \frac{Y(z)}{R(z)} = \frac{D(z)G(z)}{1 + D(z)G(z)} \tag{4.45}$$

所以

$$D(z) = \frac{U(z)}{E(z)} = \frac{\phi(z)}{G(z)\phi_e(z)} = \frac{1 - \phi_e(z)}{G(z)\phi_e(z)} \tag{4.46}$$

误差脉冲传递函数为：

$$\phi_e(z) = \frac{E(z)}{R(z)} = \frac{1}{1 + D(z)G(z)} = 1 - \phi(z) \tag{4.47}$$

$$E(z) = R(z)\phi_e(z) \tag{4.48}$$

最少拍控制器设计要求系统在 $k \geq N$（N 为正整数）时，$e(k) = 0$（或 $e(k) =$ 常数），这样 $E(z)$ 只有有限项。设计时，要求 N 尽可能小，所以有：

$$E(z) = e(0) + e(T)z^{-1} + e(2T)z^{-2} + \cdots + e(NT)z^{-N}$$

最少拍控制是针对特定输入（如阶跃信号、速度信号、加速度信号等）设计的，典型输入函数的一般形式：

$$r(t) = \frac{1}{(q-1)!}t^{q-1} \quad (q = 1,2,3,\cdots)$$

上式 Z 变换后得到：

$$R(z) = \frac{B(z)}{(1 - z^{-1})^q}$$

式中，$B(z)$ 是不包含 $(1 - z^{-1})$ 因子的 z^{-1} 多项式，$q = 1,2,3,\cdots$ 分别对应单位阶跃信号、单位速度信号和单位加速度信号。

由 Z 变换终值定理知，系统的稳态误差为：

$$e(\infty) = \lim_{z \to 1}(1 - z^{-1})E(z) = \lim_{z \to 1}(1 - z^{-1})R(z)\phi_e(z) = \lim_{z \to 1}(1 - z^{-1})\frac{B(z)}{(1 - z^{-1})^q}\phi_e(z)$$

由于 $B(z)$ 没有 $(1 - z^{-1})$ 的因子，要使稳态误差为 0，必须有：

$$\phi_e(z) = (1 - z^{-1})^q F(z) \tag{4.49}$$

式中，$F(z)$ 是待定的且不含 $(1 - z^{-1})$ 因子的 z^{-1} 多项式。根据式（4.48）得：

127

$$E(z) = \phi_e(z)R(z) = F(z)B(z) \tag{4.50}$$

根据多项式的理论有：

$$\deg[E(z)] = \deg[F(z)] + \deg[B(z)] \tag{4.51}$$

式中，$\deg[\cdot]$表示多项式的阶次。为了使$E(z)$的阶次N最低，取$F(z)$为常数(对应的阶次为零)即可，不失一般性，取$F(z) = 1$。因此，给定输入信号$R(z) = \dfrac{B(z)}{(1 - z^{-1})^q}$后，本着使$E(z)$阶次最少的原则，选取$\phi_e(z) = (1 - z^{-1})^q$，再根据式(4.46)、式(4.47)即可设计出相应的最少拍无差系统的控制器$D(z)$。

下面对典型输入下的最少拍控制系统的性能进行分析：

①单位阶跃输入$q = 1, r(t) = 1(t)$

$$R(z) = \frac{1}{1 - z^{-1}}$$

所以，$\phi_e(z) = 1 - z^{-1}$，$\phi(z) = 1 - \phi_e(z) = z^{-1}$，因此，

$$E(z) = R(z)\phi_e(z) = \frac{1}{1 - z^{-1}}(1 - z^{-1}) = 1$$

可见此时$E(z)$的阶次最低，输出信号的 Z 变换$Y(z)$为：

$$Y(z) = R(z)\phi(z) = \frac{1}{1 - z^{-1}}z^{-1} = z^{-1} + z^{-2} + z^{-3} + \cdots$$

单位阶跃输入时误差与输出序列如图 4.27 所示。用"○"来表示序列在采样时刻的取值，各"○"之间用虚线相连，表明序列对应的连续函数在采样时刻之间的取值还是未知的。

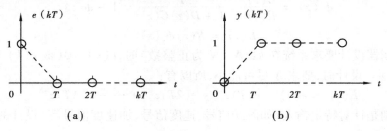

图 4.27　单位阶跃输入时误差与输出序列

②单位速度输入$q = 2, r(t) = t$

$$R(z) = \frac{Tz^{-1}}{(1 - z^{-1})^2}$$

所以　$\phi_e(z) = (1 - z^{-1})^2$

因此，$\phi(z) = 1 - (1 - z^{-1})^2 = 2z^{-1} - z^{-2}$

$$E(z) = R(z)\phi_e(z) = R(z)[1 - \phi(z)] = \frac{Tz^{-1}}{(1 - z^{-1})^2}(1 - 2z^{-1} + z^{-2}) = Tz^{-1}$$

输出信号的 Z 变换$Y(z)$为：

$$Y(z) = R(z)\phi(z) = 2Tz^{-2} + 3Tz^{-3} + 4Tz^{-4} + \cdots$$

2 拍后，$y(k) = r(k)$，说明输出响应在采样时刻能完全跟踪输入信号。

单位速度输入时误差与输出序列如图 4.28 所示。

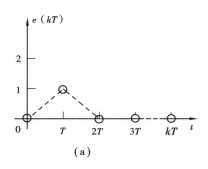
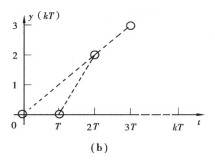

图 4.28　单位速度输入时误差与输出序列

③单位加速度输入 $q = 3$，$r(t) = t^2/2$

$$R(z) = \frac{T^2 z^{-1}(1 + z^{-1})}{2(1 - z^{-1})^3}$$

同理分析有：

$$\phi_e(z) = (1 - z^{-1})^3$$

因此，$\phi(z) = 1 - (1 - z^{-1})^3 = 3z^{-1} - 3z^{-2} + z^{-3}$

$$E(z) = R(z)\phi_e(z) = \frac{T^2 z^{-1}(1 + z^{-1})}{2(1 - z^{-1})^3}(1 - z^{-1})^3 = \frac{1}{2}T^2 z^{-1} + \frac{1}{2}T^2 z^{-2}$$

则　　$Y(z) = R(z)\phi(z) = \frac{T^2 z^{-1}(1 + z^{-1})}{2(1 - z^{-1})^3}(3z^{-1} - 3z^{-2} + z^{-3})$

$$= 1.5T^2 z^{-2} + 4.5T^2 z^{-3} + 8T^2 z^{-4} + 12.5T^2 z^{-5} + \cdots$$

单位加速度输入时误差序列如图 4.29 所示。读者可以自己计算并画出输出序列。

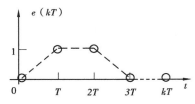

图 4.29　单位加速度输入时误差序列

表 4.7 汇总了三种典型输入时最少拍控制的系统调整时间、误差传递函数、闭环传递函数。

表 4.7　最少拍控制系统各参量表

输入函数 $r(kT)$	$1(kT)$	kT	$(KT)^2/2$
误差脉冲传递函数 $\phi_e(z)$	$1 - z^{-1}$	$(1 - z^{-1})^2$	$(1 - z^{-1})^3$
闭环脉冲传递函数 $\phi(z)$	z^{-1}	$2z^{-1} - z^{-2}$	$3z^{-1} - 3z^{-2} + z^{-3}$
最少拍控制器 $D(z)$	$\dfrac{z^{-1}}{(1 - z^{-1})G(z)}$	$\dfrac{2z^{-1} - z^{-2}}{(1 - z^{-1})^2 G(z)}$	$\dfrac{3z^{-1} - 3z^{-2} + z^{-3}}{(1 - z^{-1})^3 G(z)}$
调节时间 t_s	T	$2T$	$3T$

（2）最少拍控制器的控制性能分析

1）对典型输入的适应性分析

例4.11 设广义被控对象的脉冲传递函数为 $G(z) = \dfrac{0.1z^{-1}}{1 - 0.1z^{-1}}$，$T = 1$ s，针对 $r(t) = t$ 设计最少拍控制器。

解 由表4.7得：
$$\phi(z) = 1 - (1 - z^{-1})^2 = 2z^{-1} - z^{-2}, \phi_e(z) = 1 - \phi(z) = (1 - z^{-1})^2$$

当输入单位速度信号时：
$$R(z) = \frac{Tz^{-1}}{(1 - z^{-1})^2}$$

则
$$Y(z) = R(z)\phi(z) = \frac{z^{-1}}{(1 - z^{-1})^2}(2z^{-1} - z^{-2}) = 2z^{-2} + 3z^{-3} + 4z^{-4} + \cdots$$

可见，2拍后，输出能跟随输入。

如输入改为阶跃信号时：
$$R(z) = \frac{1}{(1 - z^{-1})}$$

则
$$D(z) = \frac{\phi(z)}{G(z)\phi_e(z)} = \frac{20(1 - 0.5z^{-1})(1 - 0.1z^{-1})}{(1 - z^{-1})^2}$$

$$Y(z) = R(z)\phi(z) = \frac{2z^{-1} - z^{-2}}{1 - z^{-1}} = 2z^{-1} + z^{-2} + z^{-3} + \cdots$$

因此，输出在第1拍处有100%的超调。

当输入改为单位加速信号时：
$$R(z) = \frac{T^2 z^{-1}(1 + z^{-1})}{2(1 - z^{-1})^3}$$

则
$$Y(z) = R(z)\phi(z) = \frac{z^{-1}(1 + z^{-1})}{2(1 - z^{-1})^3}(2z^{-1} - z^{-2}) = z^{-2} + 3.5z^{-3} + 7z^{-4} + \cdots$$

$$y(k) = 0, 0, 1, 3.5, 7, \cdots$$

可见，输出始终存在稳态误差。

从上例可知，即使针对某一类输入进行设计得到的响应是最少拍的，对其他类输入不一定能保证是最少拍的，甚至引起大的超调和稳态误差，因此，最少拍控制对典型输入的适应性不是很好。

2）对参数变换敏感性分析

例4.12 被控对象同例4.11，$T = 1$ s，针对 $r(t) = t$ 设计最少拍控制器。

解 由例4.11得 $Y(z) = 2z^{-2} + 3z^{-3} + 4z^{-4} + \cdots$ 输入与输出序列如图4.30所示。

被控对象的模型因参数改变而变为：
$$G^*(z) = \frac{0.2z^{-1}}{1 - 0.2z^{-1}}$$

则
$$\phi^*(z) = \frac{D(z)G^*(z)}{1 + D(z)G^*(z)} = \frac{4z^{-1}(1 - 0.5z^{-1})(1 - 0.1z^{-1})}{1 + 1.8z^{-1} - z^{-2}}$$

$$Y^*(z) = R(z)\phi^*(z) = \frac{4z^{-1}(1 - 0.5z^{-1})(1 - 0.1z^{-1})}{1 + 1.8z^{-1} - z^{-2}} \times \frac{z^{-1}}{(1 - z^{-1})^2}$$

$$= 4z^{-2} - 1.6z^{-3} + 14.32z^{-4} - 18.1z^{-5} + 57.8z^{-6} + \cdots$$

$y(k)$ 与期望值 $(0,1,2,3,\cdots)$ 有较大的误差,参数改变后单位速度输入时输出序列如图 4.31 所示,由此可见,系统是不稳定的。

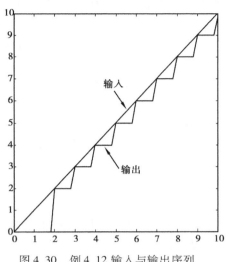

图 4.30 例 4.12 输入与输出序列   图 4.31 例 4.12 参数改变后输出序列

针对以上现象,可以采用非最少的有限拍控制设计,以降低对参数变化的灵敏度。具体做法是:在最少拍设计的基础上,将 $\phi(z)$ 中 z^{-1} 的幂次提高一到二阶,使在选择 $\phi(z)$ 的待定系数时增加自由度,有利于降低系统对参数变化的敏感性,这就是非最少拍控制设计。

3)最少拍系统的稳定性分析

由以上介绍的最少拍设计中可知,$\phi(z)$ 的全部极点在 $z=0$,$y(t)$ 在采样时刻的序列 $y(k)$ 是稳定的,但不能保证 $y(t)$ 也稳定。下面对最少拍系统的稳定性进行分析:

由式(4.46)和式(4.48)推导出:

$$U(z) = D(z)E(z) = D(z)\phi_e(z)R(z) = \frac{\phi(z)}{G(z)}R(z) \tag{4.52}$$

如果被控对象 $G(z)$ 的所有零极点都在单位圆内,则系统是稳定的;如果 $G(z)$ 有单位圆上和圆外的零、极点(即 $G(z)$ 和 $U(z)$ 含有不稳定的极点),则控制变量 u 的输出也将不稳定。由

$$\phi(z) = \frac{Y(z)}{R(z)} = \frac{D(z)G(z)}{1 + D(z)G(z)}$$

可以看出,在系统的闭环脉冲传递函数中,$D(z)$ 一般总是和 $G(z)$ 成对出现的,为了保证闭环系统稳定,其闭环脉冲传递函数 $\phi(z)$ 的极点必须全部在单位圆内。若 $G(z)$ 中存在单位圆上或圆外的零(极)点,可用 $D(z)$ 的极(零点)来抵消,但不能简单地用 $D(z)$ 的相关极点或零点去抵消 $G(z)$ 中在单位圆上或圆外的零极点。若要使 $G(z)$ 在单位圆上和圆外的零点抵消掉,$D(z)$ 分母中必然含有相应的不稳定的极点,从而使 $D(z)$ 不稳定。此外,如果 $D(z)$ 抵消了 $G(z)$ 的不稳定的极点,则 $D(z)$ 必然包含相应的单位圆上的和单位圆外的零点,这样,在理论上可得到一个稳定的控制系统,但这种稳定是建立在 $G(z)$ 的不稳定极点被 $D(z)$ 的零点准确抵消的基础上。在实际控制中,一旦系统参数有误差或参数受外界环境影响而变化,这种抵消就不可能准确实现,从而使系统不能真正稳定。如果 $D(z)$ 选择不当,会使 $u(k)$ 发散,$y(t)$ 在采样间隔内振荡发散。因此,最少拍系统的设计要增加附加条件(称为稳定性要求或稳定性

约束条件),将系统补偿成稳定系统。由

$$D(z) = \frac{1}{G(z)}\frac{\phi(z)}{1-\phi(z)} = \frac{\phi(z)}{G(z)\phi_e(z)}$$

可知,要避免 $G(z)$ 在单位圆外或圆上的零、极点与 $D(z)$ 的零、极点抵消,在确定 $\phi(z)$ 和 $\phi_e(z)$ 时必需有一定的限制条件:

①当 $G(z)$ 有单位圆外或圆上的零点时,在 $\phi(z)$ 表达式中应将这些零点作为其零点而保留。

②当 $G(z)$ 有单位圆外或圆上的极点时,在 $\phi_e(z)$ 表达式中应将这些极点作为其零点而保留,即在确定闭环脉冲传函 $\phi(z)$ 时增加附加条件。

③ $\phi(z) = 1 - \phi_e(z)$ 应为 $1 - z^{-1}$ 的展开式,且阶次应相同。

给 $\phi(z)$、$\phi_e(z)$ 增加零点的后果是延迟了系统消除偏差的时间,导致调整时间延长,但可使闭环系统稳定。此时,可得到最小拍系统控制器设计步骤如下:

①根据被控对象的数学模型求出广义对象的脉冲传递函数 $G(z)$。

②根据输入信号类型,查表4.7确定误差脉冲传递函数 $\phi_e(z)$。

③将 $G(z)$、$\phi_e(z)$ 代入式(4.46)进行Z变换运算,即可求出数字控制器的脉冲传递函数 $D(z)$。

④根据结果,分析控制器效果,求出输出序列及画出其响应曲线。

例4.13 采样系统如图4.26所示,采用零阶保持器,$T=0.5$ s,被控对象如下,试用最少拍方法求单位阶跃响应 $y(k)$。

$$G_0(s) = \frac{2}{s(0.5s+1)}$$

解 $G(z) = Z\{H(s)G_0(s)\} = \frac{0.368z^{-1}(1+0.718z^{-1})}{(1-z^{-1})(1-0.368z^{-1})}$

按最少拍设计有:$\phi(z) = z^{-1}$,$\phi_e(z) = 1 - z^{-1}$

$$D(z) = \frac{U(z)}{E(z)} = \frac{\phi(z)}{G(z)\phi_e(z)} = 2.72(1-1.086z^{-1}+0.78z^{-2}-0.56z^{-3}+0.4z^{-4}+\cdots$$

$$U(z) = \frac{\phi(z)}{G(z)}R(z) = \frac{1-0.368z^{-1}}{0.368\times(1+0.718z^{-1})} = 2.72\times\frac{1-0.368z^{-1}}{1+0.718z^{-1}}$$

$$= 2.72 - 2.954z^{-1} + 2.12z^{-2} - 1.523z^{-1} + 1.088\,2z^{-4} + \cdots \text{ 收敛}$$

图4.32(a)所示为数字控制器输出 $u(k)$ 和系统响应输出 $y(k)$,图4.32(b)所示为数字控制器输出 $u(k)$ 和系统响应输出 $y(t)$。本例说明,当控制变量 $u(k)$ 收敛时,则输出 $y(t)$ 就会稳定。

例4.14 已知有不稳对象:

$$G(z) = \frac{2z^{-1}}{1+1.1z^{-1}}$$

有单位圆外极点 $(1+1.1z^{-1})$,试对单位阶跃输入信号设计最少拍控制器。

解 令 $\phi(z) = z^{-1}$,则 $D(z) = \frac{\phi(z)}{G(z)\phi_e(z)} = \frac{0.5(1+1.1z^{-1})}{1-z^{-1}}$

由式(4.52)得:

$$U(z) = \frac{\phi(z)}{G(z)}R(z) = \frac{1+1.1z^{-1}}{2(1-z^{-1})} = 0.5 + 1.05z^{-1} + 1.05z^{-2} + 1.05z^{-3} + \cdots$$

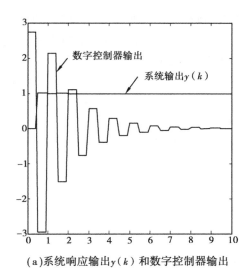
（a）系统响应输出 $y(k)$ 和数字控制器输出

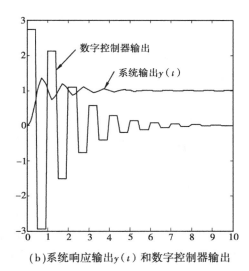
（b）系统响应输出 $y(t)$ 和数字控制器输出

图 4.32　例 4.13 仿真曲线

$$Y(z) = \phi(z)R(z) = z^{-1}\frac{1}{1-z^{-1}} = z^{-1} + z^{-2} + z^{-3} + \cdots$$

图 4.33 所示为系统响应输出和数字控制器输出,可见是一个稳定的系统。

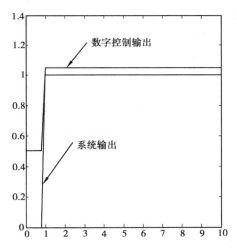
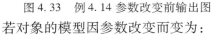

图 4.33　例 4.14 参数改变前输出图

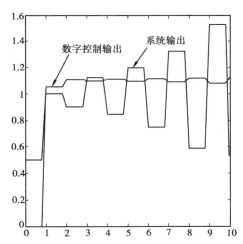

图 4.34　例 4.14 参数改变后输出图

若对象的模型因参数改变而变为:

$$G^{*}(z) = \frac{2z^{-1}}{1 + 1.2z^{-1}}$$

$D(z)$ 不变,针对阶跃输入的最少拍设计:

$$\phi^{*}(z) = \frac{D(z)G^{*}(z)}{1 + D(z)G^{*}(z)} = \frac{z^{-1}(1 + 1.1z^{-1})}{1 + 1.2z^{-1} - 0.1z^{-2}}$$

$$Y^{*}(z) = \phi^{*}(z)R(z) = \frac{z^{-1}(1 + 1.1z^{-1})}{1 + 1.2z^{-1} - 0.1z^{-2}} \times \frac{1}{1 - z^{-1}}$$

$$= z^{-1} + 0.9z^{-2} + 1.12z^{-3} + 0.846z^{-4} + \cdots$$

133

图 4.34 所示为对象参数变化后系统响应输出和数字控制器输出,可见是一个不稳定的系统。

要解决对不稳定 $G(z)$ 的最少拍设计,$D(z)$ 中必须不能出现与对象不稳定极点相抵消的零点,而由 $\phi_e(z)$ 包含 $G(z)$ 不稳定的极点。下面用例 4.15 来说明。

例 4.15 对于例 4.14,令:

$$\phi_e(z) = (1 - z^{-1})(1 + 1.1z^{-1}), \phi(z) = 1 - \phi_e(z) = -f_1z^{-1} - f_2z^{-2}$$

比较系数得: $f_1 = 0.1, f_2 = -1.1$

则

$$D(z) = \frac{\phi(z)}{G(z)\phi_e(z)} = -\frac{0.05(1-11z^{-1})}{1-z^{-1}} = \frac{-0.05 + 0.55z^{-1}}{1-z^{-1}}$$

$$U(z) = \frac{\phi(z)}{G(z)}R(z) = -\frac{0.05(1-11z^{-1})(1+1.1z^{-1})}{1-z^{-1}}$$

$$= -0.05 + 0.445z^{-1} + 1.05z^{-2} + 1.05z^{-3} + \cdots$$

$$Y(z) = \phi(z)R(z) = -0.1z^{-1} + z^{-2} + z^{-3} + \cdots$$

系统响应输出和数字控制器输出如图 4.35 所示。

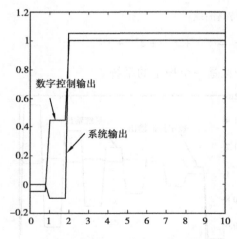

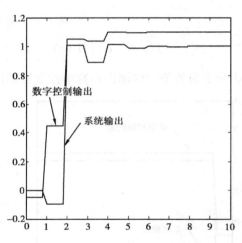

图 4.35 例 4.15 参数改变前输出   图 4.36 例 4.15 参数改变后输出

若对象的模型因参数改变而变为:

$$G^*(z) = \frac{2z^{-1}}{1 + 1.2z^{-1}}$$

则有: $$\phi^*(z) = \frac{D(z)G^*(z)}{1 + D(z)G^*(z)} = \frac{-0.1z^{-1}(1 - 11z^{-1})}{1 + 0.1z^{-1} - 0.1z^{-2}}$$

由式(4.52)得:

$$U(z) = \frac{\phi^*(z)}{G^*(z)}R(z) = -\frac{0.1}{2} \times \frac{1 - 9.8z^{-1} - 13.2z^{-2}}{1 - 0.9z^{-1} - 0.2z^{-2} + 0.1z^{-3}}$$

$$= -0.05 + 0.445z^{-1} + 1.05z^{-2} + 1.04z^{-3} + 1.1z^{-4} + 1.09z^{-5} + \cdots$$

$$Y^*(z) = \phi^*(z)R(z) = \frac{-0.1z^{-1}(1 - 11z^{-1})}{1 + 0.1z^{-1} - 0.1z^{-2}} \times \frac{1}{1 - z^{-1}}$$

$$= -0.1z^{-1} + 1.01z^{-2} + 0.889z^{-3} + 1.012z^{-4} + \cdots$$

对象参数变化后系统响应输出和数字控制器输出如图 4.36 所示,可见参数变化时系统仍然稳定。

4）采样点之间存在纹波分析

纹波存在的原因是由 $u(k)$ 序列的波动引起的,其根源是 $D(z)$ 含有不为零的极点。一旦 $u(k)$ 波动,系统采样点之间的输出 $y(k)$ 就产生波纹。下面用例 4.16 来说明。

例 4.16　最少拍有波纹控制器设计举例。已知被控对象传递函数为:

$$G_0(s) = \frac{1}{s(s+1)}$$

采样周期 $T=1$ s,采用零阶保持器,针对单位速度输入设计最少拍有纹波系统。

解　$G(z) = Z\left[\frac{1-\mathrm{e}^{-TS}}{s} \times \frac{1}{s(s+1)}\right]$

$\qquad = (1-z^{-1})Z\left[\frac{1}{s^2} - \frac{1}{s} + \frac{1}{s+1}\right] = \frac{0.368z^{-1}(1+0.718z^{-1})}{(1-z^{-1})(1-0.368z^{-1})}$

对单位速度输入选择:

$$\phi_e(z) = 1 - \phi(z) = (1-z^{-1})^2, \phi(z) = 2z^{-1} - z^{-2}$$

由式(4.45)~式(4.48)得:

$$E(z) = \phi_e(z)R(z) = (1-z^{-1})^2 \frac{Tz^{-1}}{(1-z^{-1})^2} = z^{-1}$$

$$D(z) = \frac{1}{G(z)} \frac{\phi(z)}{1-\phi(z)} = \frac{(1-z^{-1})(1-0.368z^{-1})(2z^{-1}-z^{-2})}{0.368z^{-1}(1+0.718z^{-1})(1-z^{-1})^2}$$

$$\qquad = \frac{5.4348(1-0.5z^{-1})(1-0.368z^{-1})}{(1-z^{-1})(1+0.718z^{-1})}$$

$$U(z) = E(z)D(z) = z^{-1}\frac{5.4348(1-0.5z^{-1})(1-0.368z^{-1})}{(1-z^{-1})(1+0.718z^{-1})}$$

$$\qquad = 5.4545z^{-1} - 3.184z^{-2} + 4z^{-3} - 1.16z^{-4} + 2.45z^{-5} + \cdots$$

$$Y(z) = R(z)\phi(z) = \frac{z^{-1}}{(1-z^{-1})^2}(2z^{-1}-z^{-2}) = 2z^{-2} + 3z^{-3} + 4z^{-4} + \cdots$$

图 4.37(a)所示为数字控制器输出 $u(k)$ 和系统响应输出 $y(k)$,图 4.37(b)所示为数字控制器输出 $u(k)$ 和系统响应输出 $y(t)$。从图中可见,系统实际输出 $y(t)$ 是有纹波的。

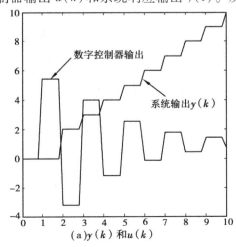

(a)$y(k)$ 和 $u(k)$

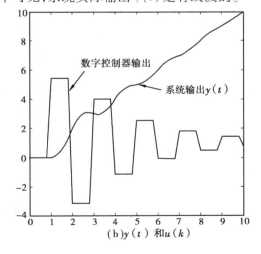

(b)$y(t)$ 和 $u(k)$

图 4.37　例 4.16 仿真曲线

4.7.3 最少拍无纹波控制器设计

如前所述,最少拍设计是采用 Z 变换进行的,仅在采样点处是闭环反馈控制,在采样点间实际上是开环运行的。因此,在采样点处的误差为零,并不能保证采样点之间的误差也为零,事实上按上面方法设计的最少拍系统的输出响应在采样点间存在纹波。纹波存在的原因是由 $u(k)$ 序列的波动引起(不为常值或零的),一旦 $u(k)$ 波动,系统采样点之间的输出 $y(k)$ 就产生波纹,由于纹波的存在,不仅在非采样时刻有偏差,且浪费执行机构的功率,增加机械磨损。

为使被控对象在稳态时的输出与输入同步,要求被控对象必须具有相应的能力。例如,若输入为单位速度输入函数,被控对象 $G_0(s)$ 的稳态输出也应为单位速度函数。因此,就要求 $G_0(s)$ 中至少有一个积分环节。

无纹波设计是指在典型输入信号的作用下,经过有限拍系统达到稳态,并且在采样点之间没有纹波,输出误差为零。因此,要实现无纹波输出,要求 $u(t)$ 在稳态时,或者为 0,或者为常值。由式(4.52)可知,要求 $u(t)$ 在稳态时无波动,就意味着 $U(z)/R(z)$ 为 z^{-1} 的有限项多项式。而这要求 $\phi(z)$ 包含 $G(z)$ 的所有零点,即

$$\phi(z) = \prod_{i=1}^{w} (1 - b_i z^{-1}) F(z^{-1})$$

式中,w 为广义对象 $G(z)$ 的所有零点个数,$b_i(i = 1, 2, \cdots, w)$ 为 $G(z)$ 的所有零点;$F(z^{-1})$ 是关于 z^{-1} 的多项式。此时,系统的闭环 z 传递函数 $\phi(z)$ 中的 z^{-1} 的幂次增高,系统的调整时间 t_s 增长了。

如上述,最少拍无纹波设计,要求 $\phi(z)$ 的零点包含 $G(z)$ 的全部零点,这就是最少拍无纹波设计与最少拍有纹波设计唯一不同之处。

例 4.17 最少拍无波纹控制器设计举例。如图 4.26 所示,已知被控对象传递函数为:

$$G_0(s) = \frac{1}{s(s+1)}$$

采样周期 $T = 1$ s,采用零阶保持器,针对单位速度输入信号设计最少拍无纹波系统。

解 由例 4.16 得:

$$G(z) = \frac{0.368z^{-1}(1 + 0.718z^{-1})}{(1 - z^{-1})(1 - 0.368z^{-1})}$$

$G(z)$ 有 z^{-1} 因子,零点 $z = -0.718$,极点 $p_1 = 1, p_2 = 0.368$。如采用最少拍有纹波设计,闭环脉冲传递函数 $\phi(z)$ 应选为 $2z^{-1} - z^{-2}$,$\phi_e(z)$ 应选为 $(1 - z^{-1})^2$。而采用最少拍无波纹设计时,闭环脉冲传递函数 $\phi(z)$ 应包含 $G(z)$ 的全部零点,同时要考虑输入的形式。因输入 $q = 2$,而 $G(z)$ 有零点 $z = -0.718$,所以 $\phi(z)$ 应为关于 z^{-1} 的三次多项式,即

$$\phi(z) = (1 + 0.718z^{-1}) \times (f_{21}z^{-1} + f_{22}z^{-2})$$

$\phi_e(z)$ 应由输入形式、$G(z)$ 的不稳定极点和 $\phi(z)$ 的阶次三者来决定,所以选择

$$\phi_e(z) = (1 - z^{-1})^2 (1 + f_{11}z^{-1})$$

式中 $(1 - z^{-1})^2$ 项是由输入形式决定的,$(1 + f_{11}z^{-1})$ 项则应由 $\phi_e(z)$ 与 $\phi(z)$ 的相同阶次决定。因 $\phi_e(z) = 1 - \phi(z)$,将上述所得的 $\phi_e(z)$ 与 $\phi(z)$ 值代入后,可得方程组:

$$\begin{cases} 2 - f_{11} = f_{21} \\ 2f_{11} - 1 = 0.718f_{21} + f_{22} \\ f_{11} = -0.718f_{22} \end{cases}$$

解方程得：$f_{21} = 1.407\ 4, f_{22} = -0.825\ 3, f_{11} = 0.592\ 6$

所以有：$\phi_e(z) = (1 - z^{-1})^2(1 + 0.592\ 6z^{-1})$

$$\phi(z) = (1 + 0.718z^{-1}) \times (1.407\ 4z^{-1} - 0.825\ 3z^{-2})$$

于是，便可求出数字控制器的脉冲传递函数为：

$$D(z) = \frac{1}{G(z)}\frac{\phi(z)}{1 - \phi(z)} = \frac{2.72(1 - 0.368z^{-1})(1.407\ 1 - 0.825\ 3z^{-1})}{(1 - z^{-1})(1 + 0.592\ 6z^{-1})}$$

由 $U(z)$ 可判断所设计的 $D(z)$ 是否是最少拍无波纹数字控制器系统。由式(4.52)得：

$$U(z) = D(z)\phi_e(z)R(z) = 3.8 + 0.18z^{-1} + z^{-2} + z^{-3} + \cdots$$

所以

$$Y(z) = R(z)\phi(z) = \frac{Tz^{-1}}{(1 - z^{-1})^2} \times (1 + 0.718z^{-1})(1.407\ 4z^{-1} - 0.825\ 3z^{-2})$$

$$= 1.407\ 4z^{-2} + 3z^{-3} + 4z^{-4} + 5z^{-5} + \cdots$$

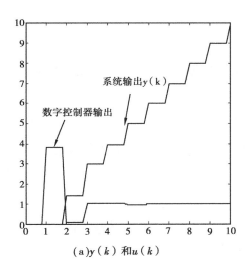
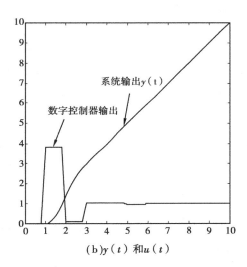

图 4.38　例 4.17 单位速度输入仿真曲线

图 4.38(a)所示为数字控制器输出 $u(k)$ 和系统响应输出 $y(k)$，图 4.38(b)所示为数字控制器输出 $u(k)$ 系统响应输出 $y(t)$。从图中可见，系统实际输出 $y(t)$ 是无纹波的。

4.7.4　任意广义对象的最少拍控制器设计

设在图 4.26 所示的系统中，被控对象为：

$$G_0(s) = G'_0(s)e^{-\tau s}$$

式中，$G_0'(s)$ 是不含纯滞后部分的传函；τ 为被控对象的纯滞后时间常数，为简单起见，令 $\tau = NT$，即 τ 为 T 的整数倍；T 为采样周期。广义脉冲传递函数 $G(z)$ 为：

$$G(z) = \frac{z^{-N}(p_0 + p_1z^{-1} + \cdots + p_bz^{-b})}{q_0 + q_1z^{-1} + \cdots + q_az^{-a}} = \frac{z^{-N}\prod\limits_{i=1}^{u}(1 - b_iz^{-1})}{\prod\limits_{i=1}^{v}(1 - a_iz^{-1})}G'(z)$$

当对象不包含延迟环节时，$N = 1$；当对象包含延迟环节时，$N \geq 1$。设 $G(z)$ 有 u 个零点 b_1，$b_2, \cdots, b_u$ 和 v 个极点 $a_1, a_2, \cdots, a_v$ 在单位圆上或圆外，$G'(s)$ 是 $G(z)$ 中不含单位圆上或圆外的零

极点部分。为避免发生 $D(z)$ 与 $G(z)$ 的不稳定零极点对消，$\phi(z)$ 应满足如下稳定性条件：

①因为，$\phi_e(z) = 1 - \phi(z) = \dfrac{1}{1 + D(z)G(z)}$，所以，$\phi_e(z)$ 的零点应包含 $G(z)$ 在 z 平面单位圆上或单位圆外的所有极点，即

$$\phi_e(z) = (1 - z^{-1})^q \prod_{i=1}^{v} (1 - a_i z^{-1}) F_1(z^{-1}) \tag{4.53}$$

式中，$F_1(z^{-1})$ 是关于 z^{-1} 的多项式且不包含 $G(z)$ 中的不稳定极点 a_i，q 分别取为 1、2、3 对应于单位阶跃、单位速度、单位加速度输入。为了使 $\phi_e(z)$ 能够实现，$F_1(z^{-1})$ 的首项应取 1，即

$$F_1(z^{-1}) = 1 + f_{11} z^{-1} + f_{12} z^{-2} + \cdots + f_{1m} z^{-m} \tag{4.54}$$

②因为，$\phi(z) = z^{-N} \prod_{i=1}^{N} (1 - b_i z^{-1}) F_2(z^{-1})$，所以 $\phi(z)$ 应保留 $G(z)$ 所有不稳定零点（最少拍有纹波控制器的设计），即

$$\phi(z) = z^{-N} \prod_{i=1}^{u} (1 - b_i z^{-1}) F_2(z^{-1}) \tag{4.55}$$

式中，$F_2(z^{-1})$ 是关于 z^{-1} 的多项式且不包含 $G(z)$ 中的不稳定零点 b_i。如果是设计最少拍无纹波控制器，则 $\phi(z)$ 为：

$$\phi(z) = z^{-N} \prod_{i=1}^{w} (1 - b_i z^{-1}) F_2(z^{-1}) \tag{4.56}$$

w 为 $G(z)$ 所有零点数（不含 z^{-1}）。为了使 $\phi(z)$ 能够实现，$F_2(z^{-1})$ 应具有以下形式：

$$F_2(z^{-1}) = f_{21} z^{-1} + f_{22} z^{-2} + \cdots + f_{2n} z^{-n} \tag{4.57}$$

满足了上述稳定性条件后

$$D(z) = \frac{1}{G(z)} \frac{\phi(z)}{1 - \phi(z)} = \frac{1}{G(z)} \frac{\phi(z)}{\phi_e(z)} = \frac{F_2(z^{-1})}{(1 - z^{-1})^q F_1(z^{-1}) G'(z)} \tag{4.58}$$

即 $D(z)$ 不再包含 $G(z)$ 的 z 平面单位圆上或单位圆外的零极点。

q 分别取 1、2、3 对应于单位阶跃、单位速度、单位加速度输入。$F_1(z^{-1})$ 和 $F_2(z^{-1})$ 的次数按以下公式确定（读者可参考文献[10]）：

①对最少拍有纹波控制器的设计

若 $G(z)$ 中有 j 个极点在单位圆上，当 $j \leqslant q$ 时，有：

$$\begin{aligned} m &= u + N \\ n &= v - j + q \end{aligned} \tag{4.59}$$

若 $G(z)$ 中有 j 个极点在单位圆上，当 $j > q$ 时，有：

$$\begin{aligned} m &= u + N \\ n &= v \end{aligned} \tag{4.60}$$

②对最少拍无纹波控制器的设计

若 $G(z)$ 中有 j 个极点在单位圆上，当 $j \leqslant q$ 时，有：

$$\begin{aligned} m &= w + N \\ n &= v - j + q \end{aligned} \tag{4.61}$$

若 $G(z)$ 中有 j 个极点在单位圆上，当 $j > q$ 时，有：

$$m = w + N$$

$$n = v \tag{4.62}$$

式中　u——$G(z)$ 在单位圆上或单位圆外的零点数；

　　　v——$G(z)$ 在单位圆上或单位圆外的极点数；

　　　w——$G(z)$ 所有零点数（不包括 z^{-1}）；

　　　j——$G(z)$ 在单位圆上的极点数；

　　　$N = \tau/T$。

4.8　数字控制器的模拟化设计

4.8.1　概述

当采样周期 T 足够小时，可以将计算机控制系统近似地看成是一个连续变化的模拟系统，即将采样开关和数字调节器 $D(z)$ 近似等效为模拟调节器 $D(s)$，将系统看成一个连续系统，利用连续系统的理论（如频率特性或 Bode 图）对系统进行分析与设计，在 s 域分析系统并设计模拟控制器 $D(s)$，然后将 $D(s)$ 离散化为数字控制器 $D(z)$，用计算机程序实现 $D(z)$。模拟化设计方法步骤如下：

①将采样系统中的采样开关和数字调节器 $D(z)$ 近似等效为模拟调节器 $D(s)$；

②按模拟化设计法设计连续系统控制器 $D(s)$；

③选择适当方法将 $D(s)$ 转换成 $D(z)$；

④构成离散系统；

⑤用仿真方法分析 $y(k)$ 是否满足要求；

⑥在计算机上用算法实现 $D(z)$；

⑦校验。

在模拟化设计方法中，对模拟控制器进行离散化处理的方法一般有多种，例如数值微积分法、零阶保持器法、双线性变换法等。将 $D(s)$ 离散化为 $D(z)$ 数值微积分法主要有双线性变换法，前向差分法，后向差分法。

本节讨论将 $D(s)$ 转换成 $D(z)$ 的问题。

4.8.2　数值微积分法

在用数值微积分法进行离散化处理时，应先给出模拟控制器的传递函数 $D(s)$，并将它转换成相应的微分方程；然后根据香农采样定理，选择一个合适的采样周期 T；再将微分方程中的导数用差分替换，这样微分方程就变成了差分方程，用该差分方程就可以近似微分方程，差分方程的解就是微分方程的近似解。数值微积分法一般步骤：

①写出 $D(s)$ 的微分方程；

②将微分方程差分成差分方程，求出 $D(z)$；

③由差分方程编程序，即由 $e(k)$ 计算 $u(k)$。

（1）前向差分

前向差分法是一种数值积分，即用 $(k+1)T$ 时刻的值所形成的矩形面积近似积分项。

一阶导数采用增量表示的近似式为：

$$\frac{\mathrm{d}u(t)}{\mathrm{d}t} \approx \frac{u(k+1) - u(k)}{T} \tag{4.63}$$

同理，二阶导数采用的近似式为：

$$\frac{\mathrm{d}^2 u(t)}{\mathrm{d}t^2} \approx \frac{u(k+2) - 2u(k+1) + u(k)}{T^2} \tag{4.64}$$

若 $u(t) = \dfrac{\mathrm{d}e(t)}{\mathrm{d}t}$，对其进行拉氏变换得：

$$D(s) = \frac{U(s)}{E(s)} = s \tag{4.65}$$

对 $u(t)$ 用一阶前向差分离散化得 $u(k) \approx \dfrac{e(k+1) - e(k)}{T}$，对其进行 Z 变换得：

$$D(z) = \frac{U(z)}{E(z)} = \frac{z-1}{T} \tag{4.66}$$

比较式（4.65）和式（4.66），可认为从 s 平面到 z 平面的映射函数为：

$$s = \frac{z-1}{T} \tag{4.67}$$

（2）后向差分

后向差分法也是一种数值积分，即用 kT 时刻的值所形成的矩形面积近似积分项。

一阶导数采用增量表示的近似式为：

$$\frac{\mathrm{d}u(t)}{\mathrm{d}t} \approx \frac{u(k) - u(k-1)}{T} \tag{4.68}$$

同理，二阶导数采用的近似式为：

$$\frac{\mathrm{d}^2 u(t)}{\mathrm{d}t^2} \approx \frac{u'(k) - u'(k-1)}{T} = \left[\frac{u(k) - u(k-1)}{T} - \frac{u(k-1) - u(k-2)}{T} \right] / T$$

$$= \frac{u(k) - 2u(k-1) + u(k-2)}{T^2} \tag{4.69}$$

若 $u(t) = \dfrac{\mathrm{d}e(t)}{\mathrm{d}t}$，对其进行拉氏变换得：

$$D(s) = \frac{U(s)}{E(s)} = s \tag{4.70}$$

对 $u(t)$ 用一阶后向差分离散化得，$u(k) \approx \dfrac{e(k) - e(k-1)}{T}$，对其进行 Z 变换得：

$$D(z) = \frac{U(z)}{E(z)} = \frac{1 - z^{-1}}{T} = \frac{z-1}{Tz} \tag{4.71}$$

比较式（4.70）和式（4.71），可认为从 s 平面到 z 平面的映射函数为：

$$s = \frac{1 - z^{-1}}{T} = \frac{z-1}{Tz} \tag{4.72}$$

例4.18　将以下模拟控制器变成数字控制器。

$$D(s) = \frac{1}{T_1 s + 1}$$

解　由 $D(s)$ 得：　　　　$(T_1 s + 1)U(s) = E(s)$

化成微分方程,即

$$T_1 \frac{\mathrm{d}u(t)}{\mathrm{d}t} + u(t) = e(t)$$

用一阶后向差分代替一阶微分:

$$\frac{u(k) - u(k-1)}{T}$$

将微分方程变成差分方程得:

$$\frac{T_1}{T}[u(k) - u(k-1)] + u(k) = e(k),\text{即 } u(k) = \frac{T_1}{T + T_1}u(k-1) + \frac{T}{T + T_1}e(k)$$

例 4.19　将以下模拟控制器变成数字控制器。

$$D(s) = \frac{K}{s(T_1 s + 1)}$$

解　由 $D(s)$ 得:　　　$T_1 s^2 U(s) + s U(s) = K E(s)$

化成微分方程,即

$$T_1 \frac{\mathrm{d}^2 u(t)}{\mathrm{d}t^2} + \frac{\mathrm{d}u(t)}{\mathrm{d}t} = K e(t)$$

用后向差分公式代替微分方程中的一阶、二阶导数,得:

$$T_1 \frac{u(k) - 2u(k-1) + u(k-2)}{T^2} + \frac{u(k) - u(k-1)}{T} = K e(k)$$

$$u(k) = \frac{T + 2T_1}{T + T_1}u(k-1) - \frac{T_1}{T + T_1}u(k-2) + \frac{T^2 k}{T + T_1}e(k)$$

(3) 双线性变换法

双线性变换法也称梯形法或 Tustin 法,是基于梯形面积近似积分的方法,根据这个方法有:

$$\int_{(k-1)T}^{kT} e(t)\mathrm{d}t \approx \frac{T}{2}\{e(kT) + e[(k-1)T]\} \tag{4.73}$$

若 $u(t) = \int_0^t e(t)\mathrm{d}t$,对其进行拉氏变换得:

$$D(s) = \frac{U(s)}{E(s)} = \frac{1}{s} \tag{4.74}$$

而对式 $u(t) = \int_0^t e(t)\mathrm{d}t$ 积分方程的两边积分,用双线性变换近似积分得:

$$u(t_k) - u(t_{k-1}) = \int_{t_{k-1}}^{t_k} e(t)\mathrm{d}t \approx \frac{T}{2}[e(t_k) + e(t_{k-1})]$$

即

$$u(k) = u(k-1) + \frac{T}{2}[e(k) + e(k-1)]$$

对上式进行 Z 变换得:

$$U(z) = U(z)z^{-1} + \frac{T}{2}[E(z) + E(z)z^{-1}]$$

即

$$D(z) = \frac{U(z)}{E(z)} = \frac{T}{2} \times \frac{1 + z^{-1}}{1 - z^{-1}} = \frac{1}{\frac{2}{T} \times \frac{z - 1}{z + 1}} \tag{4.75}$$

比较式(4.74)和式(4.75),可认为从 s 平面到 z 平面的映射函数为:

$$s = \frac{2}{T} \times \frac{z - 1}{z + 1} = \frac{2}{T} \times \frac{1 - z^{-1}}{1 + z^{-1}} \tag{4.76}$$

例4.20 已知 $D(s)$ 如下,用双线性变换法求数字控制器输出 $u(k)$ ($T = 0.001$)。

$$D(s) = \frac{s/5 + 1}{s/50 + 1}$$

解

$$D(z) = D(s) \Big|_{s = \frac{2}{T} \times \frac{z-1}{z+1}} = \frac{(10 + 25T) + (25T - 10)z^{-1}}{(1 + 25T) + (25T - 1)z^{-1}} = \frac{U(z)}{E(z)}$$

将上式进行 Z 反变换得:

$$u(k) = \frac{10 + 25T}{1 + 25T}e(k) + \frac{25T - 10}{1 + 25T}e(k - 1) - \frac{25T - 1}{1 + 25T}u(k - 1)$$

则

$$u(k) = 9.78e(k) - 9.73e(k - 1) + 0.951u(k - 1)$$

4.9 数字控制器 $D(z)$ 算法的计算机实现

设 $D(z)$ 一般形式为:

$$D(z) = \frac{U(z)}{E(z)} = \frac{\sum_{i=0}^{m} b_i z^{-i}}{1 + \sum_{i=0}^{n} a_i z^{-i}}, (n \geq m) \tag{4.77}$$

数字控制输出:

$$U(z) = \sum_{i=0}^{m} b_i z^{-i} E(z) - \sum_{i=0}^{n} a_i z^{-i} U(z) \tag{4.78}$$

数字控制算法:

$$u(k) = \sum_{i=0}^{m} b_i e(k - i) - \sum_{i=0}^{n} a_i u(k - i) \tag{4.79}$$

根据上式编写控制算法程序,3 种算法如下:

(1)直接程序设计法

数字控制算法一般表达式为:

$$u(k) = \sum_{i=0}^{m} b_i e(k - i) - \sum_{i=0}^{n} a_i u(k - i)$$

①系数 a_i、b_i 与采样周期 T 及闭环脉冲传函的时间常数有关。

②上式各项除 $i = 0$ 时涉及 $e(k)$ 外,其余各项都可在采集 $e(k)$ 值之前算出,从而大大减少计算延迟时间。

(2)串行程序设计法

将 $D(z)$ 写成零极点形式:

$$D(z) = \frac{U(z)}{E(z)} = \frac{k(z+z_1)(z+z_2)\cdots(z+z_M)}{(z+p_1)(z+p_2)\cdots(z+p_N)} = D_1(z)D_2(z)\cdots D_N(z), M \leqslant N$$

令

$$D_1(z) = \frac{U_1(z)}{E(z)} = \frac{z+z_1}{z+p_1}$$

$$D_2(z) = \frac{U_2(z)}{U_1(z)} = \frac{z+z_2}{z+p_2}$$

$$\vdots$$

$$D_M(z) = \frac{U_M(z)}{U_{M-1}(z)} = \frac{z+z_M}{z+p_M}$$

$$D_{M+1}(z) = \frac{U_{M+1}(z)}{U_M(z)} = \frac{1}{z+p_{M+1}}$$

$$\vdots$$

$$D_N(z) = \frac{U(z)}{U_{N-1}(z)} = \frac{k}{z+p_N}$$

由　　　　　$$D_1(z) = \frac{U_1(z)}{E(z)} = \frac{z+z_1}{z+p_1} = \frac{1+z_1 z^{-1}}{1+p_1 z^{-1}}$$

得：
$$u_1(k) + p_1 u_1(k-1) = e(k) + z_1 e(k-1)$$
$$u_1(k) = e(k) + z_1 e(k-1) - p_1 u_1(k-1)$$

类推得 N 个迭代式, 即

$$u_1(k) = e(k) + z_1 e(k-1) - p_1 u_1(k-1)$$
$$u_2(k) = u_1(k) + z_2 u_1(k-1) - p_2 u_2(k-1)$$
$$\vdots$$
$$u_M(k) = u_{M-1}(k) + z_M u_{M-1}(k-1) - p_M u_M(k-1)$$
$$u_{M+1}(k) = u_M(k-1) - p_{M+1} u_{M+1}(k-1)$$
$$\vdots$$
$$u(k) = k u_{N-1}(k-1) - p_N u(k-1)$$

图 4.39 是串行程序设计法框图, 实际使用时, 先计算出 $u_1(k)$, 再依次求出 $u_2, u_3, \cdots$, 最后算出 $u(k)$, 串行程序设计法是最常用的一种方法。

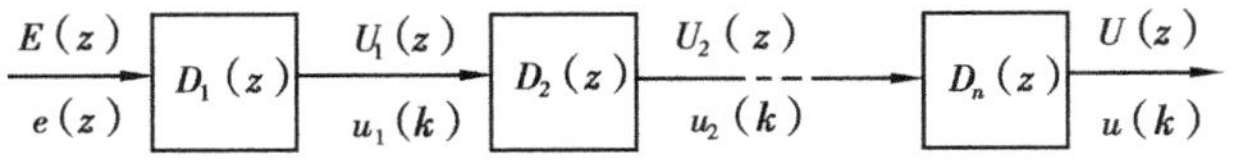

图 4.39　串行程序设计法框图

（3）并行程序设计法

将 $D(z)$ 写成部分分式形式：

$$D(z) = \frac{U(z)}{E(z)} = \frac{\sum\limits_{i=0}^{m} b_i z^{-i}}{1 + \sum\limits_{i=0}^{n} a_i z^{-i}}, (n \geqslant m)$$

即

$$D(z) = \frac{U(z)}{E(z)} = \frac{a_1 z^{-1}}{1 + p_1 z^{-1}} + \frac{a_2 z^{-1}}{1 + p_2 z^{-1}} + \cdots + \frac{a_N z^{-1}}{1 + p_N z^{-1}}$$

令

$$D_1(z) = \frac{U_1(z)}{E(z)} = \frac{a_1 z^{-1}}{1 + p_1 z^{-1}}$$

$$D_2(z) = \frac{U_2(z)}{E(z)} = \frac{a_2 z^{-1}}{1 + p_2 z^{-1}}$$

$$\vdots$$

$$D_N(z) = \frac{U_N(z)}{E(z)} = \frac{a_N z^{-1}}{1 + p_N z^{-1}}$$

由

$$D_1(z) = \frac{U_1(z)}{E(z)} = \frac{a_1 z^{-1}}{1 + p_1 z^{-1}}$$

得:

$$u_1(k) = a_1 e(k-1) - p_1 u_1(k-1)$$

类推得 N 个算式,即

$$u_1(k) = a_1 e(k-1) - p_1 u_1(k-1)$$
$$u_2(k) = a_2 e(k-1) - p_2 u_2(k-1)$$
$$\vdots$$
$$u_N(k) = a_N e(k-1) - p_N u_N(k-1)$$

最后求得:

$$u(k) = u_1(k) + u_2(k) + \cdots + u_N(k)$$

由于每算一次 $u(k)$,需要$(2N-1)$次减法,$2N$ 次乘法,$N+1$ 次数据传送,并行法不常用。各种算法中,若在字长相同条件下,直接法产生的数字误差较大,串行、并行法产生的数字误差较小,串行法效率最高。在系统不太复杂,$D(z)$ 较简单时,可使用直接程序法,否则使用串行法。

例 4.21　被控对象的传递函数如下,用串行程序设计法写出控制算式。

$$G_0(s) = \frac{1}{s(s+1)}$$

解　由例 4.16 得:

$$D(z) = \frac{U(z)}{E(z)} = \frac{5.434\ 8(1 - 0.5z^{-1})(1 - 0.368z^{-2})}{(1 - z^{-1})(1 + 0.718z^{-1})}$$

令

$$D_1(z) = \frac{U_1(z)}{E(z)} = \frac{z + z_1}{z + p_1} = \frac{1 - 0.5z^{-1}}{1 - z^{-1}}$$

$$D_2(z) = \frac{U(z)}{U_1(z)} = \frac{z + z_2}{z + p_2} = 5.434\ 8\frac{1 - 0.367\ 9z^{-1}}{1 + 0.718z^{-1}}$$

所以

$$D(z) = D_1(z)D_2(z)$$

由 $D_1(z)$ 得：

$$u_1(k) = e(k) - 0.5e(k-1) + u_1(k-1)$$

由 $D_2(z)$ 得：

$$u(k) = 5.434\,8[u_1(k) - 0.367\,9u_1(k-1)] - 0.718u(k-1)$$

习　题

4.1　已知某连续控制器的传递函数为：

$$D(s) = \frac{1 + 0.15s}{0.08s}$$

现拟用计算机实现之,采样周期为 $T = 1$ s。试分别写出位置型 PID 和增量型 PID 的算法的表达式。

4.2　设计计算机监控系统时,采样周期 T 的选取应考虑哪些因素？通过查阅文献资料来解答这一问题。

4.3　试说明常用的数字滤波算法及特点。

4.4　什么是非线性补偿？为什么要进行非线性补偿？常用的非线性补偿方法有哪些？

4.5　什么是标度变换？为什么要进行标度变换？

4.6　什么是最少拍系统？最少拍系统有什么不足之处？

4.7　被控对象的传递函数为：

$$G_0(s) = \frac{2}{s(s+1)}$$

采样周期 $T = 1$ s,采用零阶保持器,针对单位速度输入,按以下要求设计：

①用最少拍无纹波系统的设计方法,设计 $\phi(z)$ 和 $D(z)$；

②求出数字控制器输出序列 $u(k)$、系统输出序列 $y(k)$；

③画出采样瞬间数字控制器输出和系统输出对时间变化的波形曲线。

4.8　被控对象的传递函数为：

$$G_0(s) = \frac{2}{s(s+1)}$$

采样周期 $T = 1$ s,采用零阶保持器,针对单位速度输入,按以下要求设计：

①用最少拍有纹波系统的设计方法,设计 $\phi(z)$ 和 $D(z)$；

②求出数字控制器输出序列 $u(k)$、系统输出序列 $y(k)$；

③画出采样瞬间数字控制器输出和系统输出对时间变化的波形曲线；

④用 MATLAB 仿真,对计算结果验证。

4.9　数字控制器与模拟调节器相比有何优点？

4.10　设某系统的连续控制器为：

$$D(s) = \frac{U(s)}{E(s)} = \frac{1 + T_1 s}{1 + T_2 s}$$

$T_1 = 0.1$ s、$T_2 = 0.2$ s、$T = 1$ s,试用双线性变换法、前向差分法、后向差分法分别求取数字控制器 $D(z)$。

4.11　按一定的性能指标对某控制系统综合校正后,确定校正装置的传递函数为:

$$D(s) = \frac{1}{s(s+5)}$$

试写出用双线性变换法实现此调节规律的数字控制器算式($T = 1$ s)。

第**5**章
计算机监控系统常用软件技术

在一个计算机监控系统中,除了硬件(计算机、传感器、变送器、输入输出通道)外,软件也是一个非常重要的部分。软件分为系统软件和应用软件两大部分。其中,系统软件包括:计算机操作系统、数据库、组态软件和各种高级语言;而应用软件包括:输入输出信号模块、控制模块、逻辑控制模块、通信模块、报警处理模块、数据处理模块或数据库、显示模块、打印模块等。

5.1 现代软件技术

5.1.1 面向对象技术概述

在现代软件技术中,影响最为深刻的莫过于面向对象(Object Oriented 简称OO)技术思想的提出了。

从汇编语言到高级语言,标志着软件工程技术和软件生产率的一次质的飞跃,促成这次飞跃的决定因素是编译理论和技术的完善。高级语言的出现,实现了从高级源代码到机器代码变换的自动化。从20世纪70年代至今,传统的结构化软件设计方法的研究,提出了一些基本思想和方法。例如,模块封装、数据抽象、E-R模型以及数据流方法等。这些思想和方法的提出,促进了软件工程技术的发展,但是,软件工程迫切需要解决的问题(如生产效率低下、软件可扩充性、复用性和可维护性差等)。并未从根本上获得解决。

20世纪80年代以来,OO技术的研究与应用开始受到广泛的重视。它的优越性迅速为人们所接受。正如结构化的设计方法对计算机软件开发技术产生了重大的影响一样,OO技术对人们的认识方法、建模方法、系统分析与设计以及编程风格也产生了非常重大的影响。

面向对象技术中最常用的名词术语有:对象(Object)、方法(Method)、消息(Message)、类(Class)、子类(Subclass)、实例(Instance)、继承(Inheritance)、封装(Encapsulation)、容器、抽象(Abstraction)和多态性(Polymorphism)等。

对于以上术语就不再一一叙述。只对最主要的概念"对象"作一简单的论述。所谓对象,从广义地来讲,世界上的任何一个事物或实体都可以视为一个对象。在面向对象的技术中,"对象"被定义为一个内部封装了数据(信息/属性)和方法(操作)的实体。如果以上定义可能会显得有点抽象的话,那么具体地说,一个窗体、按钮、图形库里的一个罐体图形或该罐体图形所包含的某个部件都是一个对象。所谓封装,是指对象的调用者不必关心(或不必知道)对象的数据和方法是如何实现的,只要通过一定的调用机制进行调用即可。对象可能在软件开发平台中已经提供,也可以由软件开发者自己创建。

面向对象技术有着十分丰富的内容,有关文献也很多,这里就不展开论述。有兴趣的读者可参看有关文献。

5.1.2 动态链接库(DLL)与 API 函数

按照微软公司的定义,动态链接库(Dynamic Link Library,DLL)是"DLL 是一个包含可由多个程序同时使用的代码和数据的库。"由于 Windows 操作系统是一个多任务操作系统,在多任务的环境中,多个应用程序可能会需要共享资源。例如,假设多个应用程序都要调用某个函数,如果在每个应用程序的代码装入内存时只是简单地将该函数的代码复制给每个应用程序,在运行时就会在内存中生成同一函数的多个拷贝,这将造成内存资源的浪费。

对于 DLL,之所以被称为动态链接库,是因为 DLL 的代码并不是某个应用程序的组成部分,而只是在其运行时与之链接。

动态链接库(.dll)文件中常用的文件类型有:Active X 控件(.ocx)文件、控制面板(.cpl)文件和设备驱动程序(.drv)文件。

使用 DLL 的好处有以下几点:

(1)减少资源的浪费

如前面所述的,当多个程序使用同一个函数库时,DLL 可以减少在磁盘和物理内存中加载的代码的重复量。这不仅可以大大影响在前台运行的程序,而且可以大大影响其他在 Windows 操作系统上运行的程序。

(2)有助于采用模块化的方式

DLL 有助于促进模块式程序的开发。DLL 本身就是由多个模块构成,且这些模块还可根据用户的需要增加或减少,采用模块化的方式大大减少了程序的开发工作量。

(3)简化程序的安装

当 DLL 中的函数需要更改或修复时,重新安装 DLL 时不要求应用程序重新建立与该 DLL 的链接。此外,如果多个程序使用某个 DLL 中的函数,当此函数需要更改或修复时,只需更改一次即可,多个程序都可以从该更改或修复中获益。

动态链接分为两个阶段:链接阶段和装入阶段。

当应用程序调用动态链接库中某个函数时,链接程序从引入库中复制一些指示信息,指出被调用的函数属于哪个动态链接库。因此,在应用程序的可执行文件中,存放的并不是被调用的函数的代码,而是库中该函数的内存地址,这就是链接阶段。应用程序运行后,当需要调用该函数时,就进入装入阶段,将应用程序与动态链接库一起装入内存,由 Windows 读入库中的该函数并运行程序。

Windows 提供了一些常用的动态链接库,安装在 Windows 目录下,例如,User32.dll、GDI32.dll、Shell32.dll。这些动态链接库中所包含的函数就称为 Windows API(Application Programing Interface,应用程序接口)函数。

一些常用的编程语言(Visual C++、Dephi、Visual Basic 等)所提供的类库和控件实际上就是建立在 Windows API 函数基础之上的,是封装了的 API 函数集合。

5.1.3　动态数据交换(DDE)技术

Windows 有剪贴板、动态连接库 DLL、动态数据交换 DDE(Dynamic Data Exchange)以及对象链接与嵌入 OLE(Object Linking and Embedding)等多种数据交换方式。DDE 技术在 Windows 多窗口、多任务环境下,允许多个进程基于消息的驱动下"同时"进行,因而使多个应用程序并发执行,直接进行通信,共享彼此的数据和任务。应用程序间数据通信多任务机制是依靠程序之间有效的数据交换来实现的。这些数据交换机制,使得应用软件与 Windows 及应用软件之间能较好地协调,系统环境受到了保护,用户环境也更为安全。

动态数据交换(DDE)是在 Windows 系统中支持的进程间的通信机制。它是以共享全局(Global)内存来实现数据交换的,是 Windows 软件最为突出的特点之一。DDE 可以用来实现许多应用程序功能(包括:连接实时数据,建立综合文档,执行应用程序之间的数据查询)。

传统应用程序的 DDE 建立在 Windows 内部的消息处理机制上(关于"消息"的概念和使用方法,请参见有关 API 编程的文献),在应用程序中插入处理各种 DDE 消息(如 WM_DDE_INITIATE、WM_DDE_POKE 等)的过程来实现的。许多著名的程序如 Word、Excel 等都是采用这种方式。通过这种对话方式,两个应用程序之间建立数据交换链,以共享存储器的方式在应用程序间交换数据,并用协议来同步数据的传递。

DDE 应用程序可分为客户应用程序、服务器应用程序。发起对话请求数据交换的应用程序称为客户应用程序,响应请求的应用程序称为服务器应用程序。信息流通常是从服务器应用程序流向客户应用程序。但也有从客户应用程序向服务器应用程序传递数据的 DDE 命令,指示服务器应用程序完成某些工作,如打开文件。

DDE 是基于消息的协议,通过在客户和服务器窗口之间传递 DDE 消息来完成,表 5.1 给出了 DDE 消息的简述。

表 5.1　DDE 消息描述

消　息	说　明
WM_DDE_INITIATE WM_DDE_TERMINATE	启动一次对话 终止一次对话
WM_DDE_ACK	应答 DDE 消息
WM_DDE_REQUEST WM_DDE_ADVISE WM_DDE_UNADVISE	请求一次数据传输 请求一次数据链接 终止一次数据链接
WM_DDE_DATA WM_DDE_POKE	由服务器向客户传送数据 由客户向服务器传送数据
WM_DDE_EXECUTE	请求服务器执行一条命令

当客户应用程序要发出 DDE 请求时,必须先确定:

①请求提供数据的服务器应用程序名(application);

②服务器应用程序中的文件名或主题名(topic);

③具体进行 DDE 过程的数据项目名(item)。

DDE 用服务器应用程序名、主题名、项目名三个层次来表示服务器之间传递数据的单位。在 DDE 对话中,应用程序名通常就是服务器应用程序的名字。DDE 主题是数据的总分类,在对话期间可以交换其中的多个数据项。DDE 数据项目是和应用程序之间进行交换的主题有关的实际信息。服务器应用程序可以支持一个或多个标题,每个标题可以有一个或多个项目。

DDE 有 3 种对话方式:热链路(Hot link)、冷链路(Cool link)和温链路(Warm link)。它们有以下区别:

①热链路在客户向服务器请求的数据获得之后,如服务器的数据发生了变化,而客户又希望得到变化后数据,这时由服务器主动将变化后的数据发送给客户。通过一次热链对话请求,客户可多次从服务器获得数据。

②冷链路是一种仅仅由客户向服务器请求数据传递的对话方式,如客户向服务器多次请求数据,就要进行多次请求数据传递对话。

③温链路是一种仅仅由客户向服务器请求的数据获得后,如服务器的数据发生了变化,由服务器主动将变化后的数据发送给客户,但在通知时并不带变化后的数据,仅当客户确认需要该数据后再将数据传递给客户。

下面以客户和服务器间热链路对话为例,简述对话建立过程(图5.1):

(1)建立对话

客户和服务器的 DDE 对话由客户发出一条 WM_DDE_INITIATE 消息,服务器回答一条 WM_DDE_INITIATE 消息开始。WM_DDE_INITIATE 消息包含客户希望得到数据的服务器名称和主题。一旦收到这条消息,所有与该服务器名相匹配且支持相应主题的服务器,均通过发送一条 WM_DDE_ACK 消息对客户进行响应,这条消息包含有响应客户的服务器名和相应的主题。

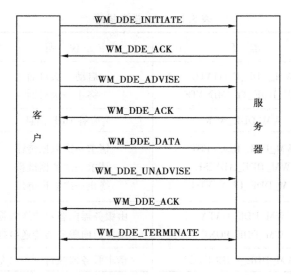

图 5.1　客户和服务器间热链路对话建立过程

（2）请求数据

客户发送一条 WM_DDE_ADVISE 消息给响应它的服务器来指明所需要的数据项,而服务器则回应一条 WM_DDE_ACK 消息回答客户,说明它是否有该数据项。服务器在它的主题数据中找到了该数据项后,则作肯定回答,表示可以向客户提供数据;否则,作否定回答,表示不能提供数据,这时客户应改变请求的数据项或提出终止对话。

（3）数据交换

服务器使用 WM_DDE_DATA 消息将客户请求的数据项发给客户,客户接到数据后可以向服务器发送 WM_DDE_ACK 消息来确认已经收到了数据,也可以不必回答。当服务器中客户请求的数据项值发生变化后,服务器仍用 WM_DDE_DATA 消息通知客户。

（4）终止对话

当客户不再需要从服务器获得数据时,可发送一条 WM_DDE_UNADVISE 消息通知服务器表示希望结束对话。在服务器用 WM_DDE_ACK 消息做了肯定回答后,双方通过相互传递 WM_DDE_TERMINATE 消息结束对话。

如果客户应用程序要向服务器程序发送数据信息,必须使用 WM_DDE_POKE 消息进行。客户建立传送数据并使用 WM_DDE_POKE 消息发送给服务器,服务器决定它是否能够接收客户的传送格式发来的数据。如数据格式可以接收,服务器能够适当地处理该数据。同时,向客户传送一个肯定的应答 WM_DDE_ACK。如存在数据格式问题,向客户传送否定应答 WM_DDE_ACK。

DDE 使得 WINDOWS 环境下的应用程序能够按照顺序进行多路数据项目的转换。DDE 的"服务器\主题\数据项"分级命名机制适合于各种数据交换场合,包括网络通信和数据库应用。对于不需要直接干预的数据交换来说,DDE 是一个很好的选择。

5.1.4 对象链接与嵌入（OLE）技术

（1）OLE 基本概念

OLE(Object Linking and Embedding)是在 DDE 基础发展起来的新技术。1990 年 11 月由 Microsoft 联合其他几个软件开发商完成了 OLE1 规范的制定,然后又补充了一些更复杂的对象功能而形成了 OLE2 标准。OLE 的任务不再只是交换数据,而是交换完整的对象。

OLE 技术提供了一整套方法,将不同应用软件、不同操作系统中的应用对象组合成一个功能强大的新应用;可以使得一个应用程序能够紧密正确地使用另一个应用程序的服务。因此,OLE 技术是一种高级的进程间通信机制。它把用户从应用程序为中心的计算环境解脱出来,代之以文档为中心的计算环境。在前一种环境中,完成任务的工具是单个的应用程序;而在以文档为中心的计算环境,用户能综合使用多种工具来完成工作。

例如,在 Word 中可以插入各种对象,如 BMP 图像、Excel 表格等,这些对象显示在 Word 视图中,数据存储在 Word 文档中,当需要对这些对象进行编辑时,只要双击这些对象,就能调出这些对象的操作程序(如 Brush、Excel)对其进行编辑。所以,插入到 Word 程序中的对象的显示和修改,都是通过别的应用程序来完成的,而 Word 却能够对这些对象进行存储和管理,虽然 Word 并不知道(也没有必要知道)这些对象的数据格式。

在大多数与 OLE 有关的文档中,应用程序都被分为客户应用程序(Client application)或服务器应用程序(Server application)。能创建、编辑对象,存储、运行对象中含有详细数据结构的应用程序称为服务器应用程序(或称为对象服务器)。当用户激活对象时,服务器应用程序开始启动,然后用户可以编辑或播放在服务器应用程序窗口内的对象。创建对象的程序称为客户应用程序,它可以接受、显示和存储对象。客户应用程序能够接收、指向、显示和存储由 OLE 服务器应用程序创建的对象(这些对象本身可包含各种数据),提供工具给用户激活和操作对象,提供方法将链接或嵌入的对象放入或移出文档,并能在需要时激活服务器应用程序。某些应用程序既可以是服务器应用程序,也可以是客户应用程序,如 Word 和 Excel。

OLE 对象的存储和寻址有两种不同的方式:链接和嵌入。嵌入是将对象的数据信息完整地放置到客户机应用程序的过程。链接是在客户机应用程序中存储对象的一些描述信息的过程。这些描述包括对象文件及其路径名称,编辑这个对象的服务器应用程序名称等。它们二者在使用上各有优劣。对于嵌入,原始对象的改变无法影响那些已嵌入的对象,而链接方式中的对象可以不依赖于超文本而自身发生变化,并且链接对象的应用可以使文档相对小一些,因为链接对象可以只有一个而同时被多个文档所共享。

(2) OLE 的工作原理

OLE1 是一组可扩充的协议,它能使客户和服务器应用程序通过一组动态链接库 DLL 彼此间进行通信。按 OLE1 标准开发的应用程序,其功能是由客户应用程序、服务器应用程序和 OLE 动态连接库互相协作完成的。这种协作是通过 OLE API 函数调用、客户和服务器应用程序的函数回调及 DDE 会话实现的。图 5.2 所示为客户应用程序与服务器应用程序之间通信的原理。

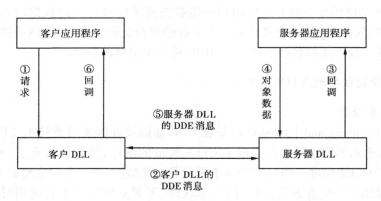

图 5.2　客户应用程序与服务器应用程序通信原理

客户应用程序和服务器应用程序之间的通信过程大致可描述如下:

①当用户在客户应用程序内发出请求时(例如,插入一个对象),客户应用程序就会通过调用函数而发出一个对对象的请求来通知客户 DLL。

②客户 DLL 确定由哪个服务器应用程序来完成该请求,并通过服务器 DLL 产生相应的 DDE 消息,以传送给服务器应用程序。

③服务器 DLL 使服务器应用程序作出合适的回调(例如,创建新的对象)。

④在完成创建对象之后,服务器应用程序利用函数调用向服务器 DLL 传送对象数据。

⑤服务器 DLL 产生相应的消息,通过客户 DLL 传送给客户应用程序。

⑥客户 DLL 对客户应用程序作回调,传送对象的数据。在这里,回调函数是由开发人员编写,并在客户应用程序或服务器应用程序中使用。

由于 OLE1 是建立在 DDE 基础之上的,因而具有效率低、性能不稳定以及使用不方便的缺点。在 OLE2 中,开发商重新编写了底层的代码,放弃了 DDE,而采用了 COM 模型。实际上,在 OLE2 之后,OLE 技术已经不再局限于"对象的链接与嵌入",也不再局限于复合文档,而成为了一种应用程序通信技术的统称。

(3) OLE 自动化

OLE 自动化是使某一个应用程序可编程化。即其他程序语言能够以编程的方式使用该程序提供的各种服务,也就是允许从应用程序的外部操纵该应用程序的对象。具体地说,一些应用程序(称这种应用程序为自动化服务器)以对象的形式把自己的一些数据成员(属性)或函数(方法)通过一定的机制对外公开,另外一些应用程序(称这种应用程序为自动化控制器)可以通过修改服务器应用程序的这些数据成员或调用函数来形成新的应用。自动化服务器中所公布的对象称为自动化对象。OLE 自动化实现了软件在应用程序级别的重用。

OLE 这个特性之所以被称为自动化,是因为自动化控制器的应用程序能够利用自动化服务器应用程序公开的属性和方法使一项工作自动完成。更确切地说,就是通过自动化控制器中代码的自动执行,对自动化服务器中的自动化对象的属性进行读写,或者是利用自动化对象的方法完成某项特定的功能。通过 OLE 自动化,可以更好地进行应用程序之间集成和使应用程序之间具有更强的相互操作的能力,编程人员可以通过组合自动化服务器对象提供的方法,完成各个不同的具体任务。运用 OLE 自动化时应熟悉要编程的对象,需要大量有关对象的技术资料。

例如,要通过编程将实时控制系统采集的数据送入某个数据库,即可采用 OLE 自动化技术来实现。开发者所编写的应用程序就是自动化控制器,可以使用 Visual Basic、Visual C ++ 或 Delphi 等语言来开发自动化控制器。自动化控制器所要操作的数据库就是自动化服务器。

下面给出的 Visual Basic 程序就利用 OLE 自动化技术实现了将 10 个实时采集的数据送入 Excel 中的一个工作单中的功能。假设实时采集的数据原来存放在数组 A 当中。

```
Dim obj as Object                        '将"obj"声明为一个对象
Set obj = CreatObject ( "Excel. Sheet. 5" )    '生成一个 Excel 的工作单对象
For n1 = 0 to 9
obj. Cell ( n1 ,1). Value = A( n1 )
Next n1                  '将存储在数组 A 中的实时数据分别送入 Excel 工作单中的各行
obj. SaveAs "C:\Excel\data1. xls"        '将数据存放在名为 data1. xls 的文件中
obj. Application Quit
```

5.1.5　COM/DCOM

(1) 组件技术

进入 20 世纪 90 年代中后期,虽然面向对象技术得到了广泛的应用,但是软件开发周期长、维护困难、开放性差、难以重用等问题并没有得到很好的解决。针对这种情况人们提出了组件技术的概念。组件是独立于特定的程序设计语言和应用系统,具有可重用性、能自包含的软件成分。也可以将组件简单地理解为构成软件的"零件"。也就是说,将一个庞大的应用软件分成多个模块,每个模块保持一定的功能独立性,在协同工作时,通过相互之间的接口交换信息来完成任务,将这样的软件模块称为组件。组件可以单独开发、单独编译,甚至单独调试和单独测试。

有了组件技术,可以迅速地进行软件开发。只要在组件库中找出合适的组件,将其组合起来就可以得到所需的软件。同样,软件的升级也是同样的简单、灵活。图 5.3 所示为利用组件技术进行软件开发的示意图。

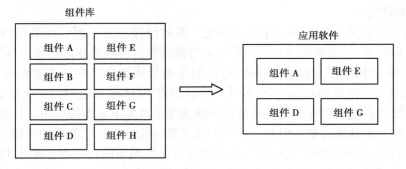

图 5.3 利用组件开发软件示意图

目前,在组件技术规范方面,主要有两个标准:一个是由对象管理组织(OMG,Object Management Group)起草并颁布的公共对象请求代理体系结构(CORBA,Common Object Request Breaker Architecture),另一个是由 Microsoft 推出的组件对象模型/分布式组件对象模型(COM/DCOM,Component Object Model / Distributed Component Object Model)。

(2)COM

COM 技术是在 OLE 技术的发展过程中产生的,最初只是 Microsoft 为了桌面系统中各个应用程序之间的数据通信而制定的。后来进一步的发展表明,COM 所定义的组件标准其广泛性远远超过了 OLE 所具有的能力。

COM 不仅仅提供了组件之间的接口标准,它还引入了面向对象的思想。在 COM 标准中,对象是一个非常活跃的要素,将其称为 COM 对象。每个 COM 对象是用一个 128 位的全局唯一标识符(GUID,Globally Unique Identifier)来标识的。组件模块为 COM 对象提供了活动空间,COM 对象则以接口的方式对外提供服务,将 COM 对象的接口称为 COM 接口。图 5.4 表明了 COM 组件、COM 对象以及 COM 接口之间的关系。

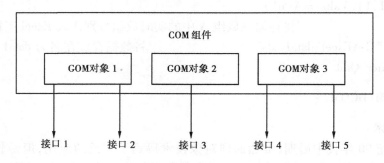

图 5.4 COM 组件、COM 对象以及 COM 接口之间的关系

在 Windows 系统平台上,COM 组件表现为一个 DLL 文件或者 exe(可执行程序)文件。一个组件程序可以包含一个或多个 COM 对象,并且每个 COM 对象可以实现多个接口。当其他组件或普通程序(即组件的客户程序)调用组件功能时,它首先创建一个 COM 对象或者通过

其他途径获得 COM 对象,然后通过该对象所实现的 COM 接口调用其所提供的服务。当所有的服务结束后,如果客户程序不再需要该 COM 对象,那么它应该释放该对象所占用的资源,包括对象本身。

COM 标准包括规范和实现两大部分。规范部分定义了组件和组件之间通信的机制,这些规范不依赖于任何特定的语言和操作系统;COM 标准的实现部分是 COM 库,COM 库为 COM 规范的具体是提供了一些核心服务。

COM 规范可以归纳为以下几个特性:

1) 客户/服务器模型

根据以上的分析不难看出,COM 规范采用的是客户/服务器模式。调用 COM 对象者称为客户,被调用者称为服务器;有的 COM 对象在自己被调用的同时,也会调用其他的 COM 对象,因而兼有客户和服务器的双重身份。

2) 语言无关性

COM 规范不依赖于任务特定的语言,因此,开发者可以随意选用自己熟悉的语言来开发组件对象以及客户程序。COM 规范的语言无关性之所以能够实现,是因为对象与客户之间的交互采用的是二进制代码级的标准。

3) 进程透明性

COM 对象在实现时可以有两种进程模型:进程内对象和进程外对象。如果是进程内对象,则其运行在客户进程空间内;如果是进程外对象,则其运行在同一机器上的另一个进程空间内或者在远程机器的进程空间内。进程模型的区别对于客户来说是透明的。一般来说,进程内模型的效率高,但是,如果组件不稳定会危及客户进程;相反,进程外模型稳定性好。

4) 应用程序级可重用性

由于 COM 标准是建立在二进制代码级之上的,对 COM 对象的调用仅仅是通过接口来实现,因此,COM 标准实现了对象在应用程序级而非源代码级的可重用性。

(3) DCOM

DCOM 是 Microsoft 与其他厂商合作提出的一种分布组件对象模型,是 COM 在分布式计算方面的自然扩展。它将 COM 的进程透明性拓展为位置透明性。DCOM 作为 COM 的扩展,不仅继承了其语言无关性、进程透明性、可重用性等特性,还具有位置透明、网络安全、跨平台调用等特性。

COM/DCOM 在原理上和应用上涉及的内容很多,限于篇幅的关系,无法在此一一列举,感兴趣的读者可以参阅文献[27]。

5.1.6　用于过程控制的 OLE(OPC)规范

用于过程控制的对象链接与嵌入(OPC,OLE for Process Control),是基于 Microsoft 的 COM/DCOM 和 ActiveX 的技术。包括工业自动化应用中使用的一整套的接口、属性和方法的标准,是将 OLE 应用在过程控制中的技术。OPC 提供了应用程序与 I/O 设备相互间数据通信的共同接口,而与过程中的控制软件或装置无关。它位于数据源和数据使用者之间,为实现世界范围内所有的自动化软硬件的互操作性打下了基础,为工业自动化软件面向对象的开发提供一项统一的标准。

(1)OPC 的技术规范产生的背景与意义

在传统的控制系统中,I/O 智能设备之间及 I/O 智能设备与控制系统软件之间的数据通信是通过驱动程序来实现的。由于各类应用软件的种类繁多,I/O 智能设备供货商不可能事先为所有的软件开发者提供驱动程序,所以这项工作主要只能由控制系统的软件开发者承担。随着现场总线技术和 PC 机在过程控制系统中应用的普及,系统中需进行数据访问的智能设备不断增加,同时企业中越来越多来自不同部门的员工需要通过应用程序从数据源读取数据。这就需要更多的驱动程序,以满足不同的需要,而这势必会加重软件开发商的负担,使其无法全身心地投入到其核心产品的开发中去。除此之外,这种开发方式还存在以下弊端:

①每个软件系统开发商必须为每个特定的硬件开发一个驱动程序。软件开发商各自从自己的需要出发,采用不同的数据交换协议开发驱动程序,从而使各开发商之间的驱动程序不一致,并且驱动程序并不支持所有的硬件特性,更谈不上对其进行优化操作。

②I/O 智能设备的任何变动都会造成驱动程序的不兼容。为适应硬件特征的新变化,软件开发者必须为硬件开发新的驱动程序。

③使用不同的驱动程序,两个应用程序不能同时访问同一设备。

④不能即插即用。

系统集成商和开发商都迫切需要一种效率高、可靠性好、开放性好、确保系统具有互操作性并且可即插即用的设备驱动程序。1995 年,由来自 Intellution、Fisher Rosemount、IntuitiveTechnology、Opto22、Rockwell Software 等 5 家工业控制公司及它们的技术顾问——微软公司共同发起成立了 OPC 标准化组织,颁布了 OPC1.0。1996 年,在芝加哥成立了 OPC 基金会(OPC Foundation),开展与 OPC 标准有关的各方面的工作,吸收更多的会员参加,使其真正成为一项为各方所接受的、开放的标准。现在 OPC 基金会成员的数目已经超过了 300 个。OPC 目前还不是一个完整的规范,它还处于不断发展和不断完善的过程中。

OPC 技术的意义就如即插即用技术对于计算机工业的意义一样重要。采用 OPC 技术的主要好处是:更多的选择性,对过程数据的方便存取,监控设备的即插即用,开发工具的高效率应用。OPC 支持规范也如其他标准一样,能为最终用户带来利益。这包括用户培训费用、系统开发费用的降低,此外还可降低系统的长期维护费用。符合 OPC 规范的产品可以无缝地集成在一个系统中,彻底解决了不同厂家设备之间的互操作性问题,从而用户可以有更多的选择。为了达到系统功能最好、价格最低,用户可以选择不同厂家的产品集成在一起构成系统,而不必担心相互之间的不兼容。同样地,也不必担心将来系统维护、升级时的设备兼容性问题,从而降低了系统的长期维护费用。对于硬件设备厂家来说,采用 OPC 技术意味着只需开发一个符合 OPC 规范的 OPC 服务器。该服务器可与所有的 OPC 客户程序通信,这些 OPC 客户程序可以是 DCS 或 SCADA 程序,也可以是其他的工业控制或 MIS 系统应用软件。硬件设备厂家不必再将时间花在如何与各种不同的软件进行通信上。此外,OPC 兼容的 I/O 硬件设备之间的互操作性问题得到了完全的解决。相对于采用专用接口的 I/O 设备,这是一个明显的优点,从而使其具有更好的应用前景。对于工业控制系统软件厂家来说,采用了 OPC 技术就可以专注于其核心部分(如 HMI、SCADA 及控制策略等)的研究,而不必再为市场上多达几百种的 I/O 硬件测控设备编写设备驱动程序。因为只需提供标准的 OPC 客户接口,即可对各种 OPC 兼容的硬件设备进行操作,而且也可以方便地与 OPC 兼容的任何其他软件(如其他控制软件或 MIS 系统软件)进行通信,实现软件之间的互操作。

现在 OPC 已经不单纯是应用程序与 I/O(硬件)设备的接口,它实际上还可以作为 Windows 应用程序之间交换数据的通用规范。也就是说,I/O 设备可以是一个广泛的概念,它既可以是通常的硬件设备,还可以是一个应用程序或者一个数据库。总之,一切可以提供数据的数据源,都可以视为 I/O 设备。这样,OPC 将在系统集成中起着重要的作用。

(2)OPC 的特点

采用 OPC 标准后,针对硬件的驱动程序不再由软件开发商开发,而是由硬件开发商根据硬件的特征提供统一的 OPC 接口程序。由于硬件开发商对自己的硬件特征了如指掌,从而能够最大限度地挖掘硬件的潜力,提高驱动程序的性能。采用 OPC 技术的工业控制软件与硬件设备之间的 OPC 接口的开发,为工业控制系统应用程序之间的通信建立一个接口标准,在工业控制设备与控制软件之间建立统一的数据存取规范。这个接口规范不但能够应用于单台计算机,而且可以支持网络上分布式应用程序之间通信,以及不同平台上应用程序之间的通信。

综上所述,OPC 有以下几个特点:

1)采用客户/服务器模式

由于 OPC 的基础是 OLE/COM,而 COM 本身就是基于客户/服务器模式的,因此 OPC 采用客户/服务器模式是十分自然的事情。通常是由硬件(智能 I/O 设备)提供 OPC 服务器,客户端由应用软件人员来实现。采用客户/服务器模式,使软件的稳定性和灵活性都很高。

2)减轻硬件开发商的工作

I/O 智能设备的开发商只需要开发一套设备驱动程序就可以满足不同的客户应用,且不必考虑应用软件的需要。

3)减轻应用程序开发人员的工作

应用程序开发人员只需编写一个接口就可以连接不同的设备(同一厂商),无须再重复开发大量的设备驱动程序。

4)开放性增强

由于开放性增强,当应用软件开发后,还可以再选择 I/O 设备,使工程人员在设备选型上有了更多的选择。

5)将软硬件开发工作分离

由于有了 OPC 标准,应用软件开发工作与硬件开发工作可以分离进行,使得双方的工作效率都有了很大的提高。

(3)OPC 对象模型

OPC 逻辑对象模型包括 3 类对象:OPC 服务器对象(OPCServer)、OPC 组对象(OPCGroup)、OPC 数据项对象(OPCItem),每类对象都包括一系列接口。OPC 对象模型如图 5.5 所示。

OPC 服务器对象提供了对数据源进行存取(读/写)或通信的接口方法,数据源可能是现场的 I/O 设备或 PLC(或 DCS),也可以是其他的应用程序。OPC 服务器内部封装了与 I/O 控制设备通信及进行设备操作的代码。OPC 组对象包含在 OPC 服务器对象中,并由客户端定义和维护,每个服务器可以包含多个组对象。OPC 组对象可以通过 IOPCGROUNP 增加或删除 OPC 数据项对象。OPC 数据项对象包含在 OPC 组对象中,1 个组对象可以包含多个数据项对象,它同样由客户端定义和维护。数据项是读写数据的最小逻辑单位,一个数据项与一个现场的信号相连。

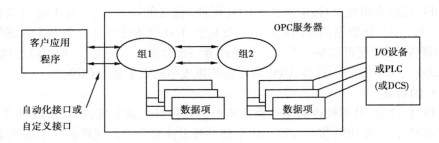

图 5.5　OPC 对象模型

OPC 服务器对象维护有关服务器的信息并作为 OPC 组对象的包容器,而 OPC 组对象维护有关其自身的信息,提供包容 OPC 数据项的机制,并管理 OPC 数据项。OPC 组提供了客户程序组织数据的手段。

(4) OPC 接口

OPC 的结构是客户机/服务器模式。各个 OPC 客户程序通过 OPC 标准接口对各 OPC 服务器管理的设备进行操作,而不需关心服务器的实现细节及设备内部的具体细节。OPC 技术规范定义了接口规范,包括 OPC 自动化接口(Automation Interface)和 OPC 自定义接口(Custom Interface),OPC 自定义接口是客户端和服务器程序员所使用的,是 OPC 服务器必须提供的。而 OPC 自动化接口常用于支持用高端商业应用(如用 Visual Basic、Delphi、Excel 等)开发的客户程序,OPC 自动化接口不一定提供。对于在分布式结构中不同的结点上客户和服务器的操作,OPC 标准利用分布式结构 DCOM 使客户应用与远程服务器接口相连。OPC 技术规范同时定义了 OPC 服务器程序和客户机程序进行接口或通信的方法,但不规定如何来实现这种接口连接。

OPC 客户端与 OPC 服务器通过接口连接并与 OPC 服务器通信,常用接口有 IOPCServer、OPCBrowser、IPersistFile。OPC 服务器对象向 OPC 客户端提供创建和操纵 OPC 组对象的功能。这些组允许 OPC 客户对它们要访问的数据进行组织。一个组可以作为一个单元被激活或失活。有两种类型的组,即公共(Public)的组和局部(Local)的组。公共组可以被多个客户共享,而局部组只能被一个客户使用。每个组中都可以定义一个或多个 OPC 数据项。OPC 数据项代表了与服务器中的数据的链接。从自定义接口的角度看,OPC 客户不能对 OPC 数据项进行操作。所有对 OPC 数据项的操作都是通过包容此项的 OPC 组对象进行的。每个数据项有值(Value)、品质(Quality)和时间标签(Time Stamp)三个属性,其中时间标签表明服务器最近依次从 I/O 设备中读取数据的时间。

OPC 接口又可以分为 OPCServer 对象接口(如 IOPCCommon、IOPCServer、IconnectionPoint-Container), OPCGroup 对象接口(如 IOPCItemMgt、IOPCGroupStateMgt、IOPCSyncIO、IOPCSyncIO2)和 OPCItem 对象接口(如 IOPCItemDisp)。

(5) OPC 数据访问方式

OPC 服务器是一个可执行程序,该程序按照客户应用程序设定的速率不断地与 I/O 设备进行数据交换。在服务器内有一个数据缓冲区,客户可以从服务器缓冲区读取数据,也可以直接冲 I/O 设备上读取数据。一般来说,从 I/O 设备上读取数据速度相对比较慢,只有在故障诊断或其他特殊情形才会采用。

OPC 客户与 OPC 服务器之间的数据交换有三种方式:同步读写方式、异步读写方式和数据订阅方式。

同步读写方式由 IOPCSyncIO 接口来实现,实现比较简单,但效率不是很高,只有客户数目较少且与服务器之间交换数据的量不多时采用。在读写操作结果尚未返回之前,OPC 客户程序将一直处于等待状态。同步读写方式的工作过程如图 5.6 所示。

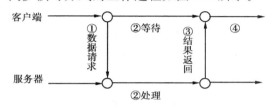

图 5.6　OPC 同步读写方式

异步读写由 IOPCSyncIO2 接口来实现,方式实现较为复杂,需要在客户程序中实现服务器回调函数,但相对效率比较高。在服务器返回结果之前,客户程序可以进行其他操作。服务器通过返回回调函数来送出数据。异步读写方式的工作过程如图 5.7 所示。

图 5.7　OPC 异步读写方式

数据订阅方式由 IOPCCallback 接口实现,利用该接口的 DataChange( )方法,当发现监测的数值有变化时,OPC 服务器将自动通知 OPC 客户程序,这种方式效率较高,但也相对复杂,可使用连接点技术实现。

(6)OPC 客户程序的实现

下面以 Visual C 为例,给实现 OPC 客户程序的基本步骤:

①添加 OPC 头文件

客户程序运行过程需要 OPC 标准库文件。这些库文件可以从 OPC 基金会网站下载。

#include" opcda_i. C"	//OPC 数据存取接口
#include" opcda. h"	//OPC DA 2.0 头文件
#include" opccomn_i. C"	//OPC 公共接口定义
#include" opccomn. h"	//OPC 公共头文件

②初始化 COM 库

OPC 基于 COM 技术,在使用 OPC 接口类之前,必须用函数 Colnitialize( )初始化 COM 库。

③创建 OPC 服务器对象

使用函数 CoCreateInstanee( )创建服务器对象前,先用 CLSIDFromProglD( )函数获得 OPC 服务器全局唯一的 CLSID(CLASS ID 的缩写,即 GUID)。

④连接 OPC 服务器

服务器的连接是 OPC 数据访问的基础,用函数 ConnectToServer( )实现。

⑤获取 IOPCServer 接口指针,并通过添加 OPCGroup 获取 IOPCItemMgt 接口指针。

⑥利用 IOPCItemMgt 接口指针添加 OPC Item。

⑦获取 IOPCSyncIO 接口指针并实现数据同步读写。

全部准备工作完成之后,便可以实现数据的同步读写,首先使用 QueryInterfaee( )方法来获取 IOPCSyncIO 接口指针,接着用该指针的 Read( )和 write( )方法来实现数据的读写。

⑧删除已创建的 OPC 对象,释放内存并断开与 OPC 服务器的连接

读写操作完成之后,在 OPC 客户程序停止运行之前,需要及时删除对象,以释放内存。

5.2 DDE 和 OPC 应用举例

5.2.1 DDE 应用举例

例 5.1 本例来自水泥厂烧成系统的控制。利用 Visual Basic(以下简称 VB)高级语言编写程序与"组态王(Kingview)"用的 DDE 方式进行通信。关于组态软件的概念将在下一节介绍。

在水泥厂烧成系统中,采用组态软件通过 A/D 板卡采集回转窑各处温度、窑托轮温度、回转窑各点压力、窑尾喂料流量、熟料库料位等数据,将采集到的数据和用户在组态界面上输入的要求值用 DDE 方式传输到 VB 应用程序。在 VB 中用传统的 PID 控制算法得到调节控制信号,再用 DDE 方式在组态界面上显示。同时,通过 I/O 的数字输出端口(或串行口)驱动现场的阀门及报警灯等。

(1)Visual Basic 的 DDE 链接属性

VB 中只有窗体(Form)、多文档窗体(MDI Form)可作为 DDE 服务器,而标签(Lable)、文本框(Text)、图片框(Picture Text)等只能作为客户,在 VB 中关于 DDE 链接的属性有 4 个。

①LinkMode 设置 DDE 链接方式,并允许服务器、客户窗体启动 DDE 会话。

语法:object. linkmode = number

number 的取值见表 5.2。

表 5.2 VB 链接方式属性

对于客户	对于服务器
=0 VblinkNone 无 DDE 会话	=0 VblinkNone 没有 DDE 交换
=1 VblinkAutcm 热链接	=1 VblinkSource 允许向与该窗体建立了会话的客户提供数据
=2 VblinkManusl 冷链接	
=3 VblinkNotify 温链接	

②LinkTopic 设置 DDE 链接主题,对于服务器只需写出主题,不用写服务器名和项目,对于客户控件用来设置服务器名和主题:Service name Topic。

③LinkItem 设置 DDE 链接项目,指定通过 DDE 链接传输的实际数据。只由客户程序需要设置 LinkItem 属性。

④HnkTimeout   设置 DDE 链接超时,设置等待 DDE 响应消息的时间。若该时间内不能建立 DDE 链接,将产生一个运行错误指示。

(2)VB 客户程序与 Kingview 的 DDE 链接

VB 作为客户程序从"Kingview"中获取数据。VB 的可执行程序:Vbcontrol.exe 窗体设计见表 5.3。表中的"TxtTemp1~3"为 3 个文本框,用来接收回转窑的温度值。回转窑的温度由热电偶经温度变送器转换为电压值,再通过 12 位数据采集卡传到"Kingview"的界面上实时显示。在"Kingview"的数据词典中添加 3 个变量:温度 1、温度 2 和温度 3,参数设置见表 5.4。

表 5.3   VB 客户程序窗体及各个空间的主要属性

控件类型	控件名	主要属性
Form	FormControl	Caption = 水泥厂烧成系统
Label	LblTemp1~3	Caption 分别为温度 1、温度 2 和温度 3
Text	TextTemp1~3	Locked = true

表 5.4   Kingview 中变量的基本属性

变量名:温度 1	变量类型:I/O 实数
最小值:0	最大值:1 500
最小原始值:0	最大原始值:4 095
链接设备:PC6330D	寄存器:AD0
转换方式:线性	数据类型:INT
读写属性:只读	允许 DDE 访问

VB 中的 3 个文本框的 DDE 链接子程序如下:

```
Private sub Form_Load( )
With TxtTemp1
  . LinkTopic = " view ┃ tagname"        '指定对话主题
  . LinkItem = " PC6330D. AD0"            '温度 1 来自 PC6330D 的模拟输入通道 0
  . LinkMode = 1                          '采用热链接方式
End With
With TxtTemp2
  . LinkTopic = " view ┃ tagname"        '指定对话主题
  . LinkItem = " PC6330D. AD1"            '温度 2 来自 PC6330D 的模拟输入通道 1
  . LinkMode = 1                          '采用热链接方式
End With
With TxtTemp3
  . LinkTopic = " view ┃ tagname"        '指定对话主题
  . LinkItem = " PC6330D. AD2"            '温度 3 来自 PC6330D 的模拟输入通道 2
  . LinkMode = 1                          '采用热链接方式
```

End With

End Sub

运行"Kingview"的"TouchView"和 VB 的"Vbcontrol. exe",即可自动地进行 DDE 链接,Vb-Control. exe 的运行窗口和"Kingview"的运行环境"TouchView"中将同时显示出回转窑的温度。

5.2.2 基于 OPC 的 CAN 总线与上位机的数据通信

例 5.2 有一污水处理厂,污水处理过程可分为几个子过程,每个子过程的功能由控制系统的各个单元来完成,主要为调节池 pH 值控制单元、厌氧池温度控制单元、好氧池曝气控制单元、混凝剂控制单元和污泥循环控制单元。每个控制单元作为一个智能控制节点分布在污水处理现场,负责污水处理过程中各参数的监控。现场通信网络采用 CAN 现场总线,上位机负责各过程的监控及数据存储。系统框图及 OPC 通信构成如图 5.8 所示。

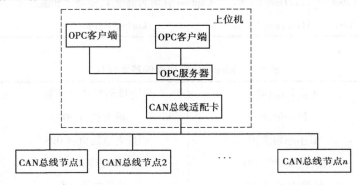

图 5.8　系统框图及 OPC 通信构成

OPC 服务器采用 CAN 总线节点生产商提供的 ZOPCServer,它支持该公司所有的 CAN 总线接口卡,其功能是通过 CAN,接口卡获取现场的各 CAN 总线上的节点采集到的数据传给监控软件或其他 OPC 客户端。同时,将监控软件或其他 OPC 客户端写入的数据和控制命令通过 OPC 服务器传给污水处理现场的各 CAN 总线节点。

采用 Visual Basic 6.0 开发 OPC 客户端程序。首先安装由 OPC 基金会提供动态链接库 OPCDAAuto. dll 文件(在该基金会网站下载),将该文件放在系统盘的 System32 文件夹下,然后在 VB 里引用 OPC Automation 2.0,就可以编写相应的程序,采用的是以自动化接口形式访问 OPC 服务器,具体的源代码见附录 2。

5.3　监控组态软件

监控组态软件在计算机监控系统中起着举足轻重的作用。现代计算机监控系统的功能越来越强,除了完成基本的数据采集和控制功能外,还要完成故障诊断、数据分析、报表的形成和打印、与管理层交换数据和为操作人员提供灵活方便的人机界面。另外,随着生产规模的变化,也要求计算机监控系统的规模跟着变化,也就是说,计算机接口的部件和控制部件可能要随着系统规模的变化进行增减。因此,就要求计算机监控系统的应用软件有很强的开放性和灵活性。近几年来,随着计算机软件技术的发展,计算机监控系统的组态软件技术的发展也是非常迅速,可以说是到了令人目不暇接的地步。特别是图形界面技术、面向对象编程技术(OOP)、组件技术(COM)的出现,使原来单调、呆板、操作麻烦的人机界面变得面目一新。目前,除了一些小型的应用需要开发者自己编写应用程序,凡属大中型的应用,最明智的办法应该是选择一个合适的组态软件。这样,既可以大大地缩短开发时间,也使得系统的可靠性有了保证。

5.3.1　监控组态软件概述

组态(configuration)有设置、配置等含义。在工业控制中,组态一般是指通过对软件采用非编程的操作方式,主要有参数填写、图形连接和文件生成等,使得软件乃至整个系统具有某种特定的功能。由于这种软件的二次开发工作就称为组态,相应的软件开发平台就称为监控组态软件,简称组态软件。“组态”一词,既可以用做名词,也可以用做动词。计算机监控系统在完成组态之前只是一些硬件和软件的松散集合体,只有通过组态,才能使其成为一个具体的满足生产过程需要的应用系统。

组态软件的使用最早是在集散控制系统中。由于集散控制系统本身有很多种类的硬件部件,所以依靠其可以灵活地构成相应的监控系统。又由于集散控制系统的用户对计算机监控系统的要求千差万别(包括流程画面、系统结构、报表格式、报警要求等),而开发商又不可能专门为每个用户去进行开发,所以只能是事先开发好一套具有一定通用性的软件开发平台,选择若干种规格的硬件模块(如 I/O 模块、通信模块、现场控制模块),然后再根据用户的要求在软件开发平台上进行二次开发,以及进行硬件模块的连接。

最初的组态软件都是面向特定的硬件的。20 世纪 90 年代开始出现通用的组态软件,利用这些组态软件,用户可以利用不同类型的 I/O 硬件来构成系统,既可以用 I/O 模板(模块)构成 PCs,也可以用不同厂商的 PLC 构成 PLCs。现在的组态软件已经形成了具有一定规模的产业。

现在的组态软件都是采用面向对象编程技术,它提供了各种应用程序模板和对象。二次开发人员根据具体系统的需求,建立模块(创建对象)然后定义参数(定义对象的属性),最后生成可供运行的应用程序。具体地说,组态实际上是生成一系列可以直接运行的程序代码。生成的程序代码可以直接运行在用于组态的计算机上,也可以下装(下载)到其他的计算机(站)上。组态可以分为离线组态和在线组态两种。所谓离线组态,是指在计算机监控系统运行之前完成组态工作,然后将生成的应用程序安装在相应的计算机中。而在线组态则是指在计算机监控系统运行过程中组态。

组态软件更确切的称呼应该是人机界面 HMI(Human Machine Interface)/监控与数据采集 SCADA(Supervisory Control And Data Acquisition)软件。组态软件最早出现时,实现 HMI 和控制功能是其主要内涵,即主要解决人机图形界面和计算机数字控制问题。随着计算机软件技术的快速发展以及用户对计算机监控系统功能要求的增加 ,实时数据库、实时控制、SCADA、通信及联网、开放数据接口、对 I/O 设备的广泛支持已经成为它的主要内容,随着计算机监控技术的发展,组态软件将会不断被赋予新的内涵。

组态软件最突出的特点是实时多任务。例如,数据采集与输出、数据处理与算法实现、图形显示及人机对话、实时数据的存储、检索管理、实时通信等多个任务要在同一台计算机或者多台计算机上同时运行。

由于组态软件的使用者是自动化工程设计人员,组态软件的主要目的是,确保使用者在生成适合自己需要的应用系统时不需要或者尽可能少地编制软件程序的源代码。因此,在设计组态软件时,应充分了解自动化工程设计人员的基本需求,并加以总结提炼,重点、集中解决共性问题。下面是组态软件主要解决的问题:

①如何与数据采集、控制设备间进行数据交换;

②使来自设备的数据与计算机图形画面上的各元素关联起来;

③处理数据报警及系统报警;

④存储历史数据并支持历史数据的查询;

⑤各类报表的生成和打印输出;

⑥为使用者提供灵活、多变的组态工具,可以适应不同应用领域的需求;

⑦最终生成的应用系统运行稳定可靠;

⑧具有与第三方程序的接口,方便数据共享。

一套好的组态软件应该能够为用户提供快速构建自己的计算机监控系统的手段。例如,对输入信号进行处理的各种模块、各种常见的控制算法模块;构造人机界面的各种图形要素;使用户能够方便地进行二次开发的平台或环境等。如果是通用的组态软件,还应当提供各类工控设备的驱动程序和常见的通信协议。

由于组态软件都是由专门的软件开发人员按照软件工程的规范来开发的,使用前又经过了比较长时间的工程运行考验,其质量是有充分保证的。因此,只要开发成本允许,采用组态软件是一种比较稳妥、快速和可靠的办法。

5.3.2 几种常见的组态

下面介绍几种常用的组态方式。由于目前有关组态方式的术语还未能统一,因此,本书中所用的术语可能会与一些组态软件所用的有所不同。一套组态软件主要包括以下几个部分的功能:

(1) 系统组态

系统组态又称为系统管理组态(或系统生成),这是整个组态工作中的第一步,也是最重要的一步。系统组态的主要工作是对系统的结构以及构成系统的基本要素进行定义。以 DCS 的系统组态为例,硬件配置的定义包括:选择什么样的网络层次和类型(如宽带、载波带),选择什么样的工程师站、操作员站和现场控制站(I/O 控制站)(如类型、编号、地址、是否为冗余等)以及其具体的配置,选择什么样的 I/O 模块(如类型、编号、地址、是否为冗余等)以及其具体的配置。有的 DCS 的系统组态可以做得非常的详细。以 Foxboro 的 I/A′ Series 为例,各种部件类型的选择可以一直向下细化,例如,机柜、机柜中的电源、电缆与其他部件,各类部件在机柜中的槽位,打印机以及各站使用的软件等,都可以在系统组态中进行定义。系统组态的过程一般都是用图形加填表的方式。

(2) 控制组态

控制组态又称为控制回路组态,这同样是一种非常重要的组态。为了确保生产工艺的实现,一个计算机监控系统要完成各种复杂的控制任务。例如,各种操作的顺序动作控制,各个变量之间的逻辑控制以及对各个关键变量采用各种控制(如 PID、前馈、串级、解耦,甚至是更为复杂的多变量预测控制、自适应控制)。因此,有必要生成相应的应用程序来实现这些控制。组态软件往往会提供各种不同类型的控制模块,组态的过程就是将控制模块与各个被控变量相联系,并定义控制模块的参数(例如,比例系数、积分时间)。另外,对于一些被监视的变量,也要在信号采集之后对其进行一定的处理,这种处理也是通过软件模块来实现的。因此,也需要将这些被监视的变量与相应的模块相联系,并定义有关的参数。这些工作都是在控制组态中来完成,图 5.9 所示为一个采用 PID 控制的液位控制的例子,下面就以这个例子来简要地说明控制组态的过程:

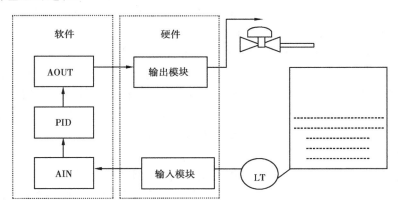

图 5.9   采用 PID 控制的液位控制系统

假设所用的组态软件至少提供这 3 种类型的模块:AIN(模拟量输入处理)、AOUT(模拟量输出处理)和 PID(PID 控制)。

首先,建立一个 AIN 类型的模块(相当于创建一个对象,以下相同),这个模块用来对模拟输入信号进行处理再定义这个模块的参数。常见的参数有:模块名、模块类型、输入来源(指明信号输入端的地址)、输入信号的类型(4~20 mA、0~20 mA、0~10 mA、0~10 V、0~20 mA 开方等),除此之外,还有各种与报警有关的参数和与滤波方式有关的参数。一个比较完善的 AIN 模块可定义的参数可达数十个。

然后,建立一个 PID 模块,这个模块用来实现 PID 控制算法,接着定义模块的参数。常见的参数有,模块名、模块类型、输入来源(指明输入来自哪个模块)、比例系数或比例带、积分时间、微分时间以及各类与限幅值或报警有关的参数。一个完善的 PID 模块其可定义的参数多达上百个。在这里可以将 PID 模块的输入端定义为 AIN 的输出,即可实现这两个模块的连接。

最后,建立一个 AOUT 模块,这个模块是用来处理推动执行机构的信号。组态的过程是与上面相似的,在此就不再赘述。

完成模块建立和参数定义后便可以生成应用程序,在集散控制系统中往往是将这些程序下装至现场控制站中运行。

由于控制问题往往比较复杂,组态软件提供的各种模块不一定能够满足现场的需要,这就需要用户作进一步的开发,即自己建立符合需要的控制模块。因此,组态软件应该能够给用户提供相应的开发手段。通常可以有两种方法:一是用户自己用高级语言来实现,然后再嵌入系统中;二是由组态软件提供脚本语言。

(3)显示组态

显示组态,又称为画面组态。它的任务是为计算机监控系统提供一个方便操作员使用的人机界面。显示组态的工作主要包括两个方面:一是画出一幅(或多幅)能够反映被监控的过程概貌的图形,二是将图形中的某些要素(例如,数字、高度、颜色)与现场的变量相联系(又称为数据连接或动画连接),当现场的参数发生变化时,就可以及时地在显示器上显示出来,或者是通过键盘输入改变参数来控制现场的执行机构。

现在的组态软件都会为用户提供丰富的图形库。图形库中包含大量的图形元件,只需在图库中将相应的子图调出,再作少量修改即可。因此,即使是完全不会编程序的人也可以"绘制"出漂亮的图形来。图形又可以分为两种:一种是平面图形,另一种是三维图形。平面图形虽然不是十分美观,但占用内存少,运行速度快。

数据连接分为两种:一种是被动连接,另一种是主动连接。对于被动连接,当现场的参数改变时,屏幕上相应数字量的显示值或图形的某个属性(如高度、颜色等)也会相应改变。对于主动连接方式,当操作人员改变屏幕上显示的某个数字值或某个图形的属性(例如高度、位置等)时,现场的某个参量就会发生相应的改变。显然,利用被动连接就可以实现现场数据的采集与显示,而利用主动连接就可以实现操作人员对现场设备的控制。

(4)**数据库组态**

数据库组态包括实时数据库组态和历史数据库组态。实时数据库组态的内容包括:数据库各点(变量)的名称、类型、工位号、工程量转换系数上下限、线性化处理、报警限和报警特性等。历史数据库组态的内容包括定义各个进入历史库数据点的保存周期,有的组态软件将这部分工作放在了历史组态之中,还有的组态软件将数据点与I/O设备的连接放在数据库组态之中。

(5)**报表组态**

一般的计算机监控系统都会带有数据库。因此,可以很轻易地将生产过程形成的实时数据形成对管理工作十分重要的日报、周报或月报。报表组态包括:定义报表的数据项、统计项、报表的格式以及打印报表的时间等。

(6)**报警组态**

报警功能是计算机监控系统很重要的一项功能,它的作用就是当被控或被监视的某个参数达到一定数值的时候,以声音、光线、闪烁或打印机打印等方式发出报警信号,提醒操作人员注意并采取相应的措施。报警组态的内容包括:报警的级别、报警限、报警方式和报警处理方式的定义。有的组态软件不一定要有专门的报警组态,而将其放在控制组态或显示组态中。

(7)**历史组态**

由于计算机监控系统对实时数据采集的采样周期很短,形成的实时数据很多,这些实时数据不可能也没有必要全部保留。可以通过历史模块将浓缩实时数据形成有用的历史记录。历史组态的作用就是定义历史模块的参数,形成各种浓缩算法。

(8)**环境组态**

由于组态工作十分重要,如果处理不好,就会使计算机监控系统无法正常工作,甚至会造成系统瘫痪。因此,应当严格限制组态的人员。一般的做法是:设置不同的环境,例如,过程工程师环境、软件工程师环境以及操作员环境等。只有在过程工程师环境和软件工程师环境中才可以进行组态,而操作员环境就只能进行简单的操作。为此,还引出了环境组态的概念。所谓环境组态,是指通过定义软件参数,建立相应的环境。不同的环境拥有不同的资源和权限,且环境是有密码保护的。还有一个办法就是:不在运行平台上组态,组态完成后再将运行的程序代码安装在运行平台中。

5.3.3　组态软件的基本构成

目前世界上组态软件的种类繁多,仅国产的组态软件就有不下 30 种之多,其设计思想、应用对象都相差很大,因此,很难用一个统一的模型来进行描述。但是,一般的组态软件都至少包含下列组件:图形界面系统、I/O 设备通信、实时数据库系统、第三方程序接口组件、控制功能组件、通信组件。同时组态软件在技术特点上有以下几点是共同的:

①提供开发环境和运行环境;

②采用客户/服务器模式;

③软件采用组件方式构成;

④采用 DDE、OLE、COM/DCOM、Active X 技术;

⑤提供诸如 ODBC、OPC、API 接口;

⑥支持分布式应用;

⑦支持多种系统结构,如单用户、多用户(网络),甚至多层网络结构;

⑧支持 Internet 应用。

下面用举例的方式先给出几种组态软件的体系结构。

图 5.10 所示为 Citect 的体系结构。

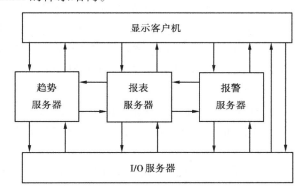

图 5.10　Citect 组态软件的体系结构

I/O 服务器负责管理和优化所有的通信。

报警服务器负责监视所有的报警状态。

报表服务器负责控制、计划和执行报表操作。

趋势服务器负责收集、记录并管理趋势和 SPC(统计过程控制)数据。

显示客户机负责提供人机接口,从其他服务器中获取数据并更新画面,以及执行控制命令。

图 5.11 所示为 Force Control(力控)的体系结构。

在图形界面系统中主要包含两个部分:Draw 是一个显示组态工具,提供了画图的工具箱、组态导航器、脚本语言编辑器;利用 Draw,可以方便、快速地生成各种美观的生产流程画面,完成数据的主动连接和被动连接,以及利用脚本语言实现各种复杂的逻辑动作和顺序动作。View 是一个可靠、快速的图形界面运行系统,可以运行由 Draw 创建的图形窗口,且可运行的图形窗口数量不受限制(只受内存的限制)。画面运行时,数据刷新时间少于 5 ms。

167

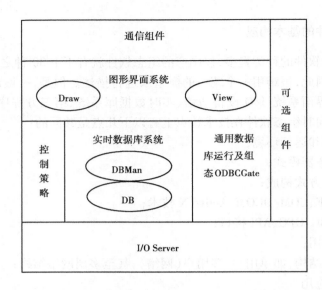

图 5.11 Force Control(力控)的体系结构

实时数据库系统包括 DBMan 和 DB 两个组件。DBMan 用于数据库组态,而 DB 是一个分布式的实时数据库,是整个应用系统的核心。DB 负责整个应用系统的实时数据处理、历史数据存储、统计数据处理、报警信息处理、数据服务请求,并完成与被监控过程的双向数据通信。DB 与 View 构成客户机/服务器模式。各个网络节点上的 DB 通过网络服务程序可以构成一个分布式的应用系统。单个 DB 的数据处理能力超过 10 000 个点,而分布式 DB 的数据处理能力超过 100 000 个点。

通信组件包括 NetClient 和 NetServer,为高性能的网络通信服务程序,内部采用 TCP/IP 协议。它们可以保证用户充分利用 Intranet/Internet 的网络资源,数据刷新速度小于 5 ms,网络数据处理能力超过 10 万点。

I/O Server 为 I/O 设备驱动程序,它负责完成与 I/O 板卡或模块以及智能执行机构之间的数据通信。

控制策略组件 StrategyBuilder,为控制策略编辑生成及运行程序。该组件符合 IEC1131—3 标准,可提供比 PLC 更为强大、更为灵活的控制功能。

图 5.12 所示为 ControX 2000 的体系结构。

Studio 是一个工程开发工具。iCore 为数据处理核心,用于根据 Studio 的设计调用 Driver 驱动与现场设备通信、采集数据,以及实现数据的加工处理和传送。Driver 负责与现场设备通信,将现场的数据传送给 iCore。View 从 iCore 处获得通信数据,并根据 Studio 的设计显示画面,同时,实现操作人员与现场设备的交互。

图 5.13 所示为 TRACE MODE 的体系结构,有关该软件的详细介绍将在下面给出。从图中可以看出,TRACE MODE 使用了客户/服务器模式,并采用了 COM/DCOM、DDE、OPC、ODBC、Active X 等技术。

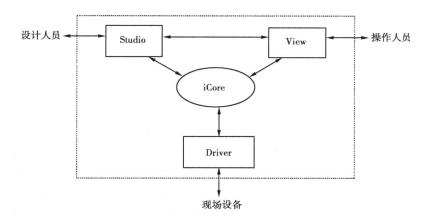

图 5.12　ControX 2000 的体系结构

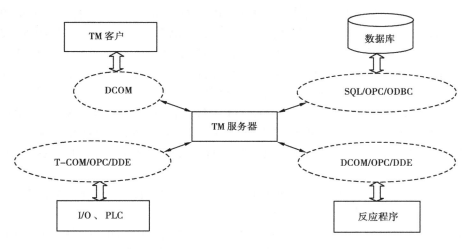

图 5.13　TRACE MODE 的体系结构

5.3.4　常见的组态软件

从以上分析不难看出,组态软件是一种功能强大、结构十分复杂的软件,因此,其价格也是相当不菲。随着社会对计算机监控系统需要的日益增大,组态软件也已经形成了一个不小的产业。现在市面上已经出现了各种不同类型的组态软件。

按照使用对象来分类,可以将组态软件分为两类:一类是专用的组态软件,另一类是通用的组态软件。专用的组态软件主要是由一些集散控制系统厂商和 PLC 厂商专门为自己的系统开发的,例如 Honeywell 的组态软件、Foxboro 的组态软件、和利时的组态软件、Rockwell 公司的 RSView、Simens 公司的 WinCC、GE 公司的 Cimplicity。通用组态软件并不特别针对某一类特定的系统,开发者可以根据需要选择合适的软件和硬件来构成自己的计算机监控系统。如果开发者在选择了通用组态软件后,发现其无法驱动自己选择的硬件,可以提供该硬件的通信协议,请组态软件的开发商来开发相应的驱动程序。

通用组态软件目前发展很快,也是市场潜力很大的产业。国外开发的组态软件有:Intellu-tion 公司的 Fix/iFix、Wonderware 的 InTouch、Ci Technologies 公司的 Citect、NI 公司的 Lookout、

AdAstrA Research Group 公司的 TRACE MODE 以及 PC Soft 公司的 Wizcon 等。国产的组态软件有:北京亚控自动化软件科技有限公司的组态王、太力信息产业有限公司的 Synall 2000、华富计算机有限公司的开物 2000(ControX 2000)、三维有限公司的力控(ForceControl)和北京杰控科技有限公司的 Fame View 等。

下面简要介绍几个组态软件:

(1) iFIX

iFIX 是 Intellution 公司的产品,而 Intellution 公司为 EMERSON ELECTRIC 集团公司的全资子公司。Intellution 公司实际上提供了从 HMI、SCADA 到批次处理(Batch)、软逻辑(Soft-logic)再到因特网应用的全套自动化家族组件,其代称为 Intellution Dynamics。Intellution Dynamics 集成了 COM/DCOM、OPC、VBA、ActiveX 等现代化软件技术。使所有的应用组件都可以无缝地集成到一个系统中去,并且数据可以很方便地在网络上共享。这些应用组件包括:iCore、iFix、iBatch、iWebServer、iLogic 等。

iCore 为开放式的内核平台,它包括了 VBA、OPC、COM 和 ActiveX 控件等。iCore 的重要部分之一 Intellution WorkSpace,是一个具有直观的界面,能将所有的系统组件组织到一起的集成开发环境。它提供了强大的浏览、查找和替换功能,以及第三方应用的集成。Intellution WorkSpace 包括了两个全集成的环境:组态环境和运行环境。这两个环境提供了各种用户开发和显示所需的画面、报表和 VBA 语言程序,并且可以使用户与实时数据交互工作。

iFix 为 Intellution Dynamics 中的 HMI/SCADA 组件。在 iFix 中采用了各种先进的软件技术,包括支持 OPC、支持 COM/DCOM、内置完全 VBA、支持 ActiveX、支持 ODBC 等。

iFix 可以做到数据采集和数据管理、报警和报警管理、可视化过程、面向对象的图形、全面支持多媒体。

iFix 还采取了安全容器技术,这是 Intellution 的专利技术,可以自动隔离不稳定或者有错误的 Active X 控件,使其不会危害整个系统。

iFix 对软件和硬件都有比较高的要求,如操作系统要求为 Windows NT 4.0、Pentium Ⅱ 300MB 的处理器,最好是 128MB 的 RAM、NETBIOS 或 TCP/IP 网络协议及相应的网卡,24 位彩色图形显示卡和 SVGA 或以上的显示器。

(2) WinCC

WinCC(Windows Control Center),是西门子公司开发的一个模块化的自动化组件,目前的最新版本是 WinCC 5.0。WinCC 是一个基于 Windows NT 和(或)Windows 2000 环境的监控组态软件,其技术特点包括:

1) 可灵活裁剪,能够适应从简单任务到复杂任务的扩展

由 WinCC 构成的计算机监控系统,最简单的有单台计算机的单用户系统,还可以基于客户/服务器模式的多用户系统直至多个服务器的分布式系统。无论是多用户方式还是多服务器方式,均可以设置冗余功能的服务器,以确保系统的可靠性。

2) 开放性好

为了确保开放性,WinCC 采用了最新的 Microsoft 技术。

以下技术的使用确保了最大限度的开放性:

①WinCC 的一些重要功能都是通过使用 COM/DCOM 标准组件来实现的。

②通过使用 Windows DNA(Distributed Network Architecture)分布式网络结构,WinCC 支持

多种类型的客户机,将分布式应用最大化。

③WinCC 还使用了大量的 Active X 控件,开发者可以自己开发应用程序或者通过第三方的程序来获取或操作。

④利用 OLE 技术 WinCC 可以方便地实现程序之间交换数据,例如,将 Excel 电子表格集成到 WinCC 的过程画面中。

⑤通过 OPC、WinCC 为计算机监控系统中各组件的集成提供了新的通信标准。WinCC 既能作为 OPC 客户机又能作为 OPC 服务器。作为 OPC 客户机,WinCC 可以访问任何 OPC 服务器;而作为 OPC 服务器,它能为其他的客户机所访问。

⑥WinCC 还统一地使用 ANSI-C 作为脚本编程语言。所有的 WinCC 软件模块均能够提供一个 C-API 接口,这样通过该接口,WinCC 的其他模块或者外部应用程序都可以使用这些 WinCC 功能。

⑦通过使用 Sybase SQL Anywhere 数据库,可以使用标准查询语言(SQL)或通过 ODBC 接口访问。

正是这种开放性,使得 WinCC 可以作为底层自动化系统与制造执行系统(MES, Manufacturing Execution System)的接口,甚至直接作为底层自动化系统与企业资源规划(ERP, Enterprise Resource Plan)的接口。

3)可使用多种语言组态

开发者可以使用多种语言进行组态,包括德语、英语或汉语。

4)支持与多种 PLC 通信

由于西门子公司本身就生产 PLC,所以,WinCC 可以很方便地与 SIMATIC S5/S7 通信;又由于西门子支持 ProfiBus 标准,所以,所有支持 ProfiBus 的 PLC 均能与 WinCC 通信。

(3)Citect

Citect 是由总部设在澳大利亚的 Ci Technologies 公司开发的,目前最新的版本是 Citect SCADAV 7。Citect 也是采用了客户/服务器模式,使得应用系统具有很好的灵活性和可扩展性。由于 Citect 的体系结构前面已经介绍,下面着重介绍其技术指标。Citect 可以有多达 130 种的设备驱动程序,使得其可以很方便地与世界上主要自动化现场设备通信。利用 Citect 构成的 SCADA 系统,最多可以有 50 个操作员站,最大的 I/O 点数可以达到数字量 33 000 个,模拟量16 000 个。其中,每一个模拟量 I/O 点又可以分解为 24 个数字量点,这样,实际系统的 I/O点最多可以达到 400 000 个。Citect 可以处理多达 4 000 个历史趋势,设立有全局数据库,开发人员可以在网络上的任意一台计算机上组态,数据刷新时间最多不超过 2s(系统最大的时)。

CitectSCADA V7 由几个相对独立的模块构成:

①CitectSCADA Reports

②CitectSCADA Batch

③CitectSCADA Pocket

④CitectSCADA Scheduler

⑤CitectHMI

其中,CitectSCADA Reports 是一个能从各个不同的、独立的系统内所得到的报表数据进行采集、存储及发布报表数据的全厂报表工具。CitectSCADA Batch 通过为客户提供灵活的、可扩展的批次管理解决方案,针对食品饮料、医药和化工行业的特殊需求,CitectSCADA Batch 提供了专门的报表、控制和可视化功能,对那些符合国际规范的批次配方指定的所有自动或手工操作进行控制并记录。

(4) TRACE MODE

TRACE MODE 是由俄罗斯 AdAstrA Research Group 公司开发的监控组态软件,也是在俄罗斯最为畅销的组态软件,目前最新的版本是 TRACE MODE® 6.05。TRACE MODE 是世界上第一个将 SCADA 与软逻辑(Softlogic)集为一体的组态软件,在许多方面确实有其独到之处。

TRACE MODE 的功能包括:PLC 编程、数据采集、过程控制、HMI、生产管理以及与企业的高层数据库交换数据。

在性能上,如果 CPU 采用 Pentium Ⅱ 233,TRACE MODE 可以在 1s 内对 320 000 个通道进行扫描,每秒钟将 100 000 个数据送入数据库,将 4 000 个显示值刷新。

在基于 TRACE MODE 的分布式监控系统中,可以有操作站、管理监视站、数据库、文件服务器、控制器等多种节点。系统中的每一个节点都包含其他节点的信息,因此,对某个节点进行修改时,任何与之相关的节点都会自动更新。这样,即使是规模很大的分布式系统也很容易开发和扩展。

Autobuilding™ 是 AdAstrA Research Group 公司的商标,也是 TRACE MODE® 5 的独创技术。利用 Autobuilding™ 可以实现工程的自动建立,即根据系统的 I/O 点数、所采用的控制器和 PLC 的品牌、计算机与控制器的通信方式以及系统的拓扑结构等信息,自动生成操作站和控制站的实时数据库。

TRACE MODE® 5 支持以下几个方面的自动建立:

• 工控机内部 I/O 插件通道库的自动建立。即自动生成每台工控机的实时数据库,根据工控机的型号自动调整 I/O 插件的类型和数量。

• 常用控制器通信通道库的自动建立。即自动生成操作站实时数据库,自动调整与各工控机的通信连接。

• 网络连接的自动建立。即自动生成各站之间的通信设置(如局域网、串行通信、总线等)。

• 工艺参数导入时通道库的自动建立。

TRACE MODE® 5 的另一个独特之处是其包含 10 多种运行模块。模块 Micro RTM(Real Time Monitor)在 PC 控制器中运行,完成数据的采集和控制。Micro RTM 建立在 TRACE MODE 实时内核基础上,是一个可靠的、稳定的系统。常规 PID 控制的响应时间快达 70 μs。在实际应用中,Micro RTM 可组建成基于串行接口(RS232/485)、现场总线(CanBus、Bitbus、Profibus 等)、局域网(以太网、Arcnet、Token Ring)、Modem 以及无线的多重容错网络。

模块 RTM(Real Time Monitor)作为一个实时服务器,是整个系统的核心组件。它从控制器采集数据、控制工艺流程并完成各站之间的数据交换。RTM 能通过 32 个串口、网络、现场总线和调制解调器获取或发送数据,最小响应时间为 1 ms。

RTM 有 128/1 024/32 000×16/64 000×16 这几种点数的模块,用户可以根据自己的需求来选择。

(5) 力控组态软件

力控科技 ForceControl® 产品系列包含的核心系列软件产品分别有:

- ForceControl V6.0(工业监控组态软件)
- pStrategy™(通用控制策略)
- pSpace(实时历史数据库)
- pFieldComm®(通信网关)
- pWebView(Web 浏览)
- pMOPC™(OPC 接口)

下面简要介绍 ForceControl V6.0 和 pStrategy™的技术特点:

1)ForceControl V6.0

①图形开发系统,提供各种工程、画面模板;

②实时、历史数据库,在数据库 4 万点数据负荷时,访问吞吐量可达到 20 000 次/s;

③分布式报警、事件处理机制,支持报警、事件网络数据断线存储,恢复功能;

④支持操作图元对象的多个图层,通过脚本可灵活控制各图层的显示与隐藏;

⑤报表设计工具,提供丰富的报表操作函数集,支持复杂脚本控制,并有报表设计器;

⑥容器接口集,通过脚本可调用对象的方法、属性。

2)pStrategy™

力控的控制策略是一种控制软件,用来与现场总线和模块构成控制系统来完成复杂控制(如串级控制、逻辑控制等),由控制策略构成的系统,既可以单独存在,也可以与其他系统混合使用。它是基于工业 PC 进行控制的软件模块,是被称为"软 DCS"或"软逻辑"的功能模块,控制策略符合 IEC61131-3 标准。

控制策略由一些基本功能块组成,一个功能块代表一种操作、算法或变量,它是策略的基本执行元素,类似一个集成电路块,有若干输入和输出,每个输入和输出管脚都有唯一的名称,不同种类的功能块其每个管脚的意义、取值范围也不相同。

控制策略提供包括变量、数学运算、逻辑功能、程序控制、常规功能、控制回路、数字点处理等在内的十几类基本运算块。例如:内置常规 PID、比值控制、开关控制、斜坡控制等丰富的控制算法。

力控的控制策略的 PID 控制采用实际微分 PID 控制,更加适合现场的需要。

控制策略提供开放的编程接口,可以嵌入用户自己的控制程序,完成各种优化控制、APC等高级控制功能。

(6)组态王

组态王的最新版本是组态王 6.53。其主要功能有:

- 可视化操作界面,真彩显示图形并支持渐进色。
- 脚本与图形动画功能。
- 可以对画面中的一部分进行保存,便于以后进行分析或打印。
- 变量导入导出功能。
- 分布式报警、事件处理,支持实时、历史数据的分布式保存。
- 脚本语言处理,可以实现复杂的逻辑操作与决策处理。
- WebServer 架构,支持画面、实时数据、历史数据发布。
- 配方处理功能。
- 设备支持库,支持常见的 PLC 设备、智能仪表、智能模块。

● 提供硬加密及软授权两种授权方式。

支持的通信方式包括：串口通信方式、以太网方式、GPRS 通信方式、LonWorks 现场总线方式和 BacNet 现场总线方式。支持的通信接口主要包括：OPC2.0、DDE、通过 ocx 控件的方式开放实时数据和通过 Excel 表格访问历史数据。

习　题

5.1　简述面向对象技术对计算机监控技术的影响。

5.2　利用你所熟悉的计算机语言（如 Visual Basic、Delphi、Visual C ++ 、Visual Foxpro）实现对 Excel 表格的操作。

5.3　简述 OPC 对计算机监控技术的意义。

5.4　通过查找资料了解 ODBC 以及其对计算机监控技术的作用。

5.5　通过查找资料了解 ActiveX 以及其对计算机监控技术的作用。

5.6　熟悉 1 ~ 2 种监控组态软件的使用方法和特点。如果你手头没有组态软件，可以通过互连网下载试用版。

5.7　通过上网查询，了解监控组态软件的发展状况。

第 **6** 章
基于工业控制计算机的计算机监控系统

工业控制计算机(以下简称工控机)最初是在商用的个人计算机基础上进行改装、加固并用于工业生产过程控制的计算机,现在已经形成为一种专用的计算机系列。本章所介绍的工控机主要是指 PC 总线工业控制机,所以,这里将基于工控机的计算机监控系统简称 PCs。PCs与其他类型的计算机监控系统相比较具有构成简单、价格低、软件种类丰富、开放性好以及可扩充性好的特点。因此,PCs 在中小型的计算机监控系统中(特别是小型计算机监控系统中)占有很大的比例,并且具有良好的发展前景。本章比较详细地介绍 PCs 的组成原理。

6.1 工控机概述

6.1.1 工控机的基本特点

工控机由于其自身的特点,在过程监控、数据采集等各方面广泛的得到应用。与其他类型的计算机监控系统的主计算机相比较,工控机具有以下特点:

(1)价格低廉

由于工控机相对通用性比较好,拥有比较大的市场。而且,工控机基本上由第三方厂家生产,生产厂家众多,开发者或用户有比较大的选择余地。如果环境不是特别恶劣,还可以考虑采用商用计算机或家用计算机甚至 DIY 的计算机来替代,因此,在各类计算机监控系统的方案中,采用工控机的成本是最低的。

(2)构成简单

工控机虽然种类繁多,但概括起来基本上有两种类型:一种是一体化机箱,另一种是主机箱加 I/O 模板。因此,工控机结构十分简单,安装也很方便。

(3)开放性好

由于工控机采用的操作系统都是通用的,早几年是采用 Dos,这几年已经普遍采用 Windows 系列作为操作系统平台,比最新的版本只晚几个月。在这些平台上已经拥有庞大的应用软件资源,这些应用软件基本上可以不作修改就直接应用。而且,在这些开放性的平台上,用户也很容易进行二次开发,因而使用户很容易接受。除此之外,工控机上运行的各种应用软件都可以采用通用的,如数据库采用 Visual FoxPro、Informix、Oracle、Sybase、SQLServer;电子表格采用 Excel、Luto-123;人机界面软件(HMI)采用通用的组态软件等。除了软件具有很强的开放性外,硬件的开放性和可替换性也很好。无论是主机还是配套的各种 I/O 模板和通信模块(网卡)都是按照一定的标准生产的,在市场上可以很容易购买到所需的产品。由于开放性比较好,在进行系统集成时困难就小得多。

与通用的计算机相比较,工控机则具有以下特点:

1)可靠性高

工控机通常会使用在工业控制现场,用于监控不间断的生产过程,在运行期间不允许停机检修。如果发生故障,可能会产生严重的质量事故甚至人身事故,后果不堪设想。因此,生产厂家在生产时都作了特别处理。例如,电源、主板等都采取特别的强化措施。现在的工控机的平均无故障工作时间(MTBF)都可以达到数万小时。正是由于工控机的可靠性不断地提高,性能已经接近或达到可编程序控制器(PLC)的性能,前两年曾有不少文献提出了 PCs 要取代基于 PLC 的计算机监控系统的观点。现在看来,这种趋势还不是很明显,但也从一方面说明工控机的可靠性很高。当然,由于现在的通用计算机的可靠性也相当高,如果监控系统对可靠性的要求不是特别的,也可以考虑使用普通的商用计算机,可以更进一步降低成本。

2)环境适应能力强

由于工控机的工作环境都比较恶劣,表现在电磁干扰严重、电源电压波动大,以及潮湿、震动、温度变化大、腐蚀性气体和粉尘等。所有这些都要求工控机具有良好的电磁兼容性和防尘、防潮和抗震能力。

3)对配置的要求相对不高

由于工控机主要用于监控,除了对实时性的要求较高外,一般的数据处理量不是很大。因此,与商用计算机和家用计算机相比,配置可以适当降低。这就是为什么现在许多的工控主板仍然使用 Intel 486 的 CPU。

6.1.2 工控机及 PCs 的构成

一个典型的工控机主要由以下几个部分组成:

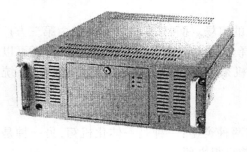

图 6.1 工控机机箱

(1)加固型的工业机箱

由于工控机应用于比较恶劣的工业现场,因此,必须采取各种加固措施。具体措施包括:采用全钢结构标准机箱,通常为 19 in(1 in = 2.54 cm)的标准机箱,机箱上带有滤网、减震和加固压条装置;配备多个冷却风扇,并使机箱内保持空气正压。这样,在机械振动较大、粉尘较多以及温度较高的环境中仍能正常使用。图6.1所示为研祥智能股份公司生产的IPC-820-19工控机机箱。可安装20/19/18槽ISA/PCI/PICMG无源底板,提供3个3.5 in和2个5.25 in驱动器空间。并有两个冷却风扇以获得最佳冷却效果,提供20个全长卡空间,尺寸为:177 mm×482 mm×640 mm(高×宽×深)。

（2）工业电源

采用特殊设计的高可靠性电源装置。除了能适应较宽幅度电压变化外,还具有抗浪涌电压以及过压过流保护措施,同时,还要求有很好的电磁兼容性。

（3）一体化（ALL-IN-ONE）主板

主板是工控机的核心部件,所采用的元器件都经过严格筛选,并满足工业标准。现在的工控主板所使用的CPU大都采用80486、Pentium、PentiumⅢ、PentiumⅣ芯片,也有采用其他厂家的芯片。所谓一体化主板,是指在主板上集成了通信接口（RS-232、RJ-45等）、外设接口（IDE、FDD、键盘、鼠标）、RAM插槽（168线、72线）,有的还有显示器接口（CRT、LCD等）。主板一般采用标准总线,如PC、ISA、STD、VME、VL、PC-104、PCI、Compact PCI等。STD总线已经越来越少,现在最为普遍的是PC、ISA和PCI。按这几种标准生产的主板有半长（185 mm×122 mm）和全长（338 mm×122 mm）两种规格,而Compact PCI是一种很有发展前途的标准。除此之外,还有一种单板计算机主板,在这种主板上,除了集成了以上功能外,还有I/O接口,可以方便地构成嵌入式系统。

（4）无源母板

现在按总线标准生产的工控机,基本上采用大母板结构。在母板上只是提供了总线通道,一块母板上有10～20个插槽,除了一个用于插主板,另一个用于插显示板外（如果主板上没有显示器接口）,其他的插槽可以供用户插各种I/O模板。这样用户就可以灵活地构成自己的计算机监控系统。通过采用大母板结构,主板可以垂直安放,大大地减少了灰尘的积累以及震动的影响。图6.2所示为某公司生产的14槽ISA母板。

图6.2　无源母板

（5）硬盘

由于主板上已经有了硬盘驱动器接口,用户可以根据自己的需要配置硬盘驱动器。对于震动比较大的地方,也可以使用电子盘来取代硬盘。

（6）显示器

可以使用一般的阴极射线管显示器,也可以使用液晶显示器,必要时还可以使用触摸屏。

(7）键盘

可以使用一般的 101 标准键盘,为了防尘也可以使用薄膜键盘。

以上是工控机的基本构成。以工控机为核心构成的计算机监控系统则包括以下几个部分。

硬件部分包括(图 6.3)：

①主机。包含以上各部分。

②信号调理单元。信号调理单元也是计算机监控系统的重要组成部分,主要用于对输入和输出信号进行预处理;包括输入信号的隔离、放大、多路转换和统一信号电平处理,以及输出信号的隔离、驱动、电压电流转换等。

③I/O 接口模板。I/O 接口模板可以细分为:输入接口模板(模拟量输入、开关量输入、脉冲输入)、输出接口模板(模拟量输出、开关量输出、脉冲输出)和通信接口模板(RS-232、RS-485、RJ-45 以及其他现场总线接口)。

④远程数据采集模块。由于大部分的 I/O 接口都在工控机的机箱内,这对于一些需要远程监视或控制的物理参量来说,如果通过长导线将信号直接送到控制室,则会存在干扰和信号衰减等问题。为了解决这些问题,可以就地将模拟信号转换为数字信号,然后再用现场总线或其他的串行通信总线进行传输。为此,就需要有远程数据采集模块。

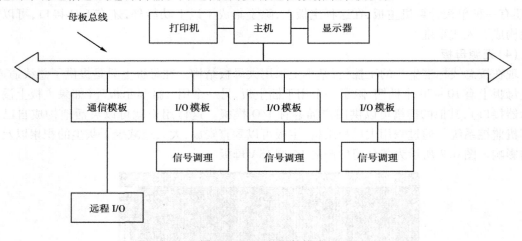

图 6.3　PCs 的硬件构成

软件部分包括：

①操作系统。早年多使用 DOS 或一些实时多任务操作系统,现在多为 Windows 系列。

②数据库。出于管理和工艺分析等多方面的需要,有许多现场采集的数据需要保留和处理,为此就需要有数据库。对于一些简单的系统,也可以使用电子表格。

③监控软件。监控软件又称监控组态软件。它包括数据采集、控制、监视、画面显示、趋势显示、报表形成与打印以及报警等诸多功能。同时,在系统开发初期,还用于完成各种组态任务。

④通信软件。有时 PCs 不仅是一个孤立的系统,而是作为整个工控网络的一个节点,就需要有通信软件。现在许多的监控组态软件已经包含了通信的功能。

6.1.3 工控机的分类

工控机可以有多种分类方法。例如,可以分为单板计算机/嵌入式计算机和按总线标准的工控机。其中,按总线标准的工控机又分为 PC 总线、STD 总线、VME 总线和 MULTIBUS 总线等几种;而 PC 总线又分为 PC(XT)总线、ISA(AT)总线、PCI 总线、PC-104 总线和 Compact PCI 总线这么几种。

一般 PC 总线工控机主板的 CPU 多采用 80486、Pentium、Pentium MMX、Pentium Ⅲ、Pentium Ⅳ芯片,也有采用其他厂家芯片的;而 STD 总线工控机主板的 CPU 多采用 80486、Pentium、Pentium MMX。20 世纪 90 年代初,STD 总线工控机得到了广泛地应用,现在有被 PC 总线工控机取代的趋势。VME 总线工控机主板的 CPU 多采用 Motorola 公司的 M68000、M68020 和 M68030 芯片。

如果按照应用场合以及结构和外观来分类的话,又可以分为盒式工控机(Box-PC)、盘式工控机(Panel-PC)、工业工作站、标准机箱工控机(这里简称为 IPC)和嵌入式工控机几种类型。

盒式工控机重量轻、体积小,可以直接挂在控制现场的墙壁上或作为被控设备的一部分嵌入在其中。图 6.4 所示为某公司的 Box PC 840。其尺寸为 388 mm × 331 mm × 166 mm (宽×高×厚),Box PC 840 配置有 866 MHz 的 Intel 的 Pentium Ⅲ或 566 MHz 的 Intel 的 Celeron 处理器,并有各种不同的配置版本,如带有不同大小的硬盘和内存。配备了耐冲击和抗震动的硬盘,还能够安装一个 CD-ROM,以及 Super Disk LS 120 或软盘驱动器。Simatic Box PC 840 已经集成了 1 块以太网卡和 2 个 USB 端口;作为选项,还可以提供 1 个主板集成的 Profibus/TTY 接口;5 个空白扩展槽使得该 PC 机可以扩充带 1 块 ISA 卡和 PCI 及共享卡各 2 块。

图 6.4 Box-PC 示意图

Box-PC 往往具有较好的电磁兼容性和良好的抗冲击和抗震动性能。在高温环境下,能够保证连续可靠地运行,对工业电源的电压尖峰要求也只要满足 Namur 推荐值即可,坚固的设计使得 Box-PC 特别适合于机器级任务的工业环境使用,如测量和控制、人机交互、生产数据采集(PDA)以及下位机数据处理等。

Panel-PC 是一种紧凑型的工业 PC。它将主机、显示器、触摸屏、薄膜键盘、电源、电子盘、软盘驱动器(可选)、硬盘驱动器(可选)以及各种通信接口集成在一起,具有体积小、重量轻的特点,显示器往往采用超薄型的触摸屏。这种机型适合于机电一体化产品以及各种公共场合的咨询系统。某公司的 670Panel-PC 如图 6.5 所示。其基本配置为:All-in-one 主板,可选择 CPU 处理器 Intel Pentium Ⅱ 333 MHz 或 Intel Celeron 300 MHz;内存从 64 MB 到 256 MB 可扩充;硬盘 4.3 GB 或 8.4 GB;3.5 in 软盘驱动器 1.44 MB;快速 Ethernet-接口(10/100 Mbit/s);主板集成 PROFIBUS DP/MPI-接口(CP5611 兼容)以及主板集成 USB—前后接口;电源 115 ~ 230 V AC 或 24 V DC 可选;CDROM 驱动器后安装。

工业工作站是将 IPC 主机、显示器和操作面板集为一体的工控机。为了减小体积,显示器

图 6.5　Panel-PC 示意图　　　　　　　图 6.6　一体化工作站示意图

往往采用超薄型平面液晶显示器,操作面板为一安装在机箱上的薄膜键盘。工业工作站与 Panel-PC 的区别在于工业工作站提供多个 I/O 接口模板的扩展槽,可以根据需要灵活地构建计算机监控系统。图 6.6 为某公司生产的 EWS-843P。该产品为工业上架型工作站,配置工业电源和 IBM PC/AT 兼容单板机的无源底板,是特别为耐久和灵活的应用要求而设计的。这个 PC/AT 兼容的工业计算机封装在一个坚固耐用的铝合金外壳的工作站机箱内,符合 EIARS-310C 19 in 上架标准。工作站包括一个 12.1 平板 SVGA TFT 彩色 LCD(800×600)显示,一个薄膜键盘和一个 7 槽无源底板,以 NEMA 412 标准封装,能承受工业现场的冲击、震动、粉尘和潮湿。

6.2　PC 总线

PC 总线有狭义与广义之分。狭义的 PC 总线是指 XT 总线;而广义的 PC 总线则是指一个总线标准系列。广义的 PC 总线是与 STD 总线、VME 总线等相对而言的,它包括了 PC(XT)总线、ISA(AT)总线、PCI 总线、PC-104 等多种标准。本小节所指的 PC 总线主要是指广义的 PC 总线。

本小节主要是对 PC 总线作一个概述。由于有关的内容在微型计算机原理与接口技术中已有介绍,对 PC(XT)总线、ISA(AT)总线、PCI 总线这部分内容就不作详细介绍;而着重介绍 PC-104 总线和 Compact PCI 总线。

6.2.1　总　线

所谓总线,就是计算机系统中模块与模块之间或者设备与设备之间传送信息的一组信号线。总线的特点在于其公用性,即在总线上可以同时挂接多个模块或设备。总线上往往设立一个或多个主控单元(模块或设备),在其控制下通过总线将信息从发送单元(模块或设备)准确地传送给某个接收单元(模块或设备)。

如果数据在信号线上是以位为单位进行传输,则称为串行总线;如果数据在信号线上是以字节甚至多个字节为单位进行传输,则称为并行总线。本小节所谈及的总线均为并行总线。

对于总线上的各个单元,如果要进行正确的连接与数据传输,就应遵守一些协议与规定。

这些协议与规定就被称为总线标准。总线标准包括:各个信号线的(功能)定义、总线工作时钟频率、总线系统结构、总线仲裁机构与配置机构、信号的逻辑电平、时序要求、电路驱动能力、抗干扰能力以及机械规范(包括接插件的几何形状与尺寸)。有了总线标准,不同的生产厂家就可以依据其生产相应的模块或设备,这些模块或设备都能挂在总线上并能完成相应的工作。

当今世界上的计算机系统基本上有两种结构:一种是以处理器(CPU)为中心的面向处理器的结构,另一种则是以总线为中心的面向总线的结构。对于面向处理器的结构,虽然可以根据处理器的特点来进行整个系统的设计,使处理效率等达到最优;但是,在通用性、兼容性等诸多方面却不如面向总线的结构。

总之,面向总线的结构有如下优点:

1)简化了系统结构

所有的模块都做成相同的接插板通过总线连接,这个系统的结构清晰明了,系统的设计与制造变得简单。

2)简化了硬件与软件的设计

由于面向总线的结构中总线是严格定义的,挂在总线上的模块或设备只须满足总线标准并辅以相应的软件即可正常工作。因此,可以分别对各个模块或设备进行设计,而无须考虑其他模块或设备。

3)便于系统的更新与扩充

用户可以根据自己的需要选购相应的接插板,就可以构成系统。将来进行功能上的更新或扩充时,无须全盘推翻,只要更换部分的接插板即可。

4)成本低、产品种类多

接插板由多家厂家生产,用户有了选择的余地,并能选到最优的产品;而且,接插板可以由多个生产厂家生产,有利于产品的更新换代。

6.2.2　总线组成

一个计算机系统的总线主要由数据总线、地址总线、控制总线电源线和地线 4 部分组成。在这 4 部分中,有些是可以复用的,例如,有的总线的数据线和地址线是共用的。

(1)数据总线

数据总线用于传输数据,采用双向三态逻辑。

(2)地址总线

地址总线用于传输地址信息或称为寻址,采用单向三态逻辑。

(3)控制总线

控制总线用于传输控制和状态信息。根据不同的使用条件,控制总线有的为单向,有的为双向;有的为三态,有的为非三态。对于不同的总线标准,它们之间无论是数据总线还是地址总线相差都不会太大(除了位数)。但是,它们之间的特色与差别就主要体现在控制总线上。

控制总线用于存储器和 I/O 读写操作控制、总线仲裁、数据传输握手以及中断和 DMA 控制。其中,总线仲裁线用于当有多个模块或设备需要使用总线决定哪个模块或设备可以获得使用权,以避免出现冲突。数据传输握手线用于停止或启动总线操作,控制每个操作周期中数据传输的结束或开始,以确保数据传输的同步。中断和 DMA 控制线则用于实现 I/O 操作的同步控制。

(4)电源线与地线

电源线与地线为挂在总线上的模块或设备提供了电能以及电流通路。电源的区别在一定程度上也体现了总线标准的特色。例如,ISA 采用 ±12 V 和 ±5 V,PCI 采用 +5 V 和 +3 V。一般来说,越是先进的总线标准,采用的电压越低。

对总线还有另一种分类方法,即分为基本信息总线、仲裁总线和数据握手总线三组。基本信息总线包括数据总线、地址总线以及存储器和 I/O 读写控制线。仲裁总线包括了前述的控制总线中总线仲裁线、中断和 DMA 控制线。数据握手总线则是前述的控制总线中数据传输握手线。

6.2.3 总线的性能指标

由于用户往往存在选择总线标准的问题,不同的总线之间如何进行比较有着现实的意义。以下几个参数可以作为衡量总线的指标:

(1)总线时钟频率

总线的工作是在时钟脉冲的作用下进行的,一个任务的完成一般需要一个到几个时钟脉冲的周期。因此,总线时钟频率可以作为衡量总线工作速度的一个指标。总线时钟频率用 MHz 来表示。

(2)总线宽度

总线宽度用总线中数据总线的位数来表示。总线的宽度有 8 位、16 位、32 位和 64 位等。显然,在同样的总线时钟频率下,总线宽度越大,数据传输的速度就越快。

(3)总线(最大)传输速率

总线(最大)传输速率用总线上每秒钟所能传输的最大字节数来表示,单位为 MB/s。若总线的时钟频率为 8 MHz,总线的宽度为 8 位,则其总线传输速率为 8 MB/s。若总线的时钟频率为 33.3 MHz,总线的宽度为 32 位,则其总线传输速率为 133 MB/s。

(4)同步方式

总线上的主模块与从模块之间进行传输有同步和异步两种方式。在同步方式下,总线上的主模块与从模块之间进行一次传输所需要的时间(即传输周期或总线周期)是固定的,并严格按照系统的时钟来定时主、从模块之间的传输操作。只要总线上的模块或设备都是高速的,总线的传输速率就会很高,当然,前提是总线上的模块或设备要以比较高的速度运行。在异步方式下,主模块与从模块之间采用应答方式来传输数据,允许从模块根据自己的工作速度来调整响应时间。显然,在异步方式下,对从模块的要求不是很高,但总线的传输速率也会下降。

(5)负载能力

负载能力反映了一个总线允许挂接(插入)扩展模板的数目。负载能力越大,允许挂接的模板的数目就越多。

(6)信号线数目

总线的信号线数目反映了总线的技术复杂程度。信号线数目越大,总线就越复杂。

(7)总线控制方式

总线控制方式包括:传输方式(是否有猝发方式)、(是否有)并发方式、中断分配与仲裁方式等。

（8）电源电压等级

一般来说,电源电压越低,总线的负载能力也就越高。

（9）使用的普及程度

一种总线标准使用得越普及,在市场上支持该总线的模板也就越多,用户的选择面就越大。

6.2.4　PC/ISA/PCI 总线

（1）PC 总线

这里所说的 PC 总线是狭义的。1982 年 IBM 公司在推出其 IBM PC/XT 个人计算机时,在其主板上设计有 5～8 个总线插槽(I/O 通道),用于插入各种适配器以扩展系统的功能,这就是 IBM PC/XT 总线,简称 PC 总线。

PC 总线共有 62 条信号线,用双列插槽连接,分 A 面(元件面)和 B 面。PC 总线实际上是 8088CPU 核心电路总线的扩充与重新驱动。

PC 总线共有 8 条数据线、20 条地址线(寻址空间为 1MB),总线时钟频率为 4 MHz,总线最大传输速率为 4 MB/s,最大负载能力为 8 个,采用半同步的工作方式。

（2）ISA 总线

ISA(Industry Standard Architecture)总线是以 80286 为 CPU 的 PC/AT 机及其兼容机所使用的总线,也可以用在 80386/80486 的计算机上;直到现在,许多以 Pentium 芯片为 CPU 的计算机上仍然有 ISA 插槽。ISA 总线又称为 AT 总线。

为了与 PC 总线兼容,ISA 总线是在原来的 PC 总线的基础上再扩展一个 36 线的插槽而成。分为 62 线和 36 线两段,共计 98 线。

ISA 总线共有 16 条数据线,24 条地址线(寻址空间为 16 MB),总线时钟频率为 8 MHz,总线最大传输速率为 16 MB/s,最大负载能力为 8 个,采用半同步的工作方式。

（3）PCI 总线

PCI(Peripheral Component Interconnect)是(计算机)外围设备互连的意思。1992 年由 Intel 发布,很快就成为了商用计算机的总线标准。发展至今,PCI 实际上已经不是一个简单的总线标准,而是一类标准。例如,从使用的电源电压来分,就有 5 V 和 3.3 V 两个版本;从总线时钟频率来分可以有 33.3 MHz 和 66 MHz 两种;从总线的宽度来分可以有 32 位和 64 位两种。

归纳起来,PCI 总线具有以下特点:

①总线传输速率高。若总线时钟频率为 33.3 MHz,总线宽度为 32 位,则传输速率为 133 MB/s;若总线时钟频率为 66 MHz,总线宽度为 64 位,则传输速率为 528 MB/s。如此之高的传输速率是其他总线难以比拟的。它大大地缓解了数据 I/O 瓶颈,使高性能 CPU 得以充分发挥作用,并满足了高速设备数据传输的需要。

②多总线并存。PCI 总线实际上有两种含义:一种是指 PCI 局部总线,另一种是指 PCI 系统总线。多总线并存的系统如图 6.7 所示,在该图中通过 HOST-PCI 桥接组件芯片,使 CPU 总线与 PCI 局部总线相桥接;通过其他桥节组件芯片使 PCI 局部总线与其他的系统总线相桥接。

③独立于 CPU。PCI 总线不依附于某一个具体的处理器。在需要更换 CPU 时,只需要更换相应的桥接组件芯片即可。

④自动识别与配置外设。即支持所谓的即插即用技术,采用复用技术。

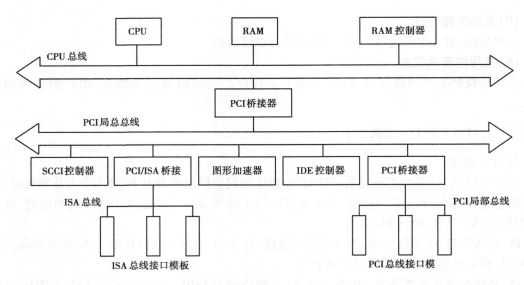

图 6.7 多层总线结构图

6.2.5 Compact PCI

Compact PCI 技术,简称 cPCI。顾名思义,Compact PCI 的意思就是坚实的 PCI,它是一种基于标准 PCI 总线的小巧而坚固的高性能总线技术;在电气、逻辑和软件方面,它与 PCI 标准完全兼容。卡安装在支架上,并使用标准的 Eurocard 外形。

下面简要地介绍 cPCI 的几个特点:

(1)**采用 PCI 标准**

自从 1992 年 PCI 标准提出以来,很快成为了商用 PC 计算机的总线标准。由于大多数计算机和操作系统都支持 PCI。因此,有大量支持 PCI 的产品,使得 PCI 产品既便宜又容易买到。拥有这些优势,PCI 总线非常适合在高速计算和高速数据通信领域中应用,也适合速度要求相对不高的工业控制。但是,PCI 毕竟是针对办公和家庭环境的,对于恶劣的工业环境还是不很合适。因此,cPCI 尽管在电气、逻辑和软件方面,与 PCI 标准完全兼容,在板卡尺寸、组装连接器等方面作了改进。

(2)Eurocard **结构**

Eurocard 又称为欧式插卡,或简称欧卡。这是一种由 VMEbus 推广的工业级包装标准。有两种欧式插卡规格:3 U 和 6 U。3 U Compact PCI 卡尺寸为 160 mm × 100 mm,6 U 卡为 160 mm × 233.35 mm。cPCI 卡的前面板符合 IEEE 1101.1 和 IEEE 1101.10 标准,并且可以包含可选的 EMC 密封圈以降低电磁干扰。在典型情况下,前面板包含 I/O 接口,LED 指示灯和开关。cPCI 也支持 IEEE 1101.11 的后面板 I/O。由于其易于维护的特性,后面板 I/O 使用得非常普遍。由于所有的连线都连接在后部转接板上,前面的 Compact PCI 插卡没有任何连线,因此,可以在更换板卡时无需重新连线。

这里解释一下"U"的概念,工控机的机箱高度是以"U"为单位的,一个"U"等于 44.44 mm。3 U 卡是指适合于 3 U(高度为 133.32 mm)机箱使用的卡,其余类推。

(3)**针孔连接器**

cPCI 产品的核心就在于连接头,其连接头是气紧,高密度针式和插式接头,符合 IEC-1076

国际标准。它的低自感应和可调控阻抗用在发送 PCI 信号是非常理想的。连接头直径 2 mm，有 47 排，每排 5 个针头，总数为 220 针头（15 针备用），还有附加外部金属罩。大量触头的接地充分保证了屏蔽，在强干扰环境下能可靠地操作。cPCI 连接头的可调控阻抗使不必要的信号反射最小化，这样就允许 cPCI 系统有 8 个开槽，而一般的 PC 机只有 4 个。加槽的扩展可以很容易的用 PCI 桥接芯片解决，这项技术现在已被许多厂商支持。分段电源和地面插针专用于热交换功能。连接头用一个 220 头插针定义 3 U cPCI 处理器，管角支持电源、接地和 32 位或 64 位 PCI 信号的发送。连接头等分成二份，较低级的一半（110 针头）被称为 J1 口，高级的一半（110 针头）被称为 J2 口，20 头被保留为未来的开发。J1、J2 是公槽（pin）连接头，把它插入带母槽（socket）连接头的底板。如果要支持 32 位总线，仅用一个 110 针的（J1）连接头。32位板和 64 位板可以混合插入一个 64 位底板中。6U 底板必须用 3 个附加连接头，针头总数为 315。

采用 cPCI 总线后的工控机与传统的 PC 工控机相比，具有耐用、抗震性能好和通风好的特点。

在传统 PC 工控系统上更换一块模卡常常是相当耗时的，用户需先松开，然后移去机箱盖。由于模卡与外围设备之间可能会有一些内部连接电缆，而换卡时必须将这些连线断开，所以，这一过程是很容易出错的。因此，在耐用方面，传统 PC 工控系统无法做到像 cPCI 系统这样简洁而高效。

另一方面，cPCI 设计可以从前面板拔插模板。更换 cPCI 模卡非常简单，无需拆下机箱盖。此外，由于 I/O 接线都是通过后面板，前面的 cPCI 模卡上没有任何连线，因此，更换模板变得快捷简便。维修时间将会由小时级（传统工业 PC）缩减为分钟级，从而缩短了 MTTR（平均维修时间）。

传统 PC 工控机不能对系统中的外围设备板卡提供可靠而安全的支持，所插入其中的模卡只能固定于一点。卡的顶端和底部也没有导轨支持，因此，卡与槽的连接处也容易在震动中接触不良。cPCI 卡牢牢地固定在机箱上，顶端和底部均有导轨支持。前面板紧固装置将前面板与周围的机架安全地固定在一起。卡与槽的连接部分通过针孔连接器紧密地连接。由于卡的四面均将其牢牢地固定在其位置上，因此，即使在剧烈的冲击和震动场合，也能保证持久地连接而不会接触不良。

传统的 PC 工控机箱内空气流动不畅，不能有效散热。空气的流动为无源底板、板卡支架和磁盘驱动器所阻塞。冷空气不能在所有板卡间循环流动，热空气也不能立即排出机箱外。电子元器件会因这些冷却问题而损坏，而电路板会变形、断线以及寿命短等。而 cPCI 系统为系统中所有发热板卡提供了顺畅的散热路径。冷空气可以随意在板卡间流动，并将热量带走。集成在板卡底部的风扇系统也加速了散热进程。由于良好的机械设计带来通畅的散热途径，cPCI 系统极少出现散热方面的问题。

图 6.8 为基于 Compact PCI 的一款产品。

6.2.6　PC-104 总线与嵌入式系统

PC-104 总线是超小型 PC 机或嵌入式工控机所使用的总线。所以，在介绍 PC-104 总线之前，先介绍一下嵌入式工控机（系统）。

所谓嵌入式系统，是指一些超小型或微型的控制系统。由于被控对象的限制，在体积、重

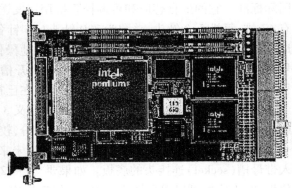

图 6.8 Compacl PCI 产品示意图

量、成本等多方面都尽可能地小型化。这类系统一般就没有硬盘,而是采用电子盘;没有体积较大的 CRT 显示器,而是采用小型的 LCD 显示器甚至是一些简单的操作面板;操作系统不是采用通常的 Windows 系列,而是采用嵌入式操作系统。嵌入式系统以其超小的体积、极低的功率消耗、无需机箱和底板为特征。这类系统一般以一块或数块小型模板组合叠装并直接安装(嵌入)在被控对象中。嵌入式系统由此而得名。

嵌入式系统有着十分巨大的市场需求和良好的发展前景。在军事、家用电器、医疗产品、电信产品、商业终端、测量仪器以及工业控制的远程终端和数据采集设备等诸多方面有着广泛的应用。

PC-104 总线只是嵌入式系统中的一种应用。虽然,PC-104 的模块在 1987 年就已经生产,但正式的技术标准是 1992 年才正式公布的。随着社会信息化的日益普及,PC-104 得到了极大的关注。现在世界上至少有上百个生产厂家生产有 100 多个不同种类的模块。与 PC 总线相类似,PC-104 总线并不是由某个委员会所提出,而是原有的事实标准。1992 年 IEE 开始寻找 PC 总线、ISA 总线的简化版以用于嵌入式应用。这时,PC-104 总线的技术规范就被作为 IEEE 新标准的草稿。IEEE 所制定的这一标准是准备用于紧凑型的嵌入式 PC 模块的。

PC-104 总线与常规的 PC 总线的区别:

①尺寸更为紧凑,模板的尺寸为 90 mm × 96 mm(3.6 in × 3.8 in)。

②采用自堆(叠)总线结构,取消了底板和插槽,利用插板上的堆(叠)总线插头和插座将各插板堆叠连接在一起,这种结构组装紧凑且灵活。

③采用针-孔连接器。用两个针-孔连接器(分别为 64 线和 40 线,104 由此而得名)取代了原有 PC 总线的边—板连接器,这种连接方式更为可靠。

④总线驱动电流小。为了适应小型化的要求,普遍采用 VLSI 器件、可编程序逻辑器件。一般驱动电流不超过 6 mA,每块母板的功耗为 1 ~ 2 W。

PC-104 总线有两种基本应用方式:一种就是将多块模板自堆叠构成应用系统。例如,可以将一块主机板和一块显示板再加一块打印机接口板自堆叠在一起。还有一种方式将其作为一个高度集成的部件与系统其他部件连接后使用。图 6.9 为一款 PC-104 总线产品。

将 PCI 总线的技术影射至 PC-104 总线就得到了 PC-104 + 总线。PC-104 + 总线除了上述特点之外,还有以下特点:一是采用了四角固定的方式,二是在原有 104 针的自堆叠针-孔连接器的基础上增加了一个 120 针的自堆叠针-孔连接器。图 6.10 为一款 PC-104 + 的产品,型号为 FSTEK 6061CT PC1045 ×86）。

图 6.9 所示产品的型号为 SCM/SuperXT,其性能指标如下：16 位超级 NEC V30 CPU 16 MHz,在板内存为 2 MB,2 个 PC 兼容的全应答信号串行口（板上产生用于 RS232C 的 ±9 V 电源）,具有双向数据线的并行打印口,3 个 DMA、8 个中断、3 个计数器、PC 键盘 0.1 W 扬声器接口、实时时钟、2 个 32 脚固态盘插座,支持 64 K～1MBEPROM SSD,2～288 MB 可读写盘（可选配）,E^2 PROM 可靠存放系统及用户配置（无需电池）,具有看门狗系统,电源要求：+5 V、±5%、1.35 W,扩展工作温度：−45～85 ℃。

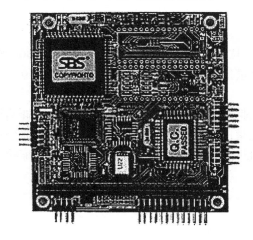

图 6.9　PC-104 CPU 板

图 6.10　PC-104 + CPU 板

6.2.7　PICMG 与工业控制总线

PICMG（PCI Industrial Computer Manufacturer's Group, PCI 工业计算机制造商联盟）是于 1994 年成立的一个标准化组织。其成立的最初目的是在非传统计算机应用领域（工业控制、医疗、军事和通信）推广使用 PCI 标准。现在 PICMG 的目标是为设备生产商提供通用的标准,以提高产品的有效性、降低生产成本以及缩短产品上市时间。PICMG 推荐的部分标准见表6.1。

表 6.1　PICMG 的部分标准

PICMG 序列号	标准名称	提出时间
1.0	PCI/ISA	1994 年 10 月
1.1	PCI/ISA 桥	1995 年 5 月
1.2	PCI-X	2002 年 1 月
1.3	SHB-Express	2005 年 8 月
2.0	Compact PCI	1997 年 9 月

前面提到的半长卡既可以是 PCI 总线也可以是 ISA 总线,而全长卡则是 SHB-Express 总线。其中 SHB 是系统主板（System Host Board）的意思。现在,基于 PICMG1.3 标准的 CPU 卡已经越来越多。

6.3　工控机 I/O 模板与 I/O 模块

I/O 模板或 I/O 模块是基于工业控制计算机的计算机监控系统的重要部件,它的选取直接影响整个系统的成本与性能。下面介绍两款 I/O 模板/模块:

6.3.1　K-810 光电隔离模入接口卡

(1)概述

K-810 光电隔离模入接口卡是北京科日新电子技术有限公司的产品。它适用于 486/586 系列的原装机、兼容机和工控机。该卡可采集模拟量信号,进行模数转换,然后将数据传送至 PC 总线。

由于 K-810 采用光电隔离技术,特别适用于工业现场使用,对外界的干扰有较强的抑制作用。所采用的光隔为 6N137 高速光隔,从而使多通道的采集速度大大提高。由于放大部分选用的是高性能仪用放大器,具有极高的输入阻抗和共模抑制比,高增益、低噪声,可直接配接各种传感器。

(2)主要技术指标

输入通道数:单端 32 路/双端 16 路

输入信号范围:$0 \sim 5$ V;$0 \sim 10$ V;± 5 V;± 10 V;mV 级信号

最大允许输入电压:± 15 V

输入阻抗:不低于 10 MΩ

共模抑制比:90 dB($G=1$);110 dB($G=10$);130 dB($G>100$)

放大器可选增益:$\times 1$;$\times 2$;$\times n$ 倍

A/D 转换分辨率:12 Bit

A/D 转换时间:10 μs

系统最快采样速率:50 kHz/s

系统综合误差:不大于 0.2% FSR($\times 1$ 倍时)

A/D 启动方式:程序启动

A/D 工作方式:程序查询

A/D 转换输出码制:单极性原码/双极性偏移码

隔离形式:三总线光电隔离型

隔离电压:不低于 500 V

电源功耗:5 W

使用环境要求:工作温度:$0 \sim 40$ ℃;相对湿度:40% ~ 80% RH;存储温度:-55 ℃ ~ $+85$ ℃

外形尺寸(不含挡板):长 × 高 = 222.2 mm × 109.2 mm　　(8.7 in × 4.3 in)

(3)工作原理

K-810 光电隔离模入接口卡主要由 RC 滤波、模拟多路开关电路、仪表放大器、模数转换器、接口控制逻辑电路、光电隔离电路、DC/DC 电源电路、地址选择等组成,其工作原理框图如

图 6.11 所示。

在图 6.11 中,选用 4 片 8 选 1 模拟开关芯片构成多路转换开关电路。通过 JP_1、JP_2、JP_3 的选择,可以设定单端输入方式和双端输入方式。一般情况下,大信号的输入可选用单端输入方式,而小信号的输入可选用双端输入方式。当输入信号较小时,在多路开关之后还增加了一对滤波电容,用户可通过 JP_8 选择加滤波还是不加滤波。如果选择加滤波电容,则编程时要放慢采集速度。

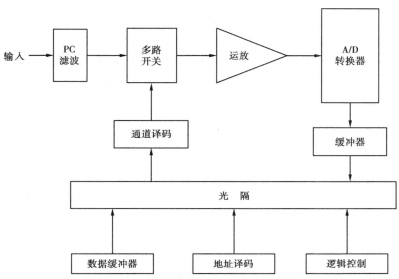

图 6.11　K-810 光电隔离模拟输入接口卡原理框图

图 6.11 中的运算放大器为 AD620,这是一种低功耗、高精度的仪表放大器,用一个外接电阻可设置 1~1 000 倍增益。为了方便用户使用,AD620 的放大倍数有 3 个选择。

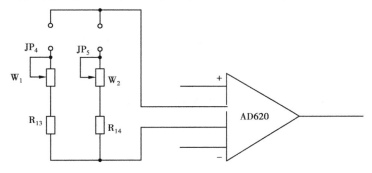

图 6.12　放大倍数改变示意图

放大倍数的改变原理如图 6.12 所示。具体方法如下:

①一倍输入:JP_4、JP_5 都开路。

②两倍输入:JP_4 短路、JP_5 开路。

③n 倍输入:JP_5 短路、JP_4 开路。

放大倍数为 n 倍时,放大倍数和 R_{14} 的关系如下:

$$R_G = 49.4 \text{ k}\Omega/(G-1)$$

式中　G——放大倍数。

例如:放大 100 倍时,$R_G = 49.4\ \text{k}\Omega / (100-1) = 499\ \Omega$,在电路中 $R_G = W_2 + R_{14}$,由于 $W_2 = 100\ \Omega$,所以,$R_{14} = (499-100)\Omega/2 = 449\ \Omega$。

图 6.11 中的模数转换器件为 AD1674。AD1674 是一个完整的、多用途、12 位模拟数字的转换器,它由一个对用户透明的片内采样/保持放大器(SHA)、10 V 的电压基准、时钟和对微处理器接口的三态输出缓冲器组成。其采样速率为 10 μs,具有较高的转换速率和转换精度。

K-810 在 AD1674 的使用上采用程序启动、标志查询方式,启动信号和转换结束信号相配合,使 AD1674 一旦转换结束就处于数据输出状态,提高多通道时的通过率,同时产生 AD 结束标志。

K-819 在光电隔离上采用了 18 片 6N137 高速光耦合器件,使采集数据的通过率由 20 kHz 提高到 50 kHz 以上,满足了高速数据采集的需求。另外,由于 K-810 采用了光电隔离技术,使其抗干扰能力进一步增强,所以 K-810 特别适用于工业现场。

(4)编程举例

例 6.1 用汇编语言编程,对 32 通道采样,依次存入数据缓冲区,设卡基地址为 100H。

```
        MOV     DX,100H              ;基地址
        MOV     CX,32                ;循环次数
        MOV     BL,0                 ;初始通道号
NEXT—CH:
        MOV     AL,BL
        OUT     DX,AC                ;输出通道号到 BASE +0
        CALL    DELAY                ;延时一段时间
        INC     DX
        OUT     DX,AL                ;启动 A/D,BASE +1
        DEC     DX
WAIT:
        IN      AL,DX                ;读 A/D 结束标志,BASE +0
        AND     AL,#80H
        JZ      WAIT
        IN      AL,DX                ;读高 4 bit,BASE +0
        AND     AL,#0FH;
        MOV     AH,AL
        INC     DX
        IN      AL,DX                ;读低 8 bit,BASE +1
        MOV     ES:[DI],AX           ;存储
        INC     DI                   ;指针 +1
        INC     DI                   ;指针 +1
        INC     BL                   ;通道号 +1
        LOOP    NEXT—CH
```

例 6.2 用 C 语言编程,循环采集 A/D 32 通道,程序启动和查询。

```
#include" stdio. h"
```

```
              #include" dos. h"
              #include" conio. h"
              main( )
              {
int ch ;                                              /* 定义通道变量 */
float value[ 32 ] ,tmp;                               /* 定义数组变量 */
int dl ,dh ,i ,base;                                  /* 定义过程变量 */
clrscr( );                                            /* 清屏 */
base = 0x300;                                         /* 设卡基地址 = 300H */
for( ch = 0;ch < 32;ch + + )                          /* 定义循环次数 */
{
      outportb( base,ch);                             /* 输出通道代码 */
      delay( 3 );                                     /* 延时 */
      outportb( base + 1 ,0);                         /* 启动 A/D */
      delay( 1 );                                     /* 延时 */
      while( inportb( base) < 128 );                  /* 查询 A/D */
      dh = inportb( base);                            /* 读高 4bit */
      dl = inportb( base + 1 );                       /* 读低 8bit */
      value[ ch] = ( ( dh & 0xf) * 256 + dl)/4096. 0 * 10000;    /* 转换数据 */
}
      for( ch = 0;ch < 32;ch + + ){
      printf( " ch( %2d) = %6d( mV) \t" ,ch,( int) value[ ch] );
      if( ch%2 = =1 )printf( " \n" );                 /* 显示 */
   }
   getch( );
}
```

6.3.2　PC-6322 光电隔离型模出接口卡

(1)概述

PC-6322 光电隔离型模出接口卡为北京中泰研创科技有限公司所出品。适用于具有 ISA 总线的 PC 系列微机,具有很好的兼容性。CPU 从目前广泛使用的 64 位处理器直到早期的 16 位处理器均可适用。操作系统可选用 MS-DOS、Windows 系列、Unix 等多种操作系统以及专业数据采集分析系统 LabView 等软件环境。

这种接口卡的一个特点是采用三总线光电隔离技术,使被控对象同计算机之间完全电气隔离,可完成恶劣环境下工业现场系统的过程测控。

(2)主要技术指标

输出通道数:4 路(互相独立,可同时或分别输出)

输出信号类型及范围:(标 * 为出厂标准状态)

　　电压方式:0～5 V;1～5 V;0～10 V(*); ±5 V; ±10 V

191

电流方式:0~10 mA;4~20 mA

输出阻抗:不大于 2 Ω(电压方式)

D/A 转换器件:DAC1232/DAC0832

D/A 转换分辨率:12 位/8 位

D/A 转换输出码制:二进制原码(单极性输出方式时)。二进制偏移码(双极性输出方式时)

D/A 转换建立时间:不大于 1 μs (不含隔离传输延迟时间)

系统综合建立时间:约 100 μs (12 位全写,含隔离传输延迟时间)

D/A 转换综合误差:

   电压方式:不大于 0.2% FSR(12 位时)

   电流方式:不大于 1% FSR(12 位时)

电压输出方式负载能力:不大于 5 mA/路

电流输出方式负载电阻范围:

   使用本卡提供的 +15 V 电源时:0~250 Ω

   外接 +24 V 电源时:0~750 Ω

隔离方式:三总线光电隔离型

隔离电压:不低于 500 V

电源功耗:全电压输出方式:5 V(±10%)≤0.8 A,全电流输出方式:5 V(±10%)≤1 A

使用环境要求:工作温度:10~40 ℃,相对湿度:40%~80% RH,存储温度:-55~+85 ℃

外形尺寸(不含挡板及超出挡板部分):长×高=177.8 mm×106.7 mm

(3)工作原理

PC-6322 光电隔离型模出接口卡主要由控制逻辑电路、光电隔离电路、数模转换电路、DC/DC电源电路等部分组成。其工作原理框图如图 6.13 所示。

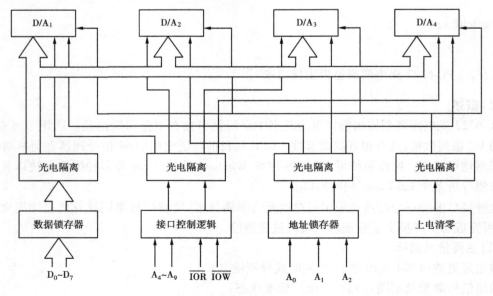

图 6.13 PC-6322 光电隔离型模出接口卡工作原理框图

在图 5.13 中,接口控制逻辑电路用来产生与各种操作有关的控制信号,同时,对这些控制信号根据时序要求进行锁存或延时展宽处理。

光电隔离电路采用 4 片 TLP521-4 光电耦合器对系统三总线与模拟信号之间进行光电隔离,以避免相互间的干扰。

数模转换电路由 DAC1232/DAC0832 数模转换器件和基准源、运算放大器、跨接选择器及上电清零电路组成。本卡上的 4 路 D/A 转换电路可以同时或分别输出相同或不同的模拟量值,且一直保持到下次转换之前。依靠改变跨接套的连接方式,可分别选择电压或电流输出方式。当采用电流输出方式时,本卡可直接外接 Ⅰ、Ⅱ 型执行器。

电源电路由一块 DC/DC 直流变换模块及相关的滤波元件组成。电源模块的输入电压为 +5 V,输出电压为与原边隔离的 ±15 V,原、副边之间隔离电压可达 1 500 V。

(4) 编程举例

例 6.3　应用 C 语言编程使 $D/A_1 \sim D/A_4$ 分别输出 0 V、10 V、3.333 V、6.666 V、2.000 V、8.000 V。D/A 工作方式为单极性 0 ~ 10 V。本程序可用于 4 路 D/A 调校。

```
#include < stdio. h >
#include < dos. h >
#define Add 0x100
main( )
    {
    unsigned int i,nOutValue = 0;
    outportb( Add,( unsigned char)( nOutValue&255 ) );
    while(1)
    {
    if( nOutValue > = 4095)
    nOutValue = 0;
    for( i = 0;i < 4;i + + )
    {
    while( ( inportb( Add + 1 )&0x80) = = 0);
    outportb( Add + i * 2,( unsigned char)( ( nOutValue ≫ 4)&255) );
    while( ( inportb( Add + 1 )&0x80) = = 0);
outportb( Add + i * 2 + 1,( unsigned char)( ( nOutValue ≪ 4)&255) );
    }
inportb( Add) ;
nOutValue + = 8;
    }
    }
```

例 6.4　在 Windows 95/98 环境下,使用 MicroSoft Visual Basic 6.0 开发环境,采用调用驱动程序的输出函数的方法使各 D/A 通道输出 0 ~ 10 V 的锯齿波。

首先创建一个窗口,名为 Form。设置一个定时器,名为 Timer1。

注意:在 VB 6.0 中,数据类型 Integer 为 16 位带符号整数。

Private Declare Sub AO6322Single Lib "pc6000. dll"（ByVal nAdd As Integer，ByVal nCha As Integer，ByVal nValue As Integer，ByVal DAMode As Integer）

Dim AoOutValue As Integer

Private Sub Timer1_Timer( )

　　For n = 0 To 3

　　Call AO6322Single（256，n，AoOutValue，1）

　　Next n

　　If AoOutValue = 10000 Then

　　AoOutValue = 0

　　Else

　　AoOutValue = AoOutValue + 100　　　　　　　'改变 D/A 输出电压值

　　End If

End Sub

6.3.3　PCI-8932 数据采集卡

（1）概述

PCI-8932 数据采集卡（图 6.14）由北京阿尔泰科技有限公司所出品。适用于具有 PCI 总线的个人计算机。

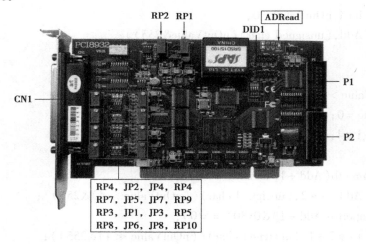

图 6.14　PCI-8932 元件布局

该卡共有 16 个模拟量输入端（单端输入，如果双端输入为 8），4 个模拟量输出端，16 个数字量输入端和 16 个数字量输出端。

（2）主要技术指标

1）模拟量输入

转换器类型：AD7321

输入量程：±10 V、±5 V、±2.5 V、0～10 V

转换精度：13 位，其中第 13 位为符号位

采样速率：芯片转换频率最大 50 万次/s

AD 转换时间：≤1.6 μs

模拟输入阻抗：10 MΩ

放大器建立时间：785 ns(0.001%)(max)

非线性误差：±3 LSB(最大)

系统测量精度：0.1%

工作温度范围：-40 ~ +85 ℃

2)模拟量输出

转换器类型：AD5725A

输出量程：0 ~ 5 V、0 ~ 10 V、±5 V、±10 V

转换精度：12 位

建立时间：10 μs

非线性误差：±1 LSB(最大)

输出误差(满量程)：±1 LSB

3)数字量输入

高电平的最低电压：2 V

低电平的最高电压：0.8 V

4)数字量输出

高电平的最低电压：4.45 V

低电平的最高电压：0.5 V

5)定时器、计数器

计数器通道个数：3 个独立的计数器

计数器方式：减计数

计数器位数：24 位

电气标准：TTL 电平

(3)使用简介

PCI-8932 共有 3 个接线端口，其中，CN1 为 37 芯 D 型插头。各管脚名称见图 6.14,各管脚定义见表 6.2。

表 6.2　PCI-8932-37 芯 D 型插头 CN1 管脚定义

管脚信号名称	管脚特性	管脚功能定义
AI0 ~ AI15	Input	AD 模拟量输入管脚,分别对应于 16 个模拟单端通道,当为双端时,其 AI0 ~ AI7 分别与 AI8 ~ AI15 构成信号输入的正负两端,即 AI0 ~ AI7 接正端,AI8 ~ AI15 接负端
VOUT0 ~ VOUT3	Output	DA 模拟量输出管脚,分别对应 4 个模拟量输出通道
AGND	GND	模拟信号地,当输入输出模拟信号时最好用它作为参考地
DGND	GND	数字信号地,当输入输出数字信号时最好用它作为参考地
CLK0 ~ CLK2	Input	计数器的 0 ~ 3 的时钟输入,端口 CLK0 ~ CLK3 经施密特反相器输入到计数器的时钟 CLK0 ~ CLK3
GATE0 ~ GATE2	Input	计数器的 0 ~ 3 门控开关,端口 GATE0 ~ GATE3 经施密特反相器输入到计数器的门控 GATE0 ~ GATE3

续表

管脚信号名称	管脚特性	管脚功能定义
OUT0 ~ OUT2	Output	计数器的 0 ~ 3 的输出,计数器 0 ~ 3 的 OUT0 ~ OUT3 经施密特反相器后输出到端口 OUT0 ~ OUT3
INTIN	Input	外部中断信号输入
+5 V	Output	正 5 V 电压输出

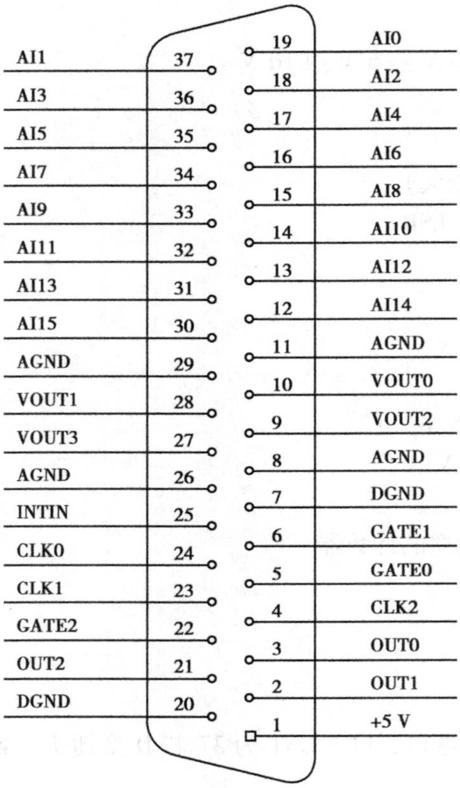

图 6.15　PCI-8932 接线端口 1

另外两个端口 P1/P2 分别为数字量输入/输出端。

各电位器的作用分别如下:

RP1:AD 模拟量信号满度调节电位器

RP2:AD 模拟量信号零点调节电位器

RP4、RP7、RP3、RP8:DA 模拟量信号 VOUT0 ~ VOUT3 零点调节电位器

RP6、RP9、RP5、RP10:DA 模拟量信号 VOUT0 ~ VOUT3 满度调节电位器

各跳线器的作用分别如下:

JP2、JP4:VOUT0 输出量程设置

JP5、JP7:VOUT1 输出量程设置

JP1、JP3:VOUT2 输出量程设置

JP6、JP8:VOUT3 输出量程设置

其中,JP2、JP4 的设置方式如表 6.3 所示。

当机箱内有多块 PCI-8932 卡时,用拨码开关 DID1 来设置本卡的物理 ID 号。

从图 6.14、图 6.15 不难看出 37 芯 D 型插头并不方便直接接线,所以往往还要再加一块 PCI-2319JD 的接线端子板,该板除了接线端子还包含了模拟滤波电路。

表 6.3　VOUT0 量程设置

量程	JP2	JP4
0~5 V		
0~10 V		
± 5 V		
± 10 V		

6.3.4　I/O 模块

I/O 模块为近年来比较流行的一种 I/O 方式。这种模块提供 RS-485 接口,非常适合于远程 I/O 方式。

使用 I/O 模块构成的 IPCs,其过程通道本质上属于方式二(见第 3 章)。基于 I/O 模块的 IPCs 如图 6.16 所示。

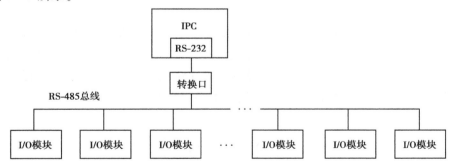

图 6.16　基于 I/O 模块的 IPCs

显然,基于 I/O 模块的 IPCs 其构成非常灵活、接线方便,某个模块的损坏并不影响整个系统的运行,因而提高了系统的可靠性。

这里介绍的是某公司的牛顿-7067D 型继电器输出模块。这种模块的外形如图 6.17 所示,其大小与香烟盒相仿。其技术指标如下:共有 7 路开关量输出,且为继电器输出。牛顿-7067D 继电器动作时间为 5 ms。如果是 7067,则带 LED 显示。该模块的原理如图 6.18 所示。

图 6.17　牛顿-7067D 型继电器
输出模块

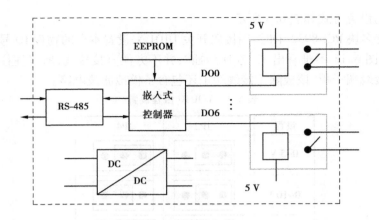

图 6.18　牛顿-7067D 继电器模块原理

6.3.5　I/O 模板/模块的安装与使用

I/O 模板/模块的价格比较低,安装也比较简单。例如,对于 I/O 模板,只需关掉主机电源,打开机箱,将其插入主板上的扩展槽即可。对于牛顿模块,只需通过双绞线将其连接在 RS-485 总线上(PC 机上要在 RS-232 口安装一个 RS-232 转 RS-485 模块)即可。一般模板上多使用 CMOS 电路,容易因静电击穿或过流造成损坏,所以,在安装时应尽量避免用手触摸器件,特别是在干燥的季节尤为要注意。如果确实要用手接触,也应事先将人体所带静电荷对地放掉,同时应避免直接用手接触器件管脚,以免损坏器件。

严禁带电插拔接口卡,设置开关、跨接选择器和安装接口电缆均应在关掉电源状态下进行。

当模拟输入通道不全部使用时,应将不使用的通道接地,不要使其悬空,以避免造成通道间的串扰和损坏通道。输出通道则要注意在工作时绝对不能短路,否则,将会造成器件损坏。

I/O 模板在使用时要根据需要对各种设置开关和跨接选择器进行设置。因此,使用前最好仔细地阅读使用说明书或产品手册,以免造成不必要的麻烦。

6.4　I/O 模板/模块编程

6.4.1　I/O 模板/模块编程概述

前面所介绍的编程方法都需要直接对相应的硬件地址进行操作,这对于 Dos 操作系统和低版本 Widows 操作系统是没有问题的。但是,对于高版本的 Widows 操作系统(例如 Winows NT、Windows 2000、Windows XP 等)就行不通了。这是因为这些高版本的 Windows 操作系统的硬件是受保护的,用户的应用程序无法直接操作硬件。对于 Visual C ++ 、Dephi 等语言,可以使用微软公司的 SDK(Software Development Kit)和 DDK(Device Development Kit)来操作硬件。

为了方便用户开发程序,生产 I/O 板卡的厂商都会提供驱动程序,驱动程序包括 DLL 和 Active X 控件。如果厂商只提供了 DLL,其编程方式相对比较麻烦;如果提供有 Active X 控件,则编程方式比较简单,所用的代码比较少。

对于通过串口与计算机连接的 I/O 模块或一些智能仪表,可以通过串口编程的方式来进行数据读写。

如果使用 Visual Basic 开发串口通信程序,主要有 MSComm 串口控件和调用 Windows API 函数两种方法。具体的编程方法,读者可以参阅文献[39]。

6.4.2　I/O 模板编程举例

假设有一块某公司生产的模拟量输入数据采集板卡,该公司提供了模拟量采集控件 DAQAI,利用 Visual Basic 实现模拟量输入。

在创建 VB 工程时,要先添加 DAQAI 控件;然后创建一个窗体,在窗体上可以显示模拟量的时间曲线、采集样本的个数、样本数值,可以对样本值高限、低限报警;再设置四个命令按钮,分别是“板卡设置”、“间断采集”、“连续采集”和“关闭程序”。表 6.4 为窗体和一些主要控件的属性设置。

表 6.4　窗体和主要控件的属性设置

控件类型	控件名	主要属性	功能或含义
Form	DAQForm	BordeStyle = 3 Caption = 数据采集	运行时窗体固定 标题显示
Pictrue	Pictrue1	BackColor 为白色	绘图区
Frame	Frame1	Caption 值为空	显示区
TextBox	Tnum	Text 值为空	显示采集数据个数
TextBox	Tu	Text 值为空	显示当前采集数据值
Label	Label1	Caption = 采集个数	标签
Label	Label2	Caption = 当前值	标签
Label	Label3	Caption = 下限指示	标签
Label	Label4	Caption = 上限指示	标签
Shape	Alarm1	FillStyle = 0-Solid Shape = 6-Circle	填充式样,实线 圆形,报警指示灯
Shape	Alarm1	FillStyle = 0-Solid Shape = 6-Circle	填充式样,实线 圆形,报警指示灯
CommandButton	CmdSet	Caption = 板卡设置	设置板卡命令
CommandButton	CmdGet1	Caption = 间断采集 Eabled = False	初始无效
CommandButton	CmdGet2	Caption = 连续采集 Eabled = False	初始无效
CommandButton	CmdQuit	Caption = 关闭程序	关闭程序命令
Timer	Timer1	Eabled = False Interval = 1 000	时钟无效 时钟周期 1 000 ms
DAQAI	DAQAI_1	程序运行时设置	板卡属性设置

程序代码如下：

```
Dim num As Integer                              '采集数据个数
Dim Data(1000) As Single                        '定义采集数据数组，数值形式、单精度
Dim fielddata As String                         '定义采集数据数组，字符串形式
'板卡设置子程序
Private Sub CmdSet_Click()
    DAQAI_1.SelectDevice                         '选择模拟量输入设备
    DAQAI_1.OpenDevice                           '打开模拟量输入端口
    DAQAI_1.CyclicMode = True                     '采用循环方式
    DAQAI_1.StartChannel = 0                       '启动通道0
    DAQAI_1.SampleRate = 500                       '采样频率
    DAQAI_1.DataType = adReal                       '模拟量输入返回值为实型
    Alarm1.FillColor = QBCColor(10)
    Alarm2.FillColor = QBCColor(10)
    CmdGet1.Enabled = True
    CmdGet2.Enabled = True
End Sub
'间断数据采集
Private Sub CmdGet1_Click()
    Timer1.Enabled = False                         '定时器无效
    Call getdata                                   '数据采集
End Sub
'使定时器有效
Private Sub CmdGet2_Click()
    Timer1.Enabled = True                          '定时器有效
End Sub
'连续数据采集
Private Sub Timer1_Timer()
    Call getdata                                   '数据采集
End Sub
'板卡设置子程序
Sub getdata()
    Dim u As String                               '选择模拟量输入设备
    If num > 99 Then_ Call renew
    u = DAQAI1.RealInput(0)                         '获取 AI0 通道数据
    Data(num) = Val(u)
    fileddata(num) = Format $(Data(num),"0.00")
    Tu.Text = fieldata(num)
    Call alarm                                      '调用报警子程序
```

200

```
    num = num + 1
    Tnum. Text = Str( num)
    Call  draw                          '调用绘图子程序
End Sub
'刷新子程序
Private Sub renew( )
    Tnum. Text = "  ":Tu. Text = "  "
    Pictrue1. Cls
    For  i = 0  to  num − 1
        Data( i) = 0
        Fielddata( i) = "  "
    Next i
        num = 0
End Sub
'关闭程序
Private Sub renew( )
    DAQAI1. CloseDevice
    Fielddata( i) = "  "
    Unload  Me
End Sub
```

由于篇幅的缘故,报警子程序和绘图子程序就不再赘述。

<h1 style="text-align:center">习　题</h1>

6.1　利用 PC 机或工控机构成的计算机监控系统主要有哪几个部分? 它们的作用分别是什么?

6.2　分析各类总线的特点,并比较其优劣。

6.3　通过查找资料分析测量信号的单端输入方法和双端输入方法的特点。

6.4　通过查找有关 I/O 模板的资料,了解设置开关和跨接选择器的作用。

6.5　如果你手头有 I/O 模板,试尝试对其编程,以实现数据采集和控制。

6.6　试上网查询 PAC(Programmable Automation Contrller,可编程自动化控制器)的概念,并谈谈你对这种技术的认识。

第 **7** 章
计算机监控系统的设计与开发

在掌握了计算机监控技术的基本原理之后,还需要掌握计算机监控系统的基本的设计方法和开发方法。计算机监控系统的设计与开发不仅是一个理论问题,同时也是一个实际工程问题。对于不同的被控对象和控制要求,相应的设计和开发方法都不会完全一样。例如,对于小型系统,可能无论是硬件和软件均由用户自己设计和开发;而对于大中型系统,用户可以选择市场上已有的各种硬件和软件产品,经过相对简单的二次开发后,组装成一个计算机监控系统。有时,用户也可以委托第三方进行设计和开发。

7.1 计算机监控系统的设计与开发概述

7.1.1 计算机监控系统的生命周期

任何一个系统的设计与开发基本上是由 6 个阶段组成的。即:可行性研究、初步设计、详细设计、系统实施、系统测试(调试)和系统运行。当然,这 6 个阶段的发展并不是完全按照直线顺序进行的。在任何一个阶段出现了新问题后,都可能要返回到前面的阶段进行修改。

在可行性研究阶段,开发者要根据被控对象的具体情况,按照企业的经济能力、未来系统运行后可能产生的经济效益、企业的管理要求、人员的素质、系统运行的成本等多种要素进行分析。可行性分析的结果最终是要确定:使用计算机监控技术能否给企业带来一定经济效益和社会效益。这里要指出的是,不顾企业的经济能力和技术水平而盲目地采用最先进的设备是不可取的。

初步设计也可以称为总体设计。系统的总体设计是进入实质性设计阶段的第一步,也是最重要和最为关键的一步。总体方案的好坏会直接影响整个计算机监控系统的成本、性能、设计和开发周期等。在这个阶段,首先要进行比较深入的工艺调研,对被控对象的工艺流程有一个基本的了解,包括要监控的工艺参数的大致数目和监控要求、监控的地理范围的大小、操作的基本要求等。然后初步确定未来监控系统要完成的任务,写出设计任务说明书,提出系统的控制方案,画出系统组成的原理框图,作为进一步设计的基本依据。

在详细设计阶段,首先要进行详尽的工艺调研,然后选择相应的传感器、变送器、执行器、

I/O 通道装置以及进行计算机系统的硬件和软件的设计。对于不同类型的设计任务,则要完成不同类型的工作。如果是小型的计算机监控系统,硬件和软件都是自己设计和开发;此时,硬件的设计包括电气原理图的绘制、元器件的选择、印刷线路板的绘制与制作;软件的设计则包括工艺流程图的绘制、程序流程图的绘制等。

在系统实施阶段,要完成各个元器件的制作、购买、安装;进行软件的编制和组态以及各个子系统之间的连接等工作。

系统的调试(测试)主要是检查各个元部件安装是否正确,并对其特性进行检查或测试。调试包括硬件调试和软件调试。从时间上来说,系统的调试又分为离线调试和在线调试以及开环调试和闭环调试。

系统运行阶段占据了系统生命周期的大部分时间,系统的价值也是在这一阶段中得到体现。在这一阶段应该有高素质的使用人员,并且严格按照章程进行操作,尽可能地减少故障的发生。

7.1.2　计算机监控系统的设计原则

尽管被控对象是千差万别,计算机监控系统的设计方案和具体的技术指标也会有很大的差异,但是,在进行系统的设计和开发时还是有一些原则是必须遵循的。

(1)可靠性原则

计算机监控系统通常都是工作在比较恶劣的环境之中,各种干扰会对系统的正常工作产生影响,各种环境因素(如粉尘、潮湿、震动等)也是对系统的考验。而计算机监控系统所控制的对象往往都是比较重要的,一旦发生故障,轻则影响生产,带来经济损失;重则会造成重大的人身伤亡事故,或是产生重大的社会影响。所以,计算机监控系统的设计总是应当将系统的可靠性放在第一位,以保证生产安全、可靠和稳定地运行。

为了确保计算机监控系统的高可靠性,可以采取以下措施:

1)采用高质量的元部件

计算机尽可能采用工业控制用计算机或工作站,而不是采用普通的商用计算机。所采用各种硬件和软件,尽可能不要自行开发。采用高质量的电源。一般来说 PLC 的 I/O 模块的可靠性比 PC 总线 I/O 板卡的可靠性高,如果成本和空间允许,应尽可能采用 PLC 的 I/O 模块。

2)采取各种抗干扰措施

采取各种抗干扰措施,包括滤波、屏蔽、隔离和避免模拟信号的长线传输等。

3)采用冗余工作方式

可以采用多种冗余方式,例如,冷备份和热备份。其中,冷备份方式是指一台设备处于工作状态,而另一台设备处于待机状态,一旦发生故障,专用的切换装置就会将原来工作的设备切除,并将备份的设备投入运行。热备份是指两台设备均处于工作状态,两台主机获得新的数据后,先将数据进行比较,如果比较的数据一致则采用,否则将启动故障诊断程序,将故障设备切除。对于可靠性要求特别高的系统可以采用全冗余的方式,即所有的设备包括 I/O 设备、通信线路(网络)和主机均为冗余方式。

4)其他措施

对于一些智能设备采用故障预测、故障报警等措施。出现故障时将执行机构的输出置于安全位置,或将自动运行状态转为手动状态。

（2）使用方便原则

一个好的计算机监控系统应该是人机界面好，方便操作、运行，易于维护。设计时要真正做到以人为本，尽可能地为使用者考虑。

对于人机界面可以采用 CRT、LCD 或者是触摸屏，使得操作人员可以对现场的各种情况一目了然。

各种部件尽可能地按模块化设计，并能够带电插拔，使得其易于更换；在面板上可以使用发光二极管作为故障显示，使得维修人员易于查找故障。

在软件和硬件设计时都要考虑到操作人员会有各种误操作的可能，并尽量使这种误操作无法实现。

许多大公司在设计操作面板、操作台和操作人员座椅时，采用了现代人机工程学原理，尽可能地为操作人员提供一个舒适的工作环境。

设计者应该注意的是：性能再好、技术再先进的产品，如果不能为使用者所接受，也就没有用。

（3）开放性原则

开放性应该成为计算机监控系统的一个非常重要的特性。企业的生产规模不会是一成不变的。这也就要求计算机监控系统在结构上具有一定的柔性。计算机监控系统与上层管理信息系统之间的数据交换也是现代化管理需要。在控制现场往往会有一些特殊的第三方设备。例如，造纸生产线上使用的厚度、湿度测控仪，流程生产线上的各种复杂成分的分析仪以及专门为一些大型电动机配备的 PLC 等。按照生产工艺也需要计算机监控系统与这些第三方设备之间交换数据。所有这些都对计算机监控系统提出了开放性的要求。只有具有相应的开放性，才能最大限度地保护用户的初投资，并使计算机监控系统具有足够长的生命周期。

为了使系统具有一定的开放性，可以采取以下措施：

①尽可能地采用通用的软件和硬件。例如，操作系统可以采用UNIX、LINUX、Windows/X；数据库可以采用 SQL SEVER、ORACLE、INFORMIX、SYBASE；所采用的组态软件应该提供相应的数据库接口和通信接口。各种硬件尽可能地采用通用的模块，并支持流行的总线标准。

②尽可能要求产品的供货商提供其产品的接口协议以及其他的相关资料。

③在系统的结构设计上，尽可能地采用总线形式或其他易于扩充的形式。

④尽可能地为其他系统留出接口。

（4）经济性原则

在满足计算机监控系统的性能指标（如可靠性、实时性、精度、开放性）的前提下，尽可能地降低成本，保证性能价格比最高，以保证为用户带来更大的经济效益。

有几个因素对系统的成本影响比较大。例如，测控点的数目、计算机监控系统所覆盖的地域（或是被控对象与计算机监控系统主控制室的距离）、是否采用冗余技术、计算机监控系统的类型等。

如果计算机监控系统与被控对象的距离在几十米甚至十几米之内，且被控对象的经济价值不是特别巨大或是发生短暂的故障时对用户的影响较小，可以考虑采用上位计算机加 I/O 板卡的方式。如果计算机监控系统所覆盖的地域比较大，系统结构可以考虑网络（串行总线）方式。如果被控对象的经济价值特别巨大或是发生短暂的故障时对用户的影响很大，则要考虑采用集散控制系统或是上位工控机加 PLC 方式。

（5）开发周期短原则

如果计算机监控系统的开发时间太长，会使用户无法尽快地收回投资，影响了经济效益的提高；而且，由于计算机技术发展非常快，只要几年的时间原有的技术就会变得过时。设计与开发时间过长，等于缩短了系统的使用寿命。因此，在设计时，如何尽可能地使用成熟的技术，对于关键的元部件或软件，不是万不得已就不要自行开发。现在，采用上位机加 I/O 板卡加组态软件，或是上位机加 PLC 加组态软件开发一个测控点数目 100 点左右的计算机监控系统所需的时间（包括工艺调研）往往不会超过一个月。而在如此短的时间内要想开发出一个可以稳定、可靠运行的软件或硬件产品是很困难的，因此，购买现成的软件和硬件进行组装与调试应该成为首选。

7.2　计算机监控系统的设计步骤

在完成了可行性研究并且确定系统开发确实可行后，即可进入系统设计阶段。设计的结果是要提供一系列的技术文件。这些技术文件包括文字、图和表格。技术文件主要是为将来的系统实施、运行和维护提供技术依据。设计总是采用结构化的设计方法，即从顶层到底层、从抽象到具体、从总体到局部、从初步到详细。

7.2.1　计算机监控系统的总体方案设计

正如前面所言，系统的总体设计是进入实质性设计阶段的第一步，也是最重要和最为关键的一步。总体方案的好坏会直接影响整个计算机监控系统的成本、性能、设计和开发周期等。整个总体设计过程如图 7.1 所示。

（1）工艺调研

总体设计的第一步是进行深入的工艺调研和现场环境调研。经过调研要完成以下几个任务：

①弄清系统的规模。要明确控制的范围是一台设备、一个工段、一个车间，还是整个企业。

②熟悉工艺流程，并用图形和文字的方式对其进行描述。

③初步明确控制的任务。要了解生产工

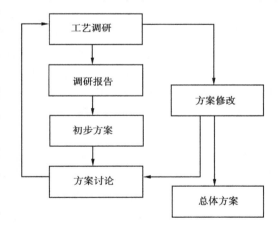

图 7.1　总体设计基本步骤

艺对控制的基本要求。要弄清楚控制的任务是要保持工艺过程稳定，还是要实现工艺过程的优化。要弄清楚被控制的参量之间是否关联比较紧密，是否需要建立被控制对象的数学模型，是否存在诸如大滞后、严重非线性或比较大的随机干扰等复杂现象。

④初步确定 I/O 的数目和类型。通过调研弄清楚哪些参量需要检测、哪些参量需要控制以及这些参量的类型。

⑤弄清现场的电源情况（是否经常波动，是否经常停电，是否含有较多谐波）和其他情况

（如震动、温度、湿度、粉尘、电磁干扰等）。

（2）形成调研报告和初步方案

在完成了调研后，可以着手撰写调研报告，并在调研报告的基础上草拟出初步方案。如果系统不是特别复杂，也可以将调研报告和初步方案合二为一。

（3）方案讨论

在对初步方案进行讨论时，往往会发现一些新问题或是不清楚之处，此时，需要再次调研，然后对原有方案进行修改。一般来说，在工艺调研、方案修改、方案讨论之间往往需要多个循环方能确定最后的总体设计方案。在这个过程中，如果系统开发者对计算机监控技术与自动控制技术的发展现状以及市场情况还不是很清楚的话，同样需要对其进行详细的调研。

（4）形成总体方案

在经过多次的调研和讨论后，可以形成总体设计方案。总体方案以总体设计报告的方式给出，并包含以下内容：

1）工艺流程的描述

可以用文字和图形的方式来描述。如果是流程型的被控制对象，可以在确定了控制算法后画出带控制点的工艺流程图（又称管道及仪表流程图）。

2）功能描述

描述未来计算机监控系统应具有的功能，并在一定的程度上进行分解，然后设计相应的子系统。在此过程中，可能要对硬件和软件的功能进行分配与协调。对于一些特殊的功能，可能要采用专用的设备来实现。例如，发电机的励磁控制可以采用专用的励磁控制器。

3）结构描述

描述未来计算机监控系统的结构。是采用单机控制，还是采用分布式控制。如果采用分布式控制，则对于网络的层次结构的描述，可以详细到每一台主机、控制节点、通信节点和 I/O 设备。可以用结构图的方式对系统的结构进行描述，用箭头来表示信息的流向。由于计算机监控系统的结构是多种多样的，为了便于理解，大致将其归纳为 3 种形式。形式 A：上位机加 I/O 板卡或一体化工作站；形式 B：单层结构，例如，上位机加 485 总线加 I/O 模块；形式 C：多层复合结构。

4）控制算法的确定

如果各个被控参量之间关联不是十分紧密，可以分别采用单回路控制，否则，就要考虑采用多变量控制算法。如果被控制对象的数学模型虽然不是很清楚，但也不是很复杂，可以不建立数学模型，可以直接采用常规的 PID 控制算法。如果被控制对象十分复杂，存在大滞后、严重非线性或比较大的随机干扰，则要采用其他的控制算法。一般来说，尽可能多地了解被控制对象的情况，或建立尽可能准确反映被控制对象特性的数学模型，对于提高控制质量是有益处的。

5）I/O 变量总体描述

可以表格的方式进行描述。表 7.1 是一智能楼宇开发过程中对其空调子系统中冷水机组 I/O 变量的描述。读者可以在将来自己进行计算机监控系统开发时参照使用。

表 7.1　某楼宇空调子系统冷水机组 I/O 变量表

序号	设备名称及控制功能	数量	DI	AI	DO	AO
1	冷水机组	2				
	冷冻水供回水温度			4		
	流量监视			2		
	冷冻水供回水压力			4		
	冷水机组启/停				8	
	机组运行状态		4			
	电动调节阀	3		2		3
2	冷冻水泵	5				
	运行状态			5		
	程序开/关				10	
3	冷却水泵					
	运行状态		1			
	运行状态			1		
	合计		5	18	18	3
总计：44						

7.2.2　计算机监控系统的详细设计

在进行详细设计之前,仍然要进行一次调研。此次调研的任务首先是收集各个 I/O 点的具体情况。可以按照表 7.2 和表 7.3 的格式(分别对应于模拟量和开关量)填写。

表 7.2　模拟量 I/O 点参数表

I/O 位号	说明	I/O 类型	工程单位	信号类型	量程上限	量程下限	报警上限	报警下限	偏差报警	正常值

表 7.3　开关量 I/O 点参数表

I/O 位号	说明	I/O 类型	正常状态	信号类型	信号上限	信号下限	逻辑极性

(1)传感器、变送器和执行机构的选择

传感器和变送器均属于检测仪表。传感器是将被测量的物理量转换为电量的装置;变送器是将被测量的物理量或传感器输出的微弱电量转换为可以远距离传送且标准的电信号(一般为 0~10 mA 或 4~20 mA)。选择时主要根据被测量参量的种类、量程、精度来确定传感器或变送器的型号。

随着现场总线技术的发展,智能仪表的使用逐渐增多。如果在前面总体设计时,已经考虑了使用某种现场总线标准,可以考虑采用支持该标准的智能仪表。当然,现在智能仪表的价格相对还比较高,设计者可以根据用户的经济能力和现场的实际情况来处理。一般来说,如果用户的经济能力允许,或是智能仪表的价格不超过常规仪表的 20%,都可以考虑采用智能仪表。

执行机构的作用是接受计算机发出的控制信号,并将其转换为执行机构的输出,使生产过程按工艺所要求的运行。

常用的执行机构有:电动机、电机启动器、变频器、调节阀、电磁阀、可控硅整流器或者继电器线圈。与检测仪表一样,执行机构也有常规执行机构(接受 0~10 mA 或 4~20 mA 信号)与智能执行机构之分。

对于同一物理量的控制,往往可以有多种选择。例如,以前流量的连续控制主要是利用调节阀来实现,现在也可以使用变频器驱动交流电动机,然后再由电动机驱动水泵来实现。采用变频器的方案,价格比较高,但调节范围宽、线性度好,而且节约能源。

传感器、变送器和执行机构的选择涉及许多具体的技术细节,已经超出了本书的范围,读者在将来设计计算机监控系统时,可以参看有关书籍和手册。

(2)监控装置的详细设计

监控装置是指 I/O 子系统和计算机系统(包括网络)两部分。对于不同类型的设计任务,在详细设计阶段所要做的工作是不一样的。这里只考虑系统的硬件和软件都采用现成的产品的情况。在以下各种设计中,显示画面、报表格式的设计应反复与有关使用人员(操作人员、管理人员)交流。

如果属于形式 A,可以按以下几个步骤进行:

①选择系统总线。由于 STD 总线已经比较陈旧,可以不考虑,PC 总线也建议不必考虑。然后,根据性能需要和费用在 ISA 总线与 PCI 总线之间进行选择。

②选择主机。如果控制现场环境比较好,对可靠性的要求又不是特别高,也可以选择普通的商用计算机;否则,还是选择工控机为宜。在主机的配置上,以留有余地、满足需要为原则,不一定要选择最高档的配置。

③根据系统的精度要求、I/O 的类型和数量选择相应的 I/O 板卡。现有的模拟量输入 I/O 板卡,一般都有单端输入与双端输入两种选择。如果费用允许,还是采用双端输入为好,以提高抗干扰能力。除此之外,还应采取多种隔离和滤波措施。例如,使用专门的信号调理板卡或与隔离端子同时使用。

④选择操作系统、数据库和组态软件。操作系统一般可以选择比较流行的 Windows。数据库一般采用小型数据库(如 Visual Foxpro),选择小点数并满足需要的组态软件即可,必要时再购买一些特殊组件。

⑤确定控制算法参数、显示画面、报表格式。

如果属于形式 B,可以按以下几个步骤进行:

①选择局域工业网络。如果传输距离不是特别远(1 km 以内),数据传输速率不是特别高,首先可以考虑485 总线。如果485 总线不合适,可以选择一种现场总线,如 CAN、LON、ProfiBus、FF 或以太网。

②选择主机。如果控制现场环境比较好,对可靠性的要求又不是特别高,也可以选择普通的商用计算机;否则,还是选择工控机为宜。在主机的配置上,以留有余地、满足需要为原则,不一定要选择最高档的配置。

③根据系统的精度要求、I/O 的类型和数量选择相应的 I/O 模块。I/O 模块的选择当然首先是要支持所选的总线,然后根据系统的分散性来考虑。如果系统不是特别分散,可以选择大点数的 I/O 模块(如 16 点),这样系统的成本可以降低;如果系统比较分散,可以选择小点数的 I/O 模块。

④选择操作系统、数据库和组态软件。操作系统可以选择 Windows。数据库一般采用小型数据库(如 Visual Foxpro),选择小点数并满足需要的组态软件即可,必要时再购买一些特殊组件。

⑤确定控制算法参数、显示画面、报表格式。

如果属于形式 C,情况就比较复杂。一般来说,为了保证设备之间的协调性和互操作性,应该尽可能地采用一家公司的产品;但是,必须保证系统的开放性。许多集散控制系统在某些领域(如化工、炼油、电力)积累了丰富的经验,在控制质量、可靠性等方面均显示出良好的效果;但其往往价格昂贵,结构不够灵活。可编程序控制器网络结构灵活,价格合理,可选择面宽。是采用集散控制系统还是采用可编程序控制器网络,需要根据情况认真论证。

对于此类大型系统的开发,应该尽可能地按照规范化的设计方法。国家石油和化学工业局于 1998 年发布了《化工装置自控工程设计规定》(HG/T 20636～20639),该规定采用的是国际通用设计体制。虽然该设计体制所用的监控装置主要是集散控制系统,但是对其他类型系统的设计也有参考价值。在国际通用设计体制中,将整个工程设计阶段划分为基础工程设计阶段和详细工程设计阶段。其中,在详细设计阶段,集散控制系统工程设计应提供以下的工程文件:

- 设计文件目录
- 集散控制系统技术规格书
- 集散控制系统 I/O 表
- 集散控制系统监控数据表
- 集散控制系统配置图
- 控制室布置图
- 端子配线图
- 控制室电缆布置图
- 仪表接地系统图
- 联锁系统逻辑图
- 端子(安全栅)柜布置图
- 仪表回路图
- 工艺流程显示图
- 集散控制系统操作组分配表
- 集散控制系统趋势组分配表
- 集散控制系统生产报表

　　● 其他必须文件

下面对以上部分文件的具体要求加以说明：

①设计文件目录　应列出工程设计全部图表的名称、文件号、版次、图幅和张数。

②集散控制系统技术规格书　应包括工程项目简介、厂商责任、系统规模、功能、硬件、性能要求、质量、文件交付、技术服务与培训、质量保证、检验与验收、备品备件与消耗品以及计划进度。

③集散控制系统 I/O 表　应包括集散控制系统监视、控制的仪表位号、名称，输入、输出信号，是否提供输入、输出安全栅和电源。

④集散控制系统监控数据表　应包括各回路仪表位号、用途、测量范围、控制与报警设定值、控制正反作用与参数、输入信号、阀正反作用以及其他要求。

⑤集散控制系统配置图　应以图形和文字表示由操作员站、现场控制站、通信网络等组成的 DCS 结构，并附有输入、输出信号的种类和数量以及其他硬件配置。

⑥端子（安全栅）柜布置图　应表示出接线端子排（安全栅）在端子（安全栅）柜中的正面布置。标注相对位置尺寸、安全栅的位号、端子排的编号，并表示出设备材料表和柜子外形尺寸和颜色。

⑦工艺流程显示图　应采用图形方式，按照装置单元绘制出有主要设备和管路的流程图，包括检测控制系统的仪表位号和图形符号、设备和管路的线宽与颜色、进出物料名称、设备位号、动设备和控制阀的运行状态显示等。

⑧集散控制系统操作组分配表　应包括操作组号、操作组标题、流程图页号、显示的仪表位号和说明。

⑨集散控制系统趋势组分配表　应包括趋势组号、趋势组标题、显示的仪表位号和说明。

⑩集散控制系统生产报表　应包括采样时间、周期、地点、操作数据、原材料消耗和成本核算等。

最后计算机监控系统的设计，可能还包括控制室、供电系统等方面的设计，读者可以参看有关过程控制工程设计的书籍。

7.3　计算机监控系统调试

计算机监控系统在完成设计及安装之后还不能立即投入运行，必须要经过调试确保万无一失后才能交付使用并投入运行。下面将计算机监控系统的调试简称为"系统调试"，因此，系统调试是系统投入运行前的最后一个步骤，也是非常重要的一个环节。

7.3.1　系统调试的基本原则

系统调试的内容非常丰富，在调试过程中也可能遇到各种问题（甚至是千奇百怪，令人意想不到的），解决的方法和手段也是多种多样的。但是，以下几个原则是应该遵守的，即"先局部后整体"、"先离线后在线"、"先弱电后强电"、"先开环后闭环"、"先内环后外环"、"先轻载（或空载）后满载"、"先正常运行后加干扰"。

（1）先局部后整体

如果在进行系统设计时是采用先整体后局部或至顶向下的方法，那么在系统调试时则要刚好相反。一个计算机监控系统可以划分为子系统、回路、部件（不可或不必再细分的部分）。

以一个回路的调试为例，假设该回路可以分为传感器、A/D 转换、控制器、D/A 转换、执行机构和被控对象几个部件，则在对该回路整体调试之前应该先对各个部件分别进行检查、调校和（或）调试。在对部件进行调试时，必要时要将一些接线断开。

在对部件进行调试时，主要要考虑几个部分，即信号输入/输出的范围是否正确、精度是否满足设计要求、静/动态性能是否满足要求、线性度是否满足要求等。

（2）先离线后在线

计算机监控系统及被控对象要么是价格昂贵、要么是从安全性来说意义重大或者是兼而有之，只要有可能，都要先在实验室或非工业环境下进行调试。如果采用复杂控制策略，还应先进行仿真试验。例如，调试一个复杂的控制系统时，被控对象可以先用白炽灯或其他低成本的控制对象来代替。

（3）先弱电后强电

一般来说，强电运行的风险总是比弱电运行的风险要大，而且强电部分的运行还要依赖于弱电部分的运行。调试时应该先将弱电部分调试好，再调试强电部分。例如，在调试一个可控硅加热的执行机构时，应该先将触发电路调试好再调试主电路。

（4）先开环后闭环

系统闭环运行时总是可能遇到一些意想不到的问题，先将开环部分调试好，可以降低闭环调试时的难度。如果系统开环时是不稳定的，可以先用一个开环稳定的对象来代替不稳定的开环对象。闭环调试时，最应该注意的问题是要确保信号反馈的极性是正确的，即确保是负反馈而不是正反馈。

（5）先内环后外环

对于一些串级控制系统或多环控制系统，要先将内环（即小时间常数环）调试好，再将外环（主环）加上进行调试。

（6）先轻载（或空载）后满载

系统轻载运行的风险总是要比满载运行时的风险要小。因此，调试时要先轻载运行，再满载运行。当然，有的系统可能在满载运行时是稳定的，而轻载运行时反而不稳定（如调速系统），这时就需要反复进行调试，甚至要修改设计。

（7）先正常运行后加干扰

计算机监控系统的作用之一就是要在干扰存在的情况下确保系统正常工作。因此，系统调试的内容还应包括干扰性试验。干扰可以是多方面的，可以使用大电机启动、电焊机工作等方式给计算机监控系统施加电磁干扰。可以人为地改变计算机监控系统的电源电压（一般不超过 20%），观察系统是否还能正常工作；也可以在系统工作在正常工作点时，人为地改变给定，观察系统能否尽快地恢复到正常的工作点；还可以人为地改变一些工艺条件，例如蒸汽压力（流量）、物料成分（流量）等，观察系统的控制能力。

7.3.2　系统调试内容及步骤

系统调试的内容可以分为硬件调试、软件调试及软硬件综合调试，也可以分为离线调试和在线调试。

对于硬件调试,首先要确保各个硬件部件工作正常(按先局部后整体的原则):

①要认真检查和测试各个工作电源、传感器、变送器、显示仪表、变频器、调节阀、电磁阀、电动机、I/O 模块、集线器、交换机等。对一些特殊的传感器,要检查其安装位置是否正确。

②要认真检查各种接线(包括网络线)、导管,确保连接正确。

③要认真检查各种管道是否有堵塞现象,各种工艺阀是否在正确的位置。

④检查各种安全措施是否到位。

作为软件调试(测试),要严格按照软件工程规定的原则进行。如果各个部件单独调试时都正常,而系统整体调试时却有问题,可以从以下几个方面来找原因:电源是否正常、接线是否正确、是否有负载效应、通信是否正常、反馈信号极性是否正确等。

调试时,一定要做到胆大、心细、镇静。事先要做好预案,遇到问题时及时采取措施。一些大系统调试时会涉及多方面的人员(如工艺人员、电气人员、仪表人员、安装人员),彼此间一定要正确沟通、协调工作,不要轻易将问题推给别人。

习 题

7.1 计算机监控系统设计包括哪些基本步骤?

7.2 为什么在进行计算机监控系统设计时要按照规范进行?

7.3 在进行计算机监控系统设计时应当遵循哪些基本原则? 为什么?

7.4 计算机监控系统的设计涉及哪几方面的人员? 他们应如何分工?

7.5 结合你的体会,你觉得系统调试时应该遵循什么原则?

第 **8** 章

计算机监控系统应用举例

8.1 单片机水槽液位控制系统

8.1.1 系统概述

根据水槽液位的高低变化来控制水泵的启停,从而达到对水槽液位的控制目的。整个系统的工作原理如图8.1所示。水槽内安装a、b、c 3个金属电极用来检测水槽液位的高低。其工艺要求如下:

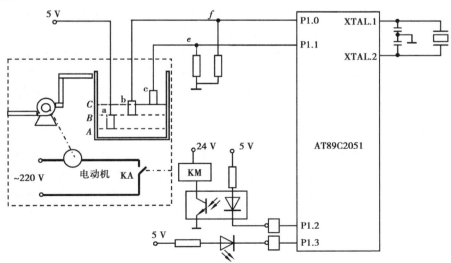

图8.1 水槽液位控制原理

当液位上升至高限 C 以上时,水泵应停止运行,液位不再上升;当液位下降至 B 以下时,水泵应开始启动运行,液位开始上升;当液位处于 B 和 C 之间时,水泵应维持原来的工作状态,既可能是停止运行,也可能是启动。

8.1.2 硬件电路

根据工艺要求,设计的系统硬件电路也如图 8.1 所示,这是一个用单片机采集液位信号并通过继电器控制水泵拖动电动机的小型计算机控制系统。系统的主要组成部分的功能如下:

(1)系统核心部分

采用低档的 AT89C2051 单片机,用 P1.0 和 P1.1 端作为液位信号的采集输入口,用 P1.2 作为控制输出口,用 P1.3 作为报警输出口。

(2)液位测量部分

电极 a 接 +5 V 电源,电极 b 和 c 各自通过一个电阻接地,e 点电平和 f 点电平分别接到 P1.1 和 P1.0 输入端。根据液位的状态共有 4 种组合,单片机根据这 4 种状态控制水泵电动机工作,具体见表 8.1。

表 8.1　液位信号及操作状态表

P1.0	P1.1	液　位	操作状态
0	0	B 点以下	水泵启动
1	0	B、C 之间	维持原来工作状态
0	1	测量不正常	故障报警
1	1	C 点以上	水泵停止

当液位下降到 B 点以下时,电极 b 和电极 c 在水面悬空,e 点和 f 点为低电平,这时应该启动水泵供水,即表 8.1 中的第一种组合;当液位处于 B 点和 C 点之间时,由于水的导电作用,f 点为高电平,而电极 c 仍然悬空,则 e 点为低电平,此时应该维持原来的工作状态,即原来水泵是停止运行的仍然停止,原来水泵是运行的仍然运行;当液位上升至高限时,电极 b 和电极 c 都通过水与 +5 V 电源连通,e 点和 f 点都是高电平,这时水泵应该停止运行,即表中第四种组合。第三种组合在理论上不存在,但在实际工作时仍然有可能出现,这是一种故障状态,因此,程序设计时还必须考虑,一旦出现,就作为故障报警。

(3)控制报警部分

如果要求水泵运行,从 P1.2 端输出高电平,反相器输出低电平使光耦隔离器导通,继电器线圈 KM 得电,其相应的常开触点 KA 闭合,启动水泵运转;当要求水泵停止运行时,P1.2 端输出低电平,经反相器使光耦隔离器截止,继电器线圈 KM 失电,其相应的常开触点 KA 打开,则使水泵停止运行。出现故障时,经 P1.3 输出高电平,经反相器使发光二极管发光,也可以通过光耦隔离器驱动蜂鸣器发出声音。

8.1.3 系统特点

整个系统具有价格低(不包括电动机)、操作简单、体积小、重量轻的特点。当然,也存在可靠性和控制精度不高的问题。自行开发的装置,不经过相当长时间的考验,是很难稳定运行的。

整个系统共有 3 个接地点,分别为 5 V 的地(属于弱电)、24 V 的地(也属于弱电)和交流 220 V 的地(属于强电)。为了保证这 3 个接地点隔离,在制作或购买电源时,首先一定要保证 24 V 电源和 5 V 电源不共地;然后要保证接线时,将强电和弱电的接地点分开。

如果电动机的功率比较大,光靠继电器触点很难驱动,必须再增加一个交流接触器,利用其触点来驱动电动机。另外,该系统没有设置停止和启动按钮,如果要设置这两个按钮,单片机还要相应增加两个 I/O 端口,同时系统的人机界面也非常简单。

8.2　啤酒生产计算机监控系统

8.2.1　系统概述

中国的啤酒产量已经多年稳居世界首位,随着人民生活水平的提高,啤酒的需求量还会继续增加。采用计算机控制对啤酒产量和质量的提高都会有积极的作用。

啤酒生产过程主要分为:制麦、糖化、发酵、罐装四个部分。其生产工艺流程如图 8.2 所示。

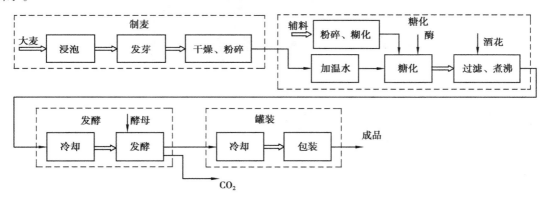

图 8.2　啤酒生产流程

8.2.2　计算机监控子系统

根据具体的工艺流程将计算机控制系统分为三个部分,其中包装生产线的自动控制系统,往往是由其生产商提供的,基本上是采用 PLC 控制;为此,计算机监控系统主要分为麦汁制备过程和啤酒酿造过程。

麦汁制备过程包括制麦、辅料粉碎及糊化、糖化、麦醪过滤、麦汁煮沸和麦汁澄清与冷却等几个过程,是啤酒生产的关键环节之一,对整个啤酒生产的产量、质量、物料消耗等影响很大。其中糖化工序又是最关键的一个工序,其工艺指标控制的好坏,对啤酒质量的稳定性、口感、外观有着决定性的影响。影响糖化质量的主要因素有:麦芽质量及粉碎度、用水质量及用量、糖化温度糖化醪 pH 值和糖化时间等。糖化生产过程工艺比较复杂,技术要求高,控制难度较大,采用计算机监控可以确保:

①原料湿粉碎过程浸渍水、调浆水、过滤过程洗糟水、麦汁冷却过程冷却温度的准确快速

控制；

②通过采用先进控制技术，可以克服糊化锅、糖化锅、煮沸锅等温度对象的时滞特性，保证包括拐点在内的温度控制实际值与设定值的偏差小于 0.3 ℃；

③防止溢锅现象；

④实现自动洗槽、自动耕槽、自动回流/过滤控制，并达到最快过滤；

⑤实现自投料开始（料仓进料）至出料（去发酵车间）的过程全自动控制。图 8.3 所示为制麦工序计算机监控系统的系统框图。

这样的一个子系统其硬件及软件成本（不包含一次仪表）可以控制在 3 万元左右，系统的硬件结构采用研祥的 EVOC 系列工控机和数据采集模块，具体如下：

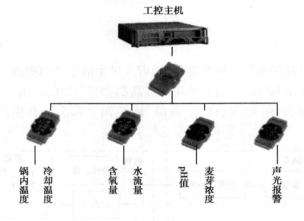

工控主机

锅内温度　冷却温度　含氧量　水流量　pH值　麦芽浓度　声光报警

图 8.3　制麦工序控制系统

- 机箱/底板/电源：IPC-810A/6113LP4/7271AT
- 主板：FSC-1613VN
- CPU：Celeron 1.0 G
- 硬盘：80 G
- 采集模块：

　ARK-24520（232 转 485 模块）

　ARK-24018（8 路温度采集）——采集各种温度信号

　ARK-24017（8 路模拟采集）——采集含氧量、水流量模拟信号

　ARK-24052（8 路数字输入模块）——各种开关量采集

　ARK-24060（4 路继电器输出模块）——报警输出

人机界面软件可以采用通用组态软件来开发。

啤酒酿造过程包括啤酒发酵、啤酒处理、酵母扩培、酵母回收及 CO_2 回收等工序。该过程同样是对啤酒生产过程的产量、质量影响非常大的。为了降低成本，啤酒酿造过程采用 IPC 加 I/O 板卡的方式实现。系统框图如图 8.4 所示，这样的一个子系统其硬件及软件成本（不包含一次仪表）可以控制在 2.5 万元左右。

系统的硬件配置采用研祥的 EVOC 系列工控机和数据采集与控制卡，具体如下：

- 机箱/底板/电源：IPC-810A/6113LP4/7271AT
- 主板：FSC-1613VN

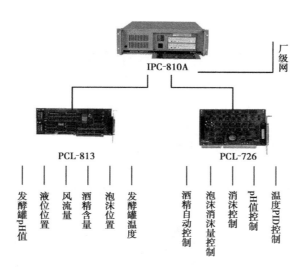

图 8.4　发酵控制系统结构

- CPU：Celeron 1.0 G
- 硬盘：80 G
- PCL-813（模拟量输入）
- PCL-726（模拟量输出）

系统根据生物酵母生成代谢的多参数检测技术，间接检测分析不可测量参数，通过优化控制算法，控制代谢产物的生成、增殖、基质消耗、氧呼吸、CO_2 的生成，使发酵过程处于自动控制状态中，达到了提高产量和降低成本的效果。

8.2.3　计算机监控系统整体结构

前面介绍了啤酒生产两个关键工序的计算机监控子系统的实现。为了实现数据与资源的共享，并方便操作应将啤酒生产过程的各个计算机监控子系统进行集成，目前比较成熟的技术就是基于工业以太网进行集成。各个工序的操作（即操作员界面）可以放在一个控制室内，这也同时方便相关的操作人员交流信息，减少失误。为了现场操作方便，也可以考虑在现场设置相应的触摸屏，这样现场值班的人员也可以就近操作。啤酒生产过程计算机监控系统的总体结构如图 8.5 所示。

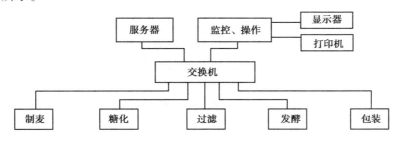

图 8.5　啤酒生产过程计算机监控系统总体结构

8.3 二氧化氯发生器计算机监控系统

8.3.1 系统概述

自来水生产的最后一道工序是加氯消毒。目前,我国很多自来水厂已经弃用了原来毒性比较大的液氯消毒,而采用高效低毒的二氧化氯消毒方式。但是,二氧化氯很难存储,必须现产现用,为此,现在很多的自来水厂开始使用二氧化氯发生器。自来水消毒过程如图 8.6 所示。

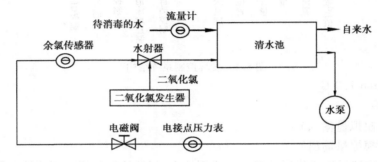

图 8.6 自来水消毒过程

将部分可送入市用自来水管道的自来水用水泵送回控制室,其目的有两个:一是利用余氯传感器检验水中氯气含量(如果太高,则对健康无益,且浪费;如果太低,则消毒不够,正常值为 $(0.15 \sim 0.2) \times 10^{-6}$);二是将回送的水通过二氧化氯发生器上的水射器把二氧化氯发生器反应罐中的二氧化氯带出,并送入清水池与沉淀池送过来的待消毒的水混合进行消毒。

二氧化氯发生器主要由反应罐和两台计量泵构成。两台计量泵按相同的动作频率将氯酸钠溶液和盐酸泵入反应罐,这两种物质在反应罐中反应产生二氧化氯气体。

计算机监控系统的一个关键任务是控制二氧化氯发生器中反应器温度在适当的值(一般在 75 ℃),其次要根据所检测的余氯含量控制二氧化氯发生器中计量泵的动作频率。若余氯含量高,就要降低计量泵动作频率,反之则提高计量泵动作频率。为了保证控制的效果,一般需要检测待消毒水的来水流量,将该流量信号作为前馈控制的输入信号。要求计量泵的动作频率可以手工给定,也可以自动给定。

如果水泵停止运行,电接点压力表会给出欠压信号,此时要求计量泵也停止工作,以防进入清水池的二氧化氯太浓。除此之外,计算机监控系统还须根据反应器缺水、氯酸钠溶液原料罐和盐酸泵原料罐缺料信号停止计量泵工作并报警。

当计量泵停止工作后,要求电磁阀延时断开,这样可以确保反应器中剩余的二氧化氯使用完。

要求显示反应器温度、计量泵动作频率、余氯含量、流量及各种报警信息。

表 8.2 给出了 I/O 信号一览表。

表 8.2　I/O 信号

信号名称	检测/执行器件	信号类型	数值范围
温度检测	PT100 + 温度变送	AI	4 ~ 20 mA
余氯检测	余氯传感器	AI	4 ~ 20 mA
流量检测	流量传感器	AI	4 ~ 20 mA
欠压检测	电接点压力表	DI	通/断
缺水检测	电容式接近开关	DI	通/断
缺料检测 1	电容式接近开关	DI	通/断
缺料检测 2	电容式接近开关	DI	通/断
温度控制	固体继电器	DO	通/断
余氯控制	计量泵	PO	0 ~ 180 P/min
计量泵开关	计量泵	DO	通/断
延时停机	电磁阀	DO	开/停
报警	报警器	DO	开/停

注:表中的 0 ~ 180 P/min,这里"P"为脉冲数。

8.3.2　计算机监控系统构成

根据以上要求选取计算机监控系统硬件构成如下:

①触摸屏:MT500 系列的触摸屏,其型号为 MT506(5.7 英寸单色或彩色)。

②控制器:西门子 S7-200,CPU222。

③扩展模块:西门子 S7-200/EM235。

监控系统结构如图 8.7 所示。

触摸屏的程序可以采用 EasyBuilder 500 开发。PLC 控制程序则使用 Setep7-Micro/Win,用梯形图编制。

整个系统体积小、重量轻、性能可靠,成本约为 5 000 元。

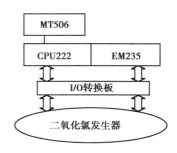

图 8.7　二氧化氯发生器控制系统

8.4　工业锅炉计算机监控系统

8.4.1　工业锅炉简介

锅炉是一种重要的生产设备,据估计中国大约 80% 的能源消耗是煤炭,而锅炉所消耗的煤炭又占了煤炭消耗很大的比例。在石油、化工、冶金、电力、轻工和民用取暖等行业锅炉都是一种重要的设备,保证锅炉安全、稳定、高效运行意义十分重大。锅炉的主要工艺流程如图8.8所示。

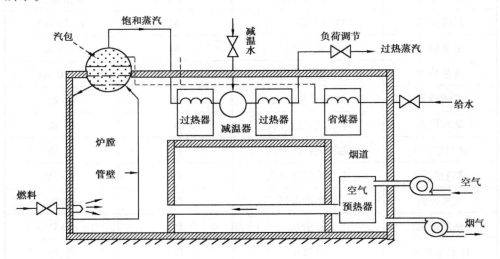

图8.8 锅炉工艺流程

锅炉工作原理是:燃料经燃料喷嘴喷入炉膛与经空气预热器送入炉膛的空气混合后充分燃烧,燃烧产生的热量传递给管壁,在汽包内产生饱和蒸汽并送入过热器,燃烧过程产生的烟气加热过热器将饱和蒸汽变成过热蒸汽,为了方便调节过热蒸汽的温度,常常将过热器分为两段,中间加一级减温器,从过热器出来的过热蒸汽经过负荷调节设备后供给生产负荷使用。为了保持汽包内的水位不变,需要从外部给水,省煤器利用烟道内的烟气加热外部的给水后再送入汽包。这样,烟道内的烟气经过与过热器、省煤器和空气预热器交换热量后,变成温度大约为150 ℃的烟气经引风机送到烟囱排除。

由于锅炉属于重大的特种设备,其运行的首要条件是要保证安全。在安全的前提下,按质、按量地给用户提供蒸汽,同时要保证运行平稳、经济、环保。具体地说,计算机监控系统要保证锅炉:

①汽包中的水位保持在一定的范围;

②过热蒸汽温度保持在一定的范围;

③蒸汽压力适应负荷变化,或保持给定的负荷;

④保持燃烧的经济性,即烟气中的含氧量保持在一定的范围;

⑤保持炉膛负压在一定的范围。

一般来说,给水量对汽包水位高低影响最大、最直接,可以将其作为控制汽包水位的操纵量,将汽包水位作为被控制变量;减温水量对过热蒸汽温度影响最大、最直接,可以将其作为控制过热蒸汽温度的操纵量,将过热蒸汽温度作为被控制变量。燃料量、送风量和引风量都对燃烧过程有直接影响,对蒸汽压力、烟气氧含量和炉膛负压影响最大,可以将其作为控制蒸汽压力、烟气氧含量和炉膛负压的操纵量,将蒸汽压力、烟气氧含量和炉膛负压作为被控制变量。根据以上分析不难看出,锅炉过程是典型的一个多变量系统(多输入、多输出),同时在运行过程中还受到多种因素的干扰。例如,燃料的品质、负荷波动以及锅炉本身的工况(如管道阻力)。为此,锅炉的多变量系统如图8.9所示。

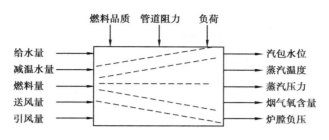

图 8.9　锅炉多变量系统

8.4.2　控制策略

由于锅炉是一个复杂过程,这里介绍其控制策略的实现方法。计算机监控系统的实现实际上涉及的因素很多,读者以后可以看到,对于复杂工业过程,计算机监控系统实现困难之处并不在于硬件而在于控制策略。

(1) 锅炉汽包水位控制策略

汽包水位是锅炉运行的一个重要指标。如果汽包水位过高,会影响汽包内的汽水分离,使过热器管壁结垢导致损坏;如果过热蒸汽作为汽轮机的动力,过热蒸汽中夹带的水分还会损坏汽轮机叶片;如果汽包水位过低,可造成水的急速蒸发,汽水自然循环被破坏,严重时会使水冷管壁被烧坏甚至会造成爆炸事故。

为了控制好汽包水位,有必要详细了解水位被控对象的特性。汽包水位在给水流量作用下(突加给定)的特性可以用一个积分环节和一个惯性环节串联来表示,即

$$G_{0w}(s) = \frac{\Delta H(s)}{\Delta W(s)} = \frac{K_w}{s(T_w s + 1)} \tag{8.1}$$

或一个积分环节和一个滞后环节串联,即

$$G_{0w}(s) = \frac{\Delta H(s)}{\Delta W(s)} = \frac{K_w}{s} e^{-\tau_w s} \tag{8.2}$$

汽包水位在蒸汽流量作用下(突加给定)的特性可以用一个积分环节和一个惯性环节相加来表示,即

$$G_{0d}(s) = \frac{\Delta H(s)}{\Delta D(s)} = \frac{K_d}{(T_d s + 1)} - \frac{1}{\tau_d s} \tag{8.3}$$

汽包水位在蒸汽流量和给水流量共同作用下的系统结构图如图 8.10 所示,在该图中 F_w 表示给水流量,F_d 表示蒸汽流量,$H(s)$ 为汽包水位测量值。

如果时间常数 T_d 比较小($K_d \tau_d > T_d$)则该对象表现为一个非最小相位环节,其在蒸汽流量突加的情况下的时间特性曲线如图 8.11 所示。从该图可以看出,当蒸汽流量突然增加时,汽包内的水位再开始阶段不但不减小,反而表现为增加,这就是所谓"虚假水位"现象。

造成虚假水位的原因是:当蒸汽流量突然增加时,汽包内压力下降,水中气泡增加导致汽包内水的容积增加。此时,如果应对不当,继续关小给水调节阀,会使控制品质严重下降。

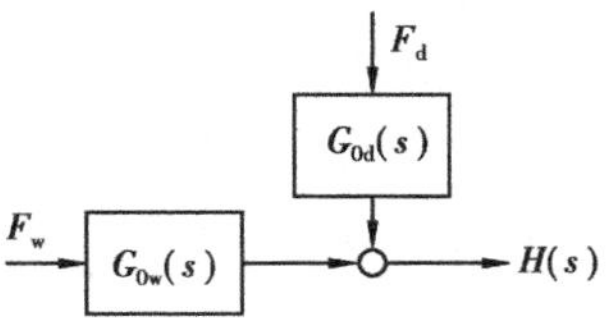

图 8.10　汽包水位被控对象结构图

221

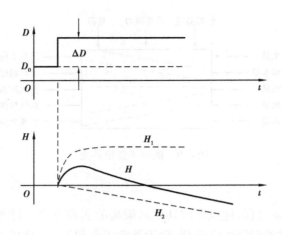

图 8.11　汽包水位在蒸汽流量扰动下的阶跃响应曲线

　　根据以上分析,可以采用水位为主给定(控制)信号、给水量为副回路控制信号、蒸汽流量为前馈信号的三冲量(变量之意)控制系统,其系统原理如图 8.12 所示。这是一个串级-前馈再加反馈的控制系统,其中给水流量的控制主要由串级副回路来完成,这是一个动作相对比较快的回路。给水扰动控制信号造成的干扰能够通过串级回路控制器的调节作用而迅速地消除,而不是等到水位发生变化了才来控制。蒸汽流量的变化通过前馈控制直接得到了补偿,其中在前馈通道中可以加上微分反馈用来补偿"虚假水位"的影响,最后再通过水位主反馈回路来控制水位稳定。在图 8.12 中,$H_r(s)$ 为水位给定信号,F_{wd} 为给水扰动信号,G_{wv} 为给水阀特性,$G_{cw2}(s)$ 为副回路控制器,$G_{cw1}(s)$ 为主回路控制器。

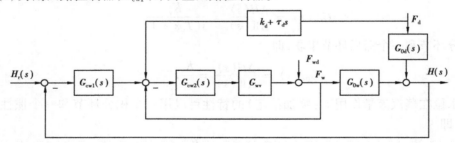

图 8.12　汽包水位控制系统结构图

(2)过热蒸汽温度控制策略

　　过热蒸汽温度是生产工艺中的一个重要参数。蒸汽温度过高,容易造成过热器及使用蒸汽设备损坏;蒸汽温度过低,则会降低设备的效率,同时容易使蒸汽携带水分导致设备损坏。过热蒸汽温度控制原理如图 8.13 所示。

　　影响过热器出口蒸汽温度的因素很多,例如过热蒸汽流量、燃烧工况、锅炉给水温度、过热器入口温度焓值、流经过热器的烟气传热量(温度与烟气流量)和流速,以及减温器喷水量等。其中主要的影响因素是:过热蒸汽流量、烟气传热量和喷水量。

　　由于被控对象具有较大的滞后和惯性,仅仅控制减温器喷水阀开度很难有良好的控制效果,因此同样采用串级-前馈再加反馈的控制系统,如图 8.14 所示。从图中可以看出,将减温器出口温度作为串级回路控制变量,将直接与负荷连接的过热器出口温度作为主控制变量。

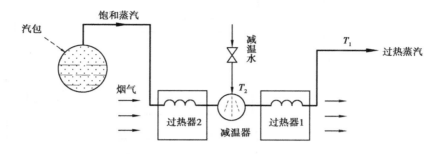

图 8.13　过热蒸汽温度控制原理

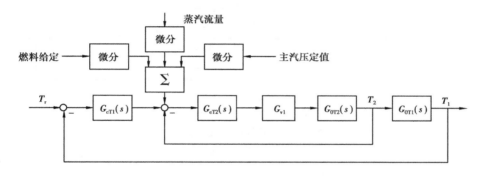

图 8.14　过热蒸汽温度控制系统结构

燃料给定、蒸汽流量和主气压给定值都作为前馈补偿。$G_{CT1}(s)$ 和 $G_{CT2}(s)$ 分别为主调节器和副调节器的传递函数,G_{v1} 为减温器喷水阀特性,$G_{0T1}(s)$ 和 $G_{0T2}(s)$ 分别为两个过热器的传递函数。

(3)燃烧过程控制策略

燃烧过程控制是锅炉控制最重要的任务。首先要保证锅炉运行的安全,即保证锅炉炉膛负压恒定(一般维持在 $-20 \sim -80$ Pa),如果炉膛负压太小甚至为正,则炉膛内热烟气和火焰将会向外冒出,影响设备和人员的安全;其次是要保证蒸汽供应稳定,具体地就是保证过热蒸汽压力稳定;第三要保证燃烧的经济性和环保,衡量经济性的指标很多,一般用排入烟囱内烟气氧含量来衡量。如果氧含量太高,则说明进入炉膛内的空气过剩,此时烟气的温度太高,造成热量损失;如果氧含量太低,则说明燃烧可能不够充分,造成燃料浪费。

直观分析可以知道,燃料量对过热蒸汽压力影响最直接,可以将其作为控制过热蒸汽压力的操纵量;送风量对烟气氧含量影响最直接,可以将其作为控制烟气氧含量的操纵量;引风量对炉膛负压影响最直接,可以将其作为控制炉膛负压的操纵量。但是,这些变量(或子系统)之间还存在耦合,彼此之间还应相互协调,才能保证正常工作。

图 8.15 所示为燃烧控制系统结构图。为了方便和清晰起见,将图中涉及的变量及特性在表 8.3 和表 8.4 中给出。

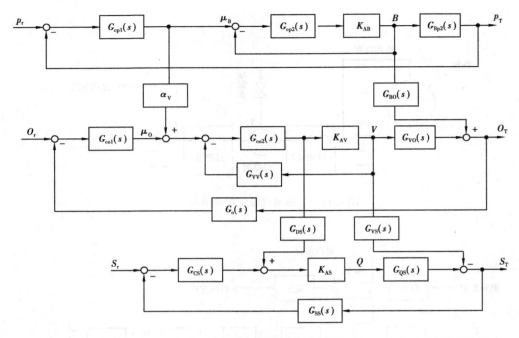

图 8.15　燃烧控制系统结构

表 8.3　燃烧控制系统变量表

变量名	说　明	变量名	说　明
p_r	过热蒸汽压力设定值	μ_o	送风量设定值
p_T	过热蒸汽压力测量值	V	送风量
μ_B	燃料量给定值	S_r	炉膛负压设定值
B	燃料量	S_T	炉膛负压测量值
O_r	烟气氧含量设定值	Q	引风量
O_T	烟气氧含量测量值		

表 8.4　燃烧控制系统特性表

特性名	说　明	特性名	说　明
$G_{cp1}(s)$	过热蒸汽压力控制主控制器	K_{AV}	送风执行机构系数
$G_{cp2}(s)$	过热蒸汽压力控制副控制器	$G_{VV}(s)$	送风量测量滤波器传递函数
$G_{Bp}(s)$	燃料率扰动对过热蒸汽压力传递函数	$G_o(s)$	烟气含氧量测量滤波器传递函数
K_{AB}	燃料供给执行机构系数	$G_{VS}(s)$	送风量扰动对炉膛负压传递函数
$G_{BO}(s)$	燃料率扰动对烟气含氧量传递函数	$G_{DS}(s)$	送风前馈控制传递函数
α_V	蒸汽压力给定前馈控制系数	$G_{cs}(s)$	炉膛负压控制器
$G_{co1}(s)$	烟气氧含量主控制器	$G_{QS}(s)$	引风量扰动对炉膛负压传递函数
$G_{co2}(s)$	烟气氧含量副控制器	$G_{SS}(s)$	引风量测量滤波器传递函数
$G_{VO}(s)$	送风量扰动对烟气含氧量传递函数	K_{AS}	引风执行机构系数

控制策略的实现并不是唯一的,例如,还可以采用燃料量与送风量比值控制、蒸汽压力与送风量比值控制等多种方案。

8.4.3　锅炉计算机监控系统

作为硬件实现上,20 世纪 80 年代以前主要是使用常规仪表以及可编程调节器。如果采用计算机监控系统,可以选择基于 IPC 的方案,也可以采用集散控制系统。由于一些通用的组态软件一般不提供复杂控制和先进控制实现的平台,因此往往需要开发者自行开放软件来实现复杂的控制策略或先进的控制策略。

这里要指出的是,前面所提到的控制策略,没有考虑的系统的非线性以及其他一些不确定的因素,因此,系统必须运行在工作点附近。

8.5　氧化铝生产线计算机监控系统

8.5.1　氧化铝生产工艺流程简介

中铝广西分公司是一家以氧化铝和电解铝为主要产品的大型铝冶炼联合企业,年产氧化铝 36 万 t,日产氧化铝超过 1 000 t。该氧化铝厂采用拜尔法(湿法)生产技术,其主要生产工艺流程如图 8.16 所示。

经破碎合格的矿粒铝土矿配入一定量的石灰、苛性碱和循环母液,经过原料磨研磨成合格粒度和一定液固比的原矿浆。原矿浆由高压隔膜泵送入溶出系统,在高温、高压、强碱的条件下充分溶出,使有效成分 Al_2O_3 进入铝酸钠溶液中,有害成分 SiO_2、Fe_2O_3、TiO_2 等进入残渣中。经过溶出后的矿浆用一次洗液稀释成合格的稀释料浆,送入沉降槽进行分离。分离后的铝酸钠溶液经过中间降温,在分解槽中加入晶种后,沉淀析出氢氧化铝。得到的氢氧化铝被送往焙烧系统,在 1 100 ℃左右的高温下煅烧成氧化铝。而分解后得到的溶液经蒸发到一定浓度后,送回原料制备工段重新进行配矿。被分离出来的赤泥经过新水多次反向洗涤后过滤分离,得到滤饼,打入赤泥坝堆存。

下面就对各个工段的工艺作更详细的介绍。

(1)原料制备工段

原料制备是氧化铝生产中的第一道工序,其任务是为下道工序备制好合格的原

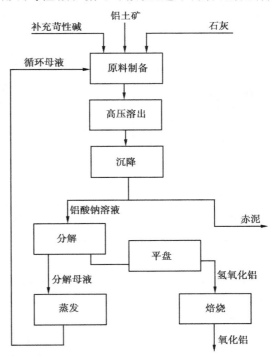

图 8.16　拜尔法生产氧化铝流程

矿浆。原料制备过程包括磨矿、配料等作业。

高压溶出是固体与液体之间发生化学作用的多相反应。磨矿的目的是使参与化学反应的各成分混合更均匀,接触面积更大,反应更迅速。由球磨机排出的矿浆经棒磨细磨分级后,粒度符合要求的矿粒被输送至下一工序,不符合要求的较粗矿粒成为反砂,被送回球磨机再磨。这样既可保证原矿浆细度合格,又可避免过磨,从而提高磨机产能和降低动力消耗。为保证原矿浆细度,磨矿中需严格控制球磨机内的矿浆液固比、分级机溢流矿浆的液固比和反砂量。

氧化铝生产过程中原矿浆配料作业是拜尔法生产氧化铝的重要工序。其主要工艺是:根据铝矿石、母液的化学成分分析结果以及高压溶出矿浆密度、母液密度和入磨固体密度等参数计算液固比,并调整铝矿石下料量和母液流量以求得最佳配料合格率。配料系统依据检测仪器对氧化铝生产过程中铝矿石、母液成分自动检测,计算机监控系统根据生产配料数学模型计算最佳矿浆液固比(L/S),自动控制铝矿石下料量和母液流量,实现最佳配料。

(2)高压溶出工段

铝土矿的溶出是拜尔法生产氧化铝的核心。溶出的目的在于将铝土矿中的氧化铝水合物溶解成铝酸钠溶液。溶出效果的好坏直接影响到拜尔法生产氧化铝的技术经济指标。

溶出过程的主要技术条件和经济指标有:溶出温度、溶出时间、Al_2O_3 溶出率、碱耗、热耗等。

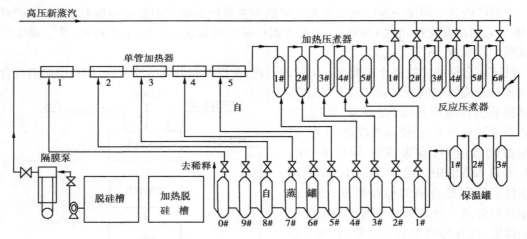

图 8.17　高压溶出流程

图 8.17 所示为单管预热高压釜溶出系统的流程。首先固含比较高的矿浆在加热槽中进行加热,再在预脱硅槽中常压脱硅一定时间,预脱硅后的矿浆配入适量碱,使矿浆的固含和温度降低,用高压隔膜泵送入 5 级单管加热器,用 10 级矿浆自蒸发器的前 5 级产生的二次蒸汽加热,使矿浆温度进一步提高。然后,进入 5 台加热高压釜,用后 5 级矿浆自蒸发器产生的二次蒸汽继续加热,再在 6 台反应高压釜中用高压新蒸汽加热到溶出温度。最后,矿浆在 3 台保温反应高压釜中保温反应一段时间,高温溶出浆液经 10 级自蒸发,温度降低后,送入稀释槽。

(3)沉降分离工段

从溶出后槽流出的溶出矿浆在缓冲器中加入一次洗液进行进一次脱硅得到稀释料浆,以便降低溶出铝酸钠溶液的稳定性,从而提高种子分解的速度、分解率和铝酸钠溶液的粘度。稀释料浆在稀释槽中停留一定时间后,送入分离沉降槽进行固液分离。从分离沉降槽中溢流出来的铝酸钠溶液称为粗液,再由控制过滤机滤去其中浮游物之后,得到精液。精液送分解工序进行分解,而经浓缩后的赤泥从分离沉降槽的底排出,流入底流槽,用沉降过滤器作四次反向洗涤。一次洗液返回球磨机前的闸流量计,洗后赤泥加入循环水送入赤泥堆场。

(4)分解工段

由上一道工序送来的精液,首先经板式热交换器进行冷却降温,然后用泵送入连续分解的进料槽。与此同时,向进料槽加入种子。溶液的分解在一组串连的分解槽内进行。分解浆液系利用具有一定坡度的流槽从一个分解槽流入另一个分解槽,直至最后一出料分解槽。

分解工序在将铝酸钠溶液中的氧化铝以氢氧化铝结晶析出的同时,得到苛性比值较高的碱溶液,该碱溶液返回供溶出下一批铝土矿之用。

(5)蒸发工段

在氧化铝生产过程中,由于赤泥洗涤和氢氧化铝洗涤以及直接加热蒸汽的冷凝等,大量水分进入生产流程中,从而导致回头循环母液浓度降低至不符合生产上的要求。蒸发作业的主要作用是排除掉生产过程中过量的水分,保证循环母液的浓度,均衡全场的循环液量。

(6)焙烧工段

焙烧是氧化铝生产中关键的一道工序,目的是脱除附着在氢氧化铝中的附着水及结晶水,并使氢氧化铝晶型转变成为适合电解铝生产要求的氧化铝。首先氢氧化铝用固体输送设备送至焙烧炉的储仓,然后利用入炉螺旋伺将氢氧化铝送入焙烧炉的干燥区去除附着水,再送至焙烧炉的脱水区去除氢氧化铝的结晶水,然后氢氧化铝进入燃烧炉的烧成区。烧成区是气流温度和物料温度最高的区域,气流温度为 1 050 ~ 1 400 ℃,物料温度达 950 ~ 1 250 ℃,氢氧化铝在此区域完成焙烧过程。焙烧好的氧化铝经冷却器逐层冷却后降温至 200 ℃ 左右,最后经流化床冷却至 60 ℃ 左右后用皮带输送至仓库。

8.5.2　计算机监控系统体系结构

从以上分析不难看出,氧化铝的生产流程多且复杂,所消耗的电、汽、燃料、风以及水和各种化学原料也多;而且,监控区域分散,联锁多,大型操作设备多和现场设备运行环境恶劣。如果不采用计算机监控技术,就无法保证主要工艺参数的稳定以及物料的平衡;至于整个生产过程的优化,更是难以实现。

氧化铝厂监控系统体系结构特点如下:

根据实际生产的需要,采用 FOXBORO 公司的 I/A'S 集散控制系统对高压溶出、分解、蒸发、平盘过滤以及氢氧化铝的焙烧等 5 个关键工段分别进行分布式控制。每个关键工段采用 I/A'S 的一个节点,共有 5 个节点。节点之间通过载波带相连接,构成了一个完整的计算机监控系统,这也是目前 FOXBORO 公司的 I/A'S 集散控制系统在国内最大(节点数最多)的一个系统。

在 5 个节点中的任何一个都可以方便地看到其他节点的信息。如果有必要的话,还可以在任一个节点上对其他的节点进行组态。整个计算机监控系统通过网关与公司的 Intranet 网相连,通过 DDE 方式向其他部门传送数据。

生产中还使用了众多的电动机,特别是一些大型的电动机,如球磨机和棒磨机的拖动电动机、隔膜泵的拖动电动机以及焙烧炉的送风电动机等。这些电动机往往都是由 PLC 来控制的。因此,还存在集散控制系统如何与 PLC 通信或互锁的问题。图 8.18 所示为氧化铝厂计

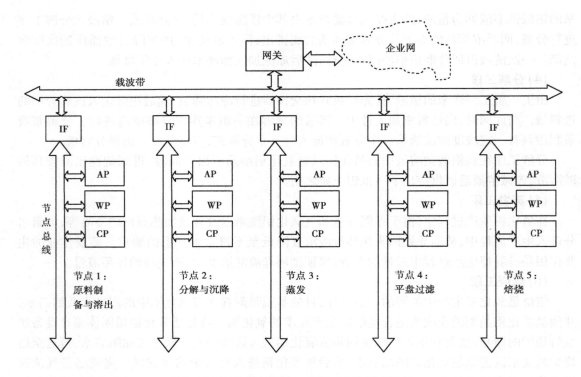

图 8.18　氧化铝厂计算机监控系统的体系结构

算机监控系统的体系结构。

图 8.18 中并未画出 PLC。由于种种原因,控制各种现场设备的 PLC 种类比较多,有 A-B 公司的 PLC,也有西门子公司和三菱公司的 PLC。PLC 与集散控制系统的连接或联锁方式也不尽相同。在焙烧工段,使用的是 A-B 公司的 PLC,并通过专用的通信接口与集散控制系统相连接。而控制隔膜泵的 PLC 与集散控制系统的连接方式则采用 I/O 端口直接相连的方式,即将 PLC 的开关量输出直接连接至集散控制系统 FBM 模块的开关量输入端,或将集散控制系统 FBM 模块的开关量输出端直接连接至 PLC 的 I/O 模块的输入端。这种连接方式虽然浪费了一定 I/O 资源,但是,在现场设备的控制系统已经确定的情况下,仍不失为一种简单易行的方式。

(1)原料制备和高压溶出

此处定义为节点 1。在这里包含了许多大型设备,例如,球磨、棒磨、高压活塞式隔膜泵、高压容器、调速泵等,并且控制回路多,开关量多,联锁复杂。因此,过程控制量大,通信量大,控制系统工作负荷重。现场控制的对象主要是矿浆的温度、流量、液位以及蒸汽的流量、压力等。所采用的执行机构主要是各种开关阀和调节阀。基于以上的特点,采用 3 对 CP40、1 对 AP30、1 对 LAN 组件的冗余方式,以确保控制系统的安全性和可靠性。另外,由于原料制备工段与控制室有一定的距离,因此,把一个现场 32 型的工业机柜安装到原料制备的控制室。

(2)分解、热交换和种子过滤

此处定义为节点 2。该节点包含了许多大型的生产设备(如种子过滤机、分解槽、板式热交换机等),主要是控制分解槽的温度和热交换的效果。控制要求比节点 1 简单,信息量也少一些。根据以上的特点,采用了 4 个 32 型的工业机柜。所用的 2 个 CP40、1 个 AP30 和 LAN 为非容错结构的。

(3)蒸发和排盐苛化

此处定义为节点 3。模拟控制量同节点 2 基本相当,同样采用了 I/A'S 的硬件配置。采用了 4 个 32 型的工业机柜。共有 1 个 AW、1 个 AP 以及 3 个 CP40。主要控制的是蒸发器的液位平衡、原液槽和母液槽的液位、蒸汽压力调配槽的调配和 2 台排盐过滤机、2 台苛化过滤机等。开关量比节点 2 多,控制也比较复杂,因此,所用的 FBM 模块数量也比较多,约有 90 块。

(4)平盘过滤

平盘过滤的工艺相对比较简单,主要是将来自分解槽的氢氧化铝溶液送入直径 6 m 的平板过滤机滤去氢氧化铝溶液中的水分,以保证焙烧时能耗尽可能少。主要是保持平盘过滤机入口氢氧化铝溶液流量与过滤机真空负压的平衡。此处为一个小节点,定义为节点 4。采用了 1 台 AW 和 1 台 CP40。

(5)氢氧化铝的焙烧

此处定义为节点 5。该工作站位于氧化铝生产的最后一道工序。由于所用的焙烧燃料是煤气,安全联锁也特别多,其中的 4 个燃烧站,采用了就地 PLC 方式,可以通个上一级的 PLC 进行远程遥控。

此处的开关量采用 ALLEN-BRADLEY 的 PLC-5 控制,下一级 4 个燃烧站的启动采用了西门子的小型 PLC 控制。通过 ALLEN-BRADLEY 网间连接器,将 PLC-5 挂接到 I/A'S 的节点总线上。

根据监控的信息量、通信量、系统的可靠性及安全性要求,采用 1 对容错的 AP30、2 对容错的 CP40。所有挂接到该站点总线上的组件,采用工作台下的安装方式,分别安装在两个操作台下面,FBM 则安装在一个工业机柜中。PLC 单独安装,达到了分散控制的效果。

8.5.3　高压溶出工段计算机监控系统

由于高压溶出工段工艺流程复杂、设备众多,其计算机监控系统本身就是一个比较复杂的系统。下面就对其作进一步地分析:

(1)高压溶出工段工艺流程

工艺流程如图 8.19 所示,对工艺最为关键的参数点为:

Δ1:Ra104 出口温度　　　　Δ2:Ra110 出口温度
Δ3:Ra118 出口温度　　　　Δ4:新蒸汽压力
Δ5:新蒸汽温度　　　　　　Δ6:稀释矿浆浓度

(2)计算机监控系统的构成

该工段计算机监控系统由 FOXBORO 公司生产的两套 AW51 系列的 I/A'S 集散控制系统和 ABS-PLC-5 可编程序控制器组成,而两套 AW51 系列的操作站组态成冗余双机热备份型。AW51 操作站既可以作为工程师站完成组态和系统管理等任务,又可以作为操作员站使用,并通过通信处理单元使各站的控制系统组成为一个有机的整体系统,这样,可以有效地降低工人的劳动强度,提高工作效率,降低生产成本而提高了产品质量,达到了最佳配置效果。整个计算机监控系统的结构如图 8.20 所示。

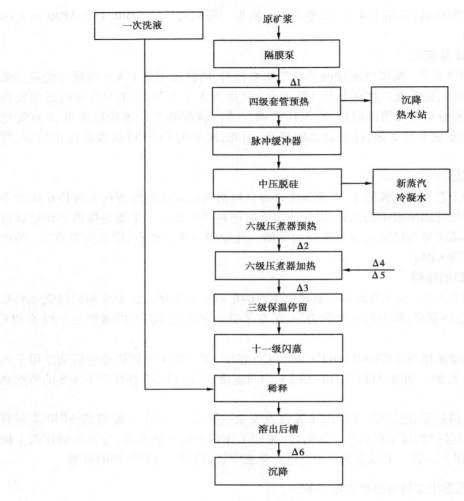

图 8.19　高压溶出工艺流程图

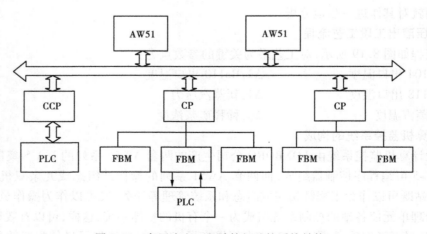

图 8.20　高压溶出工段计算机监控系统结构

1）FBM 监测点

该系统中共用了 100 多块（套）FBM 现场总线模块，主要用于测取现场各流程罐体的温度、压力，进出蒸汽的温度、压力以及洗液的流量、压力等模拟量，并经信号处理后送往现场控制站 CP。

2）可编程序控制器（PLC）

该工段的可编程序控制器（PLC）主要用于对整个生产流程的逻辑运算和控制输出，以及与通信处理单元通信等任务。控制隔膜泵的 PLC 直接通过 I/O 接口与集散控制系统的 I/O 接口（FBM）相连接，有的 PLC 通过 RS232 与通信处理单元连接。

3）操作站

操作站采用两套 AW51 系列的操作站，并组态成冗余双机热备型，主机为 Sun 公司的 Solaris 工作站。CPU 为 Sparc-Ⅱ，主频为 270 MHz，内存为 128 MB。操作系统完全兼容 Unix。操作站的功能是提供人机交互界面，操作人员通过操作站控制设备的运转，监视设备状态，完成各种管理监控功能。

（3）应用软件设计说明

1）用户流程画面

将工艺流程真实地在流程画面上反映出来，所有画面都具有实时、立体、动态效果，不但具有直接显示整个流程的进度和每一个罐及各个管道的温度、压力和各种泵工作状态等功能，而且还可以通过屏幕按钮直接对设备进行控制和监视，具有保护和报警功能。

2）小组画面

每个小组画面可以将与一台主设备相关的设备、仪表指示等工艺状态形象地显示出来，便于观察和控制。

3）趋势

每个罐和管道的温度、压力等测量值都有历史趋势和实时趋势。历史趋势最长可达数年，操作员可根据要求随时进行检索。

4）报警

对重要的生产数据都设有报警功能，当参数达到报警下限或报警上限时，通过屏幕闪烁、颜色变红、语音等综合手段直接输出，提醒操作员注意，以及时采取有效措施。

5）工艺记录打印

根据生产要求，随时可打印所需的各种报表和记录。

6）数据库开放功能

该计算机监控系统操作站配置的实时数据库为开放型的 Informix，可以方便全公司相关部门通过 Intranet 查询各类实时关键参数。

8.6 6 000 kg/h 制丝生产线计算机监控系统

8.6.1 生产工艺简介

烟丝制备是香烟生产中最重要的工序,其任务是将上游工厂或车间加工好的烟叶片和烟梗加工成可供直接卷制香烟的烟丝。6 000 kg/h 的生产量对生产的自动化提出了很高的要求。根据卷烟厂制丝车间的制丝设备工艺布置,整个生产过程分为叶片预处理段、储存叶片段、制叶丝段、制梗段、制梗丝段、混丝掺配段和烟丝储存段 7 个部分。再加上控制整个车间生产环境(包括温度、湿度和粉尘数量)的送风除尘段共有 8 个小段。其主要生产工艺流程如图 8.21 所示。

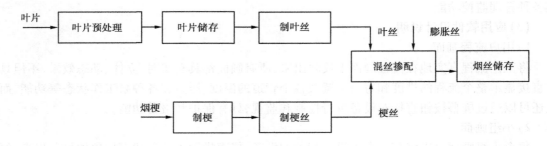

图 8.21　制丝生产工艺流程

叶片的预处理主要完成烟块切片、润叶回潮和加香料,然后经布料小车将叶片送入储存柜。叶片储柜完成叶片的存储和醇化,并保持一定的温度和湿度。制叶丝主要实现切丝、膨胀(加湿并烘叶丝)、定型、脱水、加香料和叶丝存储等功能。其中,切丝机、烘丝机、流冷床本身带有 PLC 控制。制梗主要完成洗梗、储梗、烟梗蒸煮、压梗等功能。制梗丝主要完成切梗丝、膨胀(加湿并烘梗丝)、定型、加香料和梗丝存储等功能。混丝掺配主要完成叶丝、梗丝和膨胀丝的混合以及加香等功能。

制丝车间对计算机监控系统的要求主要是:完成生产设备的启动、运行、停机、故障处理等顺序控制,以及各个设备之间的联锁控制。同时,还要完成对物料和相关设备的温度、湿度、压力、水分和流量等模拟信号的采集,并按照一定的控制算法完成关键参量的自动控制。送风除尘主要完成各个工段的送风除尘,并将整个车间的温度和湿度控制在一定的范围内。

下面就对各个工段的工艺流程作进一步的介绍。图 8.22 所示为叶片预处理段的工艺流程。

图 8.22　叶片预处理段的工艺流程

图 8.23 所示为制叶丝段的工艺流程。制叶丝段的主要控制参数或设备为:切丝机刀片转速、步进电机;膨胀机的蒸汽流量、烟丝传送带速度;烘丝机、流冷床的温度、水分;加香机的流

量;储叶丝柜的温度、湿度。

图 8.23　制叶丝段的工艺流程

图 8.24 所示为制梗段和制梗丝段的工艺流程。制梗段和制梗丝段的主要控制参数为:梗清洗、烘干机的传送带速度、水流量、温度;切梗机刀片速度;膨胀机的蒸汽流量、烟丝传送带速度;烘梗丝机的温度、水分。

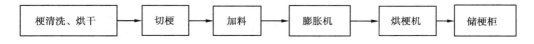

图 8.24　制梗段和制梗丝段的工艺流程

图 8.25 所示为混丝掺配段的工艺流程。混丝掺配段主要控制参数为掺配比、加香机流量和储丝柜的温度、湿度等。

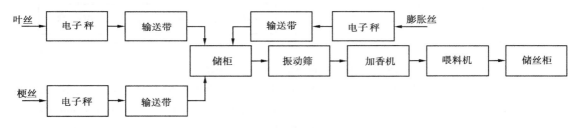

图 8.25　混丝掺配段的工艺流程

所有的控制对象主要包括:电动机 410 台(其中,105 台为双向电动机,94 台为变频电机),光电开关 173 个,接近开关 198 个,限位开关 99 个,电磁阀 47 个以及水分仪 7 台。另外,还有部分比较大型的设备如切丝机、烘丝机和流冷床等自带 PLC。但是,可以要求设备制造商采用符合要求总线接口的 PLC。综合起来,整个生产线约有 2 000 个开关量 I/O 和 140 个模拟量 I/O。

8.6.2　制丝生产线计算机监控系统

如上所述,制丝车间的计算机监控系统是一个比较大型的系统,必须采用分布式、分层递阶的方式来实现。经过分析和设计,整个系统分为三个层次。系统的体系结构图如图 8.26 所示。

不同的用户可以根据需要选择适合自己 PLC。例如,西门子公司的 S7 系列、A-B 公司的 Controllogix 或者其他公司的 PLC。这里选择了 A-B 公司的 Controllogix。

可以从两个方面来看系统的三层结构。一个是从硬件(网络)的观点来看:最上层为以太网,中间一层为 ControlNet,最底层为 DeviceNet;另一个则是从功能的观点来看:最上层为信息管理层,中间一层为集中监控层,最底层为设备控制层。下面从功能的观点对三个层次进行分析。

信息管理层由主服务器、数据处理机、监控操作站和其他客户机构成。采用客户机/服务

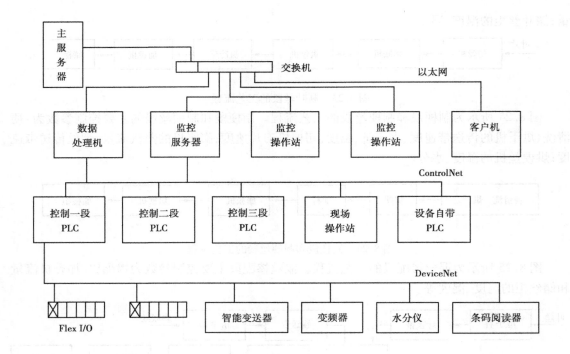

图 8.26　制丝车间计算机监控系统体系结构

器和浏览器/服务器混合模式结构,其物理结构为以交换机为中心的星形结构。从图 8.26 可以看出,数据处理机和监控服务器均需插入双网卡,一块为以太网卡,另一块为 ControlNet 网卡。客户机可以根据实际需要增减。例如,可以设置主任终端、工艺员终端和质量检验员终端。

主服务器采用 Windows 2000 Server 操作系统,数据库为 SQLServer 2000。监控服务器上装 RSView 32 监控组态软件和实时数据库。

信息管理层的主要功能:一是收集设备控制层和集中监控层的数据,对其进行分析以及生成各类生产报表;二是接受来自上层管理层的信息以及形成生产计划并下达。如果有必要,还可以完成生产管理、工艺管理、设备管理、质量管理和能源管理等功能。

集中监控层由数据处理机、监控服务器和监控操作站构成,均可以使用高档的工业控制机。

集中监控层的主要功能为:配电柜的上电操作与显示;整条生产线或局部的启动/停止控制;整个监控系统的全部组态(包括过程参数的设定、修改查询;PID 参数的整定;巡检员、工艺员和工程师三级权限管理;在线编程;设备控制层授权管理);工艺画面显示;主要参数的趋势图和历史趋势图显示;报警信息的显示与响应;段与段、段与主工艺设备之间的信息传输与联锁控制;综合信息查询。

设备控制层主要由 ControlLogix5555 主 PLC、各类 I/O 模块、带触摸屏的现场操作站、变频器、电机启动器、智能变送器、条码阅读器以及各类配电柜构成。正如前所述,设备控制层主要完成设备的启动、运行、停机、故障处理等顺序控制和联锁控制;采集物料和相关设备的温度、压力、水分、流量等过程信号,按一定的算法调节回路的控制量,以满足全线生产工艺要求;通过网络通信可将所采集的数据和状态信息送至监控管理层,或从监控管理层接受各种指令和设定参数,对生产进行调节控制。设备控制层分为两个层次,ControlLogix5555 主 PLC、主工艺设备自带的 PLC、带触摸屏的现场操作站通过 ControlNet 相连接;每个 ControlLogix 各下挂 DeviceNet 总线。各类 I/O 模块、变频器、电机启动器、智能变送器、条码阅读器等都挂在 DeviceNet 总线上。因此,要求这些设备都有 DeviceNet 接口。

整条生产线控制段的划分是一个值得认真考虑的问题。既要确保各段相对独立地工作,提高系统可靠性和安全性;又要尽量减少数据的网上传输,确保数据传输的实时性。按照前者的要求,应该尽可能地增加控制的段数,最好是每个工段采用一台主 PLC;而按照后者的要求,则要适当地减少控制的段数,将相关性比较强的工段合并为一个控制段。综合以上考虑,本系统将原来的 8 个工段按照工艺要求划分为三个控制段,每个控制段采用一台 ControlLogix5555 以及一台带触摸屏的现场操作站。

控制段的具体划分如下:

①控制一段控制以下工艺段:叶片预处理段、储存叶片段和制叶丝段。共控制电动机 122 台,有 DeviceNet 节点 59 个。

②控制二段控制以下工艺段:制梗段、制梗丝段和混丝掺配段。共控制电动机 144 台,有 DeviceNet 节点 66 个。

③控制三段控制以下工艺段:储丝段和送风除尘段。共控制电动机 144 台,有 DeviceNet 节点 63 个。

习　题

8.1　在你住处附近找一个工业企业进行工艺调研,并用图形和文字将其描述出来。

8.2　在你熟悉的工业或者民用行业中哪些使用了计算机监控技术? 哪些尚未使用? 对尚未使用的,是否有可能使用?

8.3　在一些大型复杂系统中,往往会同时使用各种计算机监控技术。例如,既使用集散控制系统,又使用 PLC,或者基于 PC 的计算机监控系统。这些不同的系统实现互操作或连锁可以有哪些方法? 它们各有什么特点?

8.4　对于大型的计算机监控系统,往往会将其划分为几个子系统,这些划分子系统的原则是什么?

附 录

附录1 名词与缩略语

A

A/D(Analog/Digital)模拟/数字
ADCCP(Advanced Data Communication Control Procedure)先进数据通信控制规程
Allen-Bradeley:艾仑-布莱得利公司(美)
API(Application Program Interface)应用程序接口
Application:应用(程序)
APC(Advance Process Control)先进(过程)控制、高级(过程)控制
ARQ(Automatic Repeat Request)自动请求重传
ASCII(American Standard Code for Information and Interchange)美国信息交换标准代码
ASK(Amplitude Shift Keying)幅移键控法

B

Baud:波特
BIOS(Basic I/O Subsystem)基本输入输出子系统
Bitmap:位图

C

CAN(Control Area Network)控制区域网络

CCITT(Consultative Committee International Telegraph and Telephone)国际电报电信咨询委员会

CDMA(Code Division Multiplexing Access)码分多路复用

Client/Server：客户/服务器

CIP(Control and Information Protocol)控制与信息协议

CNC(Computer numerical control)计算机数字控制(机床)

COM(Component Object Model)组件对象模型

Component Technology：组件技术

Configuration：组态、配置

CORBA(Common Object Request Breaker Architecture)公共对象请求代理体系结构

CPLD(Complex Programmable Logic Device)复杂可编程逻辑器件

CPU(Central Process Unit)中央处理器

CRC(Cyclic Redundancy Checking)循环冗余检验码

CSMA/CD(Carrier Sense Multiple Access/Collision Detect)载波多路访问/冲突检测

D

D/A(Digital/Analog)数字/模拟

DCE(Data Communication Equipment)数据通信设备

DCOM(Distributed Component Object Model)分布式组件对象模型

DCS(Distributed Control System)集散控制系统、分散控制系统

DDE(Dynamic Data Exchange)动态数据交换

DIY(Do It Yourself)自己动手

DLL(Dynamic Linking Library)动态链接库

DMA(Direct Memory Access)直接存储器存取方式

DMC(Dynamic Matrix Control)动态矩阵控制

DTE(Data Terminal Equipment)数据终端设备

E

EIA(Electronic Industries Association)(美国)电子工业协会

Embedded System：嵌入式系统

Embedded Operation System：嵌入式操作系统

ERP(Enterprise Resource Plan)企业资源规划

F

FDM(Frequency Division Multiplexing)频分多路复用

FEC(Forward Error Correction)前向纠错方式

FF(Field bus Foundation)现场总线基金会

Field Bus:现场总线

Foxboro:福克斯波罗公司(美)

FPGA(Field Programmable Gates Array)现场可编程门阵列

FSK(Frequency Shift Keying)频移键控法

FTP(File Transfer Protocol)文件传输协议

FTU(Filed Terminal Unit)现场终端单元

G

GAL(Generic Array Logic)逻辑阵列

GPRS(General Packet Radio Service)通用分组无线业务

GPRS 网关支持节点(Gateway GPRS Support Node)GPRS 网关支持节点

GSM(Global System for Mobile Communications)全球移动通信

GSN(Gigabyte System Network)千兆字节系统网络

GTP(GPRS Tunnel Protocol)GPRS 隧道协议

GUI(Graphic User Interface)图形用户接口

H

HEC(Hybrid Error Correction)混合纠错方式

HDLC(High-level Data Link Control)高级数据链路控制

HMI(Human Machine Interface)人机界面

Honeywell:霍尼威尔公司(美)

HSE(High Speed Ethernet)高速以太网

I

Interface:接口

ITU(International Telecommunication Union)国际电信联盟

I/O(Input/Output)输入/输出

ISA(Industry Standard Architecture)工业标准体系结构

ISO(International Standardization Organization)国际标准化组织

ISP(Interrupt Service Program)中断服务程序

ISR(Interrupt Service Routine)中断服务子程序

IST(Interrupt Service Thread)中断服务线程

J

Job:作业

K

Kernel:内核

L

LED(Light Emitting Diode)发光二极管

LLC(Logical Link Control)逻辑链路控制

LON(Local Operate Network)局部(域)操作网络

LSB(Least Significant Bit)最低(小)有效位

M

MAC(Model Algorithmic Control)模型算法控制

MAP(Manufacturing Automation Protocol)制造自动化协议

MES(Manufacturing Execution System)制造执行系统

Microsoft 微软公司(美)

Modem:调制解调器

MS(Mobile Subscriber)移动用户

MTBF(Mean Time Before Failure)平均故障时间

Multimode fiber:多模光纤

N

Network：网络

NSS（Network Sub-System）网络子系统

O

ODBC（Open Data Base Connect）开放数据库连接

ODVA（Open Device net Vendors Assocation）开放设备网络供应商联盟

OEM（Original Equipment Manufacturer）原始设备制造商

OLE（Object Linking and Embedding）对象链接与嵌入

OMG（Object Management Group）对象管理组织

OMRON：欧姆龙公司（日）

OOP（Object-Oriented Programming）面向对象的编程技术

OPC（OLE for Process Control）用于过程控制的 OLE（标准）

OS（Operation System）操作系统

OSI（Open System Interconnect）开放系统互连

P

PAC（Programmable Automation Contrller）可编程自动化控制器

PAL（Programmable Array Logic）可编程序逻辑阵列

PAM（Pulse Amplitude Modulation）脉冲幅值调制

PC（Personal Computer）个人计算机

PCI（Peripheral Component Interconnect）外部设备互连（总线）

PCM（Pulse-Code Modulation）脉冲编码调制

PDU（Protocol Data Unit）协议数据单元

PICMG（PCI Industrial Computer Manufacturer's Group）PCI 工业计算机制造商联盟

PID（Proportional Integral Differential（controller））比例积分微分（控制器）

PLC（Programmable Logical Controller）可编程序控制器

PLMN（Public Land Mobile-communication Network）公众陆地移动通信网

PPM（Pulse Phase Modulation）脉冲相位调制

Process：进程

PROFIBUS（Process Field Bus）过程现场总线

PSK（Phase Shift Keying）相移键控法

PWM（Pulse Width Modulation）脉冲宽度调制

Q

QoS（Quality of Service）服务质量等级

R

RAM（Random Access Memory）随机存取存储器
Redundancy：冗余
Repeater：中继器
RLC（Radio Link Control）无线链路控制
ROM（Read Only Memory）只读存储器
Router：路由器
RTOS（Real Time Operation system）实时操作系统
RTU（Remote Terminal Unit）远程终端设备

S

SAR（Successive Approximation Register）逐位逼近寄存器
SCADA（Supervisory Control And Data Acquisition）监控与数据采集
SDLC（Synchronous Data Link Control）同步数据链路控制
SGSN（Serving GPRS Support Node）GPRS 服务支持节点
Shell：外壳
Siemens：西门子公司（德）
SIM（Subscriber Identity Module）用户身份识别模块（卡）
Single mode fiber：单模光纤
SMS（Short Messaging Service）短消息业务
SNDC（Subnet-work Dependant Convergence）子网相关融合（层）、子网依赖结合（层）
Softlogic：软逻辑
STD：STD 总线
STP（Shielded Twisted Pair）有屏蔽双绞线
Switcher：交换机
System：系统

T

Task：任务

TCP/IP（Transmission Control Protocol/Internet Protocol）传输控制协议/网间协议

TDM（Time Division Multiplexing）时分多路复用

Thread：线程

TIA（Totally Integrated Automation）全集成自动化

U

UTP（Unshielded Twisted Pair）无屏蔽双绞线

UDP（User Datagram Protocol）用户数据报协议

V

VBA（Visual Basic for Application）

W

WDM（Wave Division Multiplexing）波分多路复用

WinCC（Windows Control Center）：（西门子公司）组态软件

Windows：视窗（操作系统）

Workstation：工作站

附录 2　8051 汇编语言增量 PID 程序

```
        ORG     8000H
PID     MOV     R1，#DATA        ;计算 e(n) = r(n) - c(n)
        MOV     R0，#COEFUR
        LCALL   FSUB
        MOV     R1，#BIASE0      ;BIASE0 ← e(n)
        LCALL   FSTR
        MOV     R0，#BIASE0      ;计算 e(n) - e(n-1)
        MOV     R1，#BIASE1
```

LCALL	FSUB
MOV	R1，#MIDEL1
LCALL	FSTR
MOV	R0，#COEFKP
LCALL	FUML
MOV	R0，#MIDEL2
LCALL	FSTR
MOV	R0，#COEFK1
MOV	R1，#BIASE0
LCALL	FMUL
MOV	R1，#MIDEL3
LCALL	FSTR
MOV	R0，#BIASEPP
LCALL	FADD
MOV	R1，#MIDEL2
LCALL	FSTR
MOV	R0，#MIDEL1
MOV	R1，#BIASE1
LCALL	FSUB
MOV	R1，#MIDEL3
LCALL	FSTR
MOV	R0，#BIASE2
LCALL	FADD
MOV	R1，#MIDEL3
LCALL	FSTR
MOV	R0，#COEFKD
LCALL	FMUL
MOV	R1，#MIDEL1
LCALL	FSTR
MOV	R0，#MIDEL2
LCALL	FADD
MOV	R1，#BIAPID
LCALL	FSTR
MOV	R0，#BIAPID
LCALL	FINT
MOV	52H，4FH
MOV	53H，50H
MOV	54H，51H
MOV	4FH，4CH

```
LCALL    FSUB
MOV      R1，#MIDEL1      ;MIDEL1 ←e(n) − e(n − 1)
LCALL    FSTR
MOV      R0，#COEFKP      ;计算 Δu_p(n) = k_p[e(n) − e(n − 1)]
LCALL    FUML
MOV      R0，#MIDEL2      ;MIDEL2 ←Δu_p(n)
LCALL    FSTR
MOV      R0，#COEFK1      ;计算 Δu_i(n) = k_i e(n)
MOV      R1，#BIASE0
LCALL    FMUL
MOV      R1，#MIDEL3      ;保存 Δu_i(n)
LCALL    FSTR
MOV      R0，#BIASEPP     ;计算 Δu_p(n) + Δu_i(n)
LCALL    FADD
MOV      R1，#MIDEL2      ;MIDEL2 ←Δu_p(n) + Δu_i(n)
LCALL    FSTR
MOV      R0，#MIDEL1      ;计算 e(n) − 2e(n − 1)
MOV      R1，#BIASE1
LCALL    FSUB
MOV      R1，#MIDEL3
LCALL    FSTR
MOV      R0，#BIASE2      ;计算 e(n) − 2e(n − 1) + e(n − 2)
LCALL    FADD
MOV      R1，#MIDEL3
LCALL    FSTR
MOV      R0，#COEFKD      ;计算 Δu_d(n) = k_d[e(n) − 2e(n − 1) + e(n − 2)]
LCALL    FMUL
MOV      R1，#MIDEL1
LCALL    FSTR
MOV      R0，#MIDEL2      ;计算 Δu(n) = Δu_p(n) + Δu_i(n) + Δu_d(n)
LCALL    FADD
MOV      R1，#BIAPID      ;保存 Δu(n)
LCALL    FSTR
MOV      R0，#BIAPID      ;将 PID 三字节浮点数转换为双字节整数
LCALL    FINT
MOV      52H，4FH         ;e(n − 2)← e(n − 1)
MOV      53H，50H
MOV      54H，51H
MOV      4FH，4CH         ;e(n − 1)← e(n)
```

```
        MOV        50H，4DH
        MOV        51H，4EH
        RET
DATA EQU           30H
```

注:这里"FADD"、"FSUB"、"FMUL"、"FSTR"、"FINT"分别为加法、减法、乘法、送数和中断子程序。

常数项及中间结果存放单元地址分配表

存储单元名称	地 址	数 据	存储单元名称	地 址	数 据
COEFUR	40H	$r(n)$	BIASE2	52H	$e(n-2)$
COEFKP	43H	k_p	BIASPP	55H	$\Delta u_p(n)$
COEFKI	46H	k_i	MIDEL1	58H	
COEFKD	49H	k_d	MIDEL2	5BH	
BIASE0	4CH	$e(n)$	MIDEL3	5EH	
BIASE1	4FH	$e(n-1)$	BIAPID	61H	$\Delta u(n)$

附录 3 OPC 客户端接口程序

```
'定义全局变量
Dim WithEvents MyOPCServer As OPCServer            '定义 OPC 服务器
Dim MyOPCGroup As OPCGroups                        '定义 OPC 组
Dim WithEvents MyOPCGr0up0ut As OPCGroup
Dim WithEvents MyOPCGr0upIn As OPCGroup
Dim MyOPCItemIn As OPCItems                        '定义 OPC 标签组
Dim MyOPCItemOut As OPCItems
Dim HandlesIn( ) As Long                           '定义句柄
Dim HandlesOut( ) As Long
Dim ErrorsIn( ) As Long                            '定义错误句柄
Dim ErrorsOut( ) As Long
Dim ClientHandlesl(13) As Integer                  '句柄索引
Dim ReadltemNum As Integer                         '定义读出数据项个数
Dim WriteltemNum As Integer                        '定义写入数据项个数
Dim DataReadkem(13) As String                      '记录 OPC 读出数据项名称
Dim DataReadValue(13) As Variant                   '存放读取 OPC 数据项
Dim DataWriteltem(13) As String                    '记录 OPC 写入数据项名称
Dim DataWriteValue(13) As Variant                  '存放写入 OPC 数据项的值
```

```
'连接 OPC 服务器
Private Sub Connect_Click( )
NodeName = Node. text                                        '远程计算机名
ServerName = Server. text                                    'OPC 服务器名
Set MyOPCServer = New OPCServer                              '生成 OPC 对象
MyOPCServer. Connect ServerName, NodeName                   '连接服务器
Set MyOPCGroup = MyOPCServer. OPCGroups                     '生成组对象
MyOPCGroup. DefaultGrouplsActive = True                     '组为激活状
MyOPCGroup, DefaultGroupDeadband = 0                        '设置组死区
Set MyOPCGroupIn = MyOPCGroup. Add("MyGroupIn")
Set MyOPCGroupOut = MyOPCGroup. Add("MyGroupOut")
MyOPCGroupIn. UpdateRate = 1000                             '设置数据刷新时间
MyOPCGroupln. IsActive = True                               '设置组为激活状态
MyOPcGroupIn. IsSubscribed = True                           '设置组为后台刷新
Set MyOPCItemln = MyOPCGroupIn. OPCItems
Set MyOPCItemOut = MyOPCGroupOut. OPCItems
For i = 0 To 13
ClientHandlesl( i) = i                                      '配置句柄索引
Next i
'将 ZOPC Server 输入通道数据项名写入到 DataReadltem 数组中
Readltem Num = 13
MyOPCItemIn. Addltems ReadltemNum'DataReadltem
ClientHandlesl, HandlesIn, ErrorsIn                         '连接输入数据项
MyOPCGroupIn. IsSubscribed = True
'将 ZOPC_Server 的输出通道数据项名写入到 DataWriteItem
WriteItemNum = 13
MyOPCItem Out. AddItems WriteItemNum'DataWriteItem
ClientHandlesl, HandlesOut, ErrorsOut                       '连接输出数据项
MyOPCGroupOut. IsSubscribed = True
End Sub
'数据更新
Private Sub MyOPCGroupIn_DataChange( ByVal TransactionID As Long, ByVal NumItems As
Long, ClientHandles( ) As Long, ItemValues( ) As Variant, Qualities( ) As Long,
TimeStamps( ) As Date)
For i = 0 To NumItems
DataReadValue(i) = ItemValues(i)                           '将现场数据读入数组
(对 DataReadValue 数组的数值进行应用处理)
Next i
End Sub
```

附录4　常用工控网站

（按汉字拼音字母或英文字母顺序排列）

Allen-Bradley 公司:http://www.ab.com

北京俄华通仪表技术有限公司:http://www.ru-cn.net

北京和利时系统工程股份有限公司:http://www.hollysys.com.

北京宏拓控制技术有限责任公司:http://www.hotec.com.cn

北京三博中自科技有限公司:http://www.sciample.com/

北京图灵开物技术有限公司:http://www.controx2000.com/

北京杰控科技有限公司:http://www.fameview.com

北京康拓工控公司:http://www.controlchina.com

北京昆仑通态自动化软件科技有限公司:http://www.mcgs.com.cn

北京三维力控科技有限公司:http://www.sunwayland.com.cn

北京亚控科技发展股份有限公司:http://www.kingview.com

北京中泰创研科技有限公司:http://www.ztic.com.cn

盛博科技嵌入式计算机有限公司:http://www.sbs.com.cn

测控技术:http://www.mct.com.cn

Ci Technologies(悉雅特):http://www.citect.com.cn

Foxboro 公司:http://www.foxboro.com

工控大世界:http://www.ylzb.com

Honeywell 公司:http://www.honeywell.com

Intellution 公司:http://www.gefanuc.com/as_en/index.html

美国埃施朗公司:http://www.echelon.com.cn

OPC 基金会:http://www.opcfoundation.org

PROFIBUS International:http://www.profibus.com

上海海得控制系统股份有限公司:http://www.hite.com.cn

艾比西工控:http://www.ipc.com.cn

松下电工(中国)有限公司:http://www.mew.co.jp/ac/c/

微计算机信息:http://www.ccuagongkong.com.cn

西门子中国自动化与驱动集团:http://www.ad.siemens.com.cn

现场总线基金会:http://www.fieldbus.org

研华公司:http://www.advantech.com.cn

研祥智能科技股份有限公司:http://www.evoc.com

中国工控网:http://www.gongkong.com.cn

中国自动化网:http://www.ca800.com

中华工控网:http://www.gkong.com

自动化网:http://www.zidonghua.com.cn

参考文献

[1] 贺贵明. 通信原理概论[M]. 武汉:华中理工大学出版社,2000.

[2] 王兴亮,达新宇,林家薇,等. 数字通信原理与技术[M]. 西安:西安电子科技大学出版社,2000.

[3] 张德民. 数据通信[M]. 北京:科学技术文献出版社,1997.

[4] 傅家祥,刘慧芸. 数字通信工程[M]. 重庆:重庆大学出版社,1997.

[5] 马宏杰. 数据通信[M]. 北京:中国铁道出版社,1995.

[6] 李鹏. 计算机通信技术及其程序设计[M]. 西安:西安电子科技大学出版社,1998.

[7] 刘乐善. 微型计算机接口技术及应用[M]. 武汉:华中理工大学出版社,2000.

[8] 陈露晨. 计算机通信接口技术[M]. 成都:电子科技大学出版社,1999.

[9] 邱公伟,赵祥元,巫淑萍. 实时控制与智能仪表多微机系统的通信技术[M]. 北京:清华大学出版社,1996.

[10] 于海生,潘松峰,于培仁,等. 微型计算机控制技术[M]. 北京:清华大学出版社,1999.

[11] 于英民,莫玮,于佳. 计算机接口技术[M]. 北京:电子工业出版社,1999.

[12] 潘新民,王燕芳. 微型计算机控制技术[M]. 北京:人民邮电出版社,1999.

[13] 王锦标,方崇智. 过程计算机控制[M]. 北京:清华大学出版社,1991.

[14] 阳宪惠. 现场总线技术及其应用[M]. 北京:清华大学出版社,1999.

[15] 凌澄. PC总线工业控制系统精粹[M]. 北京:清华大学出版社,1998.

[16] 蔡德聪,等. 工业控制计算机实时操作系统[M]. 北京:清华大学出版社,1999.

[17] 艾德才,陆明,李文彬. 微型计算机总线[M]. 北京:电子工业出版社,1995.

[18] 胡道元. 计算机局域网[M]. 北京:清华大学出版社,1996.

[19] 汤子赢,哲凤屏,汤小丹,等. 计算机网络技术及其应用[M]. 成都:电子科技大学出版社,1996.

[20] 邵惠鹤. 工业过程高级控制[M]. 上海:上海交通大学出版社,1997.

[21] 杨善林,郭骏,于士忠. 计算机控制技术[M]. 合肥:中国科学技术大学出版社,1993.

[22] 孙廷才,王杰,孙中健. 工业控制计算机组成原理[M]. 北京:清华大学出版社,2001.

[23] 席裕庚. 预测控制[M]. 北京:国防工业出版社,1993.

［24］王伟.广义预测控制理论及其应用［M］.北京:科学出版社,1998.

［25］舒迪前.预测控制系统及其应用［M］.北京:机械工业出版社,1996.

［26］李朝青.PC 机及单片机数据通信技术［M］.北京:北京航空航天大学出版社,2000.

［27］潘爱民.COM 原理及应用［M］.北京:清华大学出版社,1999.

［28］马国华.监控组态软件及其应用［M］.北京:清华大学出版社,2001.

［29］薛弘晔.计算机控制技术［M］.西安:西安电子科技大学出版社,2003.

［30］章兼源.微机控制技术［M］.北京:电子工业出版社,2003.

［31］李元春.计算机控制系统［M］.北京:高等教育业出版社,2005.

［32］刘金琨.先进 PID 控制及其 MATLAB 仿真［M］.北京:电子工业出版社,2003.

［33］谢庆华.DDE 在工业自动控制组态系统中的应用［J］.电气时代,2007(2).

［34］杨艳民,王学俊,杨林.OPC 技术在污水处理控制系统中应用［J］.电气传动,2007, 37(4):55-58.

［35］William A. Shay.数据通信与网络教程［M］.北京:机械工业出版社,2000.

［36］陈启美,等.现代数据通信教程［M］.2 版.南京:南京大学出版社,2006.

［37］吕治安.ZigBee 网络原理与应用开发［M］.北京:北京航空航天大学出版社,2008.

［38］金纯,等.ZigBee 技术基础及案例分析［M］.北京:国防工业出版社,2008.

［39］李江全,等.计算机典型测控与串口通信开发软件应用实践［M］.北京:人民邮电出版社,2008.

［40］薛迎成,何坚强.工控机及组态控制技术原理及应用［M］.北京:中国电力出版社,2007.

［41］烟台勾股通信技术有限公司.工业以太网技术的应用探讨［OL］.（2009-09-02）. http：//www.gkzhan.com/Technology/Detail/5720.html.

［42］成都众山科技有限公司.基于 GPRS 网络的 PLC 分布式控制系统［OL］.（2009-09-05）.http：//bbs.shejis.com/thread-399913-1-1.html.